有效数学教学探索与实践

杨忠峰　李永红　杨潮喜　著

北方文艺出版社

哈尔滨

图书在版编目（CIP）数据

有效数学教学探索与实践/杨忠峰,李永红,杨潮
喜著.-- 哈尔滨:北方文艺出版社,2024.4

ISBN 978-7-5317-6213-3

Ⅰ.①有.. Ⅱ.①杨..②李...③杨... Ⅲ.数学教
学 –教学研究 Ⅳ.①O1

中国国家版本馆CIP数据核字(2024)第087202号

有效数学教学探索与实践
YOUXIAO SHUXUE JIAOXUE TANSUO YU SHIJIAN

作　　者 / 杨忠峰　李永红　杨潮喜
责任编辑 / 邢　也　　　　　　　　封面设计 / 郭　婷

出版发行 / 北方文艺出版社　　　　邮　　编 / 150008
发行电话 /（0451）86825533　　　经　　销 / 新华书店
地　　址 / 哈尔滨市南岗区宣庆小区 1 号楼　网　　址 / www.bfwy.com

印　　刷 / 北京四海锦诚印刷技术有限公司　开　　本 / 787mm×1092mm　1/16
字　　数 / 220千字　　　　　　　　印　　张 / 15.5
版　　次 / 2025 年 1 月第 1 版　　　印　　次 / 2025 年 1 月第 1 次印刷

书　　号 / ISBN 978-7-5317-6213-3　定　　价 / 68.00 元

前　言

数学是基础科学的基础，在教育中占有无可比拟的地位。近年来，人们对数学的应用意识在加强，它与自然科学、人文科学、社会科学相互渗透为边缘科学，成为多项科学研究领域中有力、必不可少的工具学科。同时，数学在现代工程技术、信息技术、人才培养、经济、金融管理等方面发挥的作用日益明显。基于此，数学在当代社会受到了越来越多的重视。

有一个当代人普遍接受的观点：谁既能培养出合格的劳动者，又能造就出一流的杰出科学技术和经济管理人才，谁就能屹立于 21 世纪。因此，国家必须重视提高国民素质。而数学素质的高低直接影响着人整体素质的高低，故而必须重视提高人的数学素质。由于数学教学在人们数学素质的提升方面起着重要作用，因而必须积极进行数学教学改革，提高数学教学的质量和效益。基于此，作者在参阅大量相关著作文献的基础上，深入浅出地撰写了《有效数学教学探索与实践》一书。

本书是数学教学方向的著作，主要研究有效数学教学探索与实践，本书从有效教学理论基础介绍入手，针对数学教学要素与教学艺术做了阐述；另外对数学教学设计的有效性、思维导图在数学教学中有效应用以及数学教学情境与有效学习方式进行了分析；还探讨了基于学生数学学科能力培养的教学有效改进以及数学教学的多元有效评价模式构建；针对中职阶段的数学教学的课程实践做了研究，并对教师专业发展提出了一些建议；对数学教学的有效性提升与应用创新有一定的借鉴意义。

本书在写作过程中参阅了相关文献、资料，在此，向其作者表示诚挚的感谢！由于作者水平所限，书中难免会出现疏漏之处，恳请广大读者积极给予指正。

目　录

第一章 有效教学理论

第一节　有效教学的认识

论及有效教学，我们首先必须对教学有一定的理解，虽然学界对有效教学的研究不乏一些真知灼见，出现了众多的界说，但是我们认为，有效教学的本体就是教学，抓住教学的本源问题有利于认清有效教学的本质。另外，认识有效教学的关键就是要清楚有效教学之效到底为何，并且有效教学到底表现出哪些特征，这为了解有效教学的相关概念和实施有效教学提供了理论基础。

一、教学

教学是一个基本概念，却有丰富的内涵和诸多定义，一般有统一活动说和广义狭义说两类，统一活动说强调教学是一种教与学的统一活动，达成明确的目的，王策三认为："所谓教学，乃是教师教、学生学的统一活动；在这个活动中，学生掌握一定的知识和技能，同时身心获得一定的发展，形成一定的思想品德。"李秉德认为："'教学'就是指教的人指导学的人进行学习的活动。进一步说，指的是教和学相结合或相统一的活动。"《中国大百科全书》中界定教学为"教师的教与学生的学的共同活动，学生在教师有目的、有计划的指导下，积极主动地掌握系统的文化科学知识和基本技能，发展能力，增强体质，并形成一定的思想品德"。广义狭义说强调教与学在特定形式、特定范畴、特定对象下的活动关系，但教学的本体仍为活动，广义的教学泛指经验传授和经验获得的活动，是能者为师，不拘形式、场合，不拘内容，如"父传子""师授徒"等活动，教育者的行为会使学习者的行为产生一些变化。狭义的教学是指学校教育中培养人的基本途径，即现在各级各类学校中教师引导学生进行的一切学习活动，其中，教师有目的地进行教，以引导学生学习知识，形成技能、态度和能力，身心得到发展。另外，在英文中，与"教学"对应的两个词是"teaching"和"instruction"。Teaching 指教师的教学行为，可以译为"教"，主要包括呈现教材、引出学生的反应，提供反馈与纠正等教师的行为，把 instruction 译为"教学"，其含义比"teaching"广得多，包括教师课前的准备（备学生、备教材、备教法），在课堂上对学生实施教学和对教学效果的测量、诊断、补救以及修改教学计划，由此可以看出，教学有广义的理解，也有狭义的理解。

"教学"区别于教育、培训等术语，教育泛指人在经历中获取的学习过程，这些经历对于学习而言不一定是有目的性的、有规划的，也许是偶然的，非正式的。培训（training）是指促进学习者较快掌握具有实用性很强的知识和技能的教学经历，对于教学概念的统一活动说和广义狭义说，只是相对的区分而已，一般来说，教学的每种界定的内涵都带有一定的目的性、计划性、组织性，是在教学活动发生的当前或之后能促进学习者在行为、心理、身体等方面发生积极转变，强调"成效"的活动。因此，我们认为：教学是有目的、有计划、有组织地促进学习者在特定目标上发生积极转变的实践活动。

可以看出，上述关于教学的界定强调：①教学的本体是实践活动，是活动主体间存在的一种实实在在的交互活动；②教学是一种教师的职业行为，含有职业特征和规范，有目的、有计划和有组织地进行；③教学是一种讲成效的活动，活动的结果参照既定目标是有积极意义的（活动成效包括短期的和长期的、外显的和内隐的、显著的和细微的等情况）。此外，还可以看出，该界定比较接近于特定的狭义的学校课堂教学活动。

教学在实施过程中一般完全或部分地包括如下环节：

环节一，定位目标。尽量用可观察和可测量的行为术语陈述预期学生要获得的学习结果。

环节二，分析任务。分析目标中暗含的学习类型，分析从学生的原有水平到达教学目标之间所需要的从属知识和技能，并确定它们之间的层次关系。

环节三，了解学情。了解学生原有学习基础，包括学生原有知识、技能和学习态度等。

环节四，设计过程。根据教师在任务分析中所确定的教学目标类型，选择和使用适当的课堂教学方法或手段安排师生活动。

环节五，实施教学。教师围绕既定教学目标，实施信息传播和反馈，开展教与学的交互活动。

环节六，评定成效。对照预先设置的教学目标，判定学生达到的学习水平和取得的成效，确定学生是否达到规定的教学目标，对没有达到教学目标的情况，找出原因，提出补救的教学措施和修改方法，又回到环节二。

二、教学之效

教学可以从不同角度来认识和理解，但不管是从哪个角度理解教学，目的性、计划性、组织性都是其本质属性，含有"效"的意味，教学实施的各个环节都能体现出这一点，教学本身是有效的，根本无效的教学是不存在的，也不能称之为"教学"，因此，有效教学基于教学概念而言是比较宽泛的，我们常常探讨的"有效教学""高效教学""优效教学""好教学"等都蕴含对教学之"效"的追求。

教学之"效"是教学的必然追求，但到底追求的是什么样的"效"呢？教学的"效"又有什么样的表征以及如何表征呢？基于教学的过程性系统结构，我们认为课堂教学的有效性集中表征在效果、效率、效益、效能和效应五个维度。

效果是课堂教学有效性的第一表征，课堂教学的输出结果对教学目标的达成称为课堂教学的效果，"有效果"即指教师教学紧扣教学目标，完成规定任务，顺利促使学生达到教学目标。

效率是课堂教学的输出之于课堂教学的投入而言的，与巴班斯基的"教学过程最优化"极为相似，就是"在规定时间内，以较少的精力达到当时条件下尽可能最大的效果"，或者转化为时间量度计算为"有效教学时间与实际教学时间的比"。"有效率"即指课堂教学要善于抓关键、抓重点，在较短的时间内完成相关任务，不拖沓、延缓。

效益是指教学及其结果与社会和个人发展的需求是否吻合以及吻合的程度，显然，教学效益是就教学期望与教学输出结果而言的，这个"益"不仅仅是指对教学主体个人的有用性，更强调社会集体本位的有用性，教学结果的合目的性与合价值性，"有效益"即指教学讲求质和量的最大收益，体现教学价值，尤其强调事半功倍，教学目标与特定的社会和个人的教育需求达到较好的吻合（质）以及较高程度的吻合（量）的评价。

效能是指在教学的特定时期内实现其多重目标的程度和未来持续发展的能力，以及为达成教学目标所采用的方法、步骤或努力程度，它是基于教学的目标、过程、方向、程度与结果的五维综合概念，"有效能"即指教师在教学中促成其专业成长和学生健康成长，积累经验，为今后教学和人的发展提供积极意义，形成教学效能。

效应指向由一些因素和一些结果构成的一种因果现象，教学效应是相对于课堂教学结果与教学动力而言的，它反映的是教学系统内，师生对教学输出、教学目标达成和教学动机满足的集体性反馈行为，"有效应"即指教师工作讲求影响，给学生带来积极的心理倾向，得到学生的普遍认可，形成积极的价值观。

一般地，当对教学在效果、效率、效益、效能和效应五个维度之一或多个维度去探讨问题时，我们的探讨就自然地进入了教学的有效性的话语体系，并且当论及的教学具备有效果、有效率、有效益、有效能和有效应的一些表征时，我们往往也认为该教学是某种程度的有效教学，之所以用"某种程度"来代指"有效"的程度，实属教学的五个维度的成效确实客观存在但又难以准确刻画，这是教学活动的特殊性所决定的，当然，这仅仅是对"有效"的描述性叙述，其内涵有待进一步探讨。

三、有效教学的界定

（一）有效教学界定的视角

关于有效教学的内涵，众多中西方学者进行了广泛和深入的研究，我国学者通过对西方有效教学研究的系统考察，发现西方学者对有效教学的解释可以归纳为目标取向、技能取向和成就取向三种基本取向，并得到这样的结论：到目前为止，还没有一个对有效教学的统一解释，同样，也很难找到一种最佳的界定角度或界定框架，而国内关于有效教学的研究尚起步不久，其研究情形犹如国外的研究现状那样，目前，对有效教学内涵的界定主要选取了以下四个视角：

视角一，投入产出。这个角度主要是通过教学时间、教学投入、教学产出来衡量有效教学的，并用经济学上效果、效益、效率的概念来解释有效教学。从这个视角来看有效教学，我们认为：有效教学就是有效率的教学；有效教学就是教师通过有效的教学行为在尽可能少的教学投入内获得尽可能多的教学效果的教学；有效教学是指教师遵循教学活动的客观规律，以尽可能少的时间、精力和物力投入，取得尽可能多的教学效果，从而实现特定的教学目标，满足社会和个人的教育需求。

视角二，目标达成。这个视角是以目标为取向来看有效教学的，认为有效教学必须促进学生在知识与技能、过程与方法、情感态度与价值观"三维目标"上有效地实现预期的教学目标。

视角三，人本发展。这是从学生的学习出发点和教师成长角度来看有效教学的，认为凡是能够有效地促进学生的发展，有效地实现预期的教学结果的教学活动都可以称为"有效教学"，当然，从教师成长角度来看有效教学的还不多。

视角四，过程转变。这个视角下的有效教学是一种教学理想到教学形态的转变过程，强调过程性，即有效教学就是为达成"好教学"的目标而自觉树立先进的教学理想，并通过综合利用一切教学策略和教学艺术，使这种教学理想转化为能使师生协调发展、不断超越的教学形态的过程；有效教学是教师通过教学过程的有效性即符合教学规律，成功引起、维持和促进了学生的学习，相对有效地达到了预期教学效果的教学。

以上是界定有效教学比较客观的四个视角，"横看成岭侧成峰，远近高低各不同"，选取的视角不同，其概念的界定也有所不同，有些界定采用了多视角的交叉，事实上，有效教学是一个综合的概念，它既是过程，也是结果；既是理念，也是实践；既是理想，也是状态。

（二）有效教学的内涵

有效教学的本体就是教学，从根本上来说是一个实践活动，但这个活动强调有效果、有效率、有效益、有效能和有效应的"有效性"，因此，对有效教学的认识，关键还在于"有效"二字，综合吸纳以往研究成果后认为，有效教学是指以学生发展为本，以教学知识为活动对象，通过师生有效活动方式，促进学生有效学习，使师生各自获得发展的实践活动，其内涵可以从以下几个方面来理解。

1. 一个中心：以学生发展为中心

教育的本质是培养人和人之自我建构的实践活动，教学是具体的教育形式之一，在教学中，教师是主导性主体，学生是发展性主体，两者在交互作用的过程中，共同达到自我建构，即各自获得发展，在有效教学的各种主客体因素中，学生始终是最中心的，有效教学的内在根据是学生的有效学习，有效活动方式的主要对象是学生，教师的发展也是以学生的发展为参照的，因此，有效教学在体现教育的本质上要以学生发展为中心。

2. 两个层面：教师层面、学生层面

有效教学在目标和价值体现上要以学生发展为中心，以学生发展为出发点和归宿，

围绕这一中心开展的有效教学活动有两个层面，即教师层面和学生层面，并且这两个层面始终是处于耦合状态。在课堂教学之前的教学设计中，学生存在于教师的经验中，是虚与实的耦合；在课堂教学各环节的师生互动中，师生的语言对话、思想碰撞、行为表达等是面对面的交流，是实与实的耦合；在课堂教学引起的教学反思中，师生的反思行为仍然有师、生两个层面，他们是互为实虚的耦合。一般情况下，教师层面与学生层面的活动耦合越紧密，教学有效性越强，而决定耦合程度的因素包括教学内容、教学方式、教学环境、教学风格、个性品质等，是不易确定的多变量关系。

3.五个维度：有效果、有效率、有效益、有效能和有效应

有效教学的实施与评价注重于"效"的引发和评判，其维度包括有效果、有效率、有效益、有效能和有效应五个方面，其意义在之前略有论述，如果教学在五个维度上的成效都能达到或接近于理想状态，我们就可以称之为全效教学，追求有效教学本质上就是追求全效教学，但这也仅仅是从理论上而言的，全效教学好比一种理想教学的极限状态，反映的是一种变化趋势，但永远无法真正达到，因为在教学的现实中，影响全效教学的因素既有"五效"本身因素，又有与"五效"层层相关的因素，全效教学因其所涉及的因素太多而具有复杂性。事实上，如果教学在五个维度之一或多个维度体现得好，我们往往就视之为有效教学了，此外，五个维度的有效性追求也并不是相辅相成的正相关关系，某些因素之间，甚至同一因素都会产生矛盾现象，比如，教学中在正当性（教学正当性之于教学既非一种简单的价值存在，也非一种教学境界的少数性抑或偶然存在，而是教学的内在规定性、自成目的性品格，是衡量教学首要标准的一个绝对意义上的概念）所属范围内追求效率的有效性会提升效果维度的有效性，但超出正当性所属范围追求过高的效率，又会降低效果维度的有效性。又如，在对某个内容的教学中，为追求效率维度的有效性而采取直接的灌输教学，可能很快会凸显教学效果，学生的直接表现是能够高效率地掌握某个知识点，或是掌握解决某些问题的方法，从而直接产生教学效益。但是从长远来看，在追求高效率的行进过程中，因行走捷径和平坦大道而错失了欣赏沿途风景或者穿梭崎岖小路、攀爬陡岩峭壁，并进行深度感悟与体验的时机，导致正当性教学效果的缺失。由此，追求教学效率在短期内能体现有效教学，于长期内也可能体现有效教学，但也可能恰恰体现的是低效教学。这同时也说明，在某一维度体现得好的有效教学未必就是真正的好教学，教学中一味

地追求效果、效率、效益、效能和效应之一也就不足为道了。

我们如何从实践中去追求全效教学从而达到真正的有效教学呢？事实上，这个问题的答案同样客观存在但又难以捉摸，这也是为什么有效教学会成为教学研究的永恒话题的原因。教学是一个多变量的动态系统，教学中的各种关系和情况因人、因时、因课、因境而变，教师和学生在动态变化中把握教学有效性的实际位置往往都低于随机变化的全效教学的制高点，即在教学中，教师和学生往往不知道什么是最有效的时机，不知道什么是最有效的学习对象，不知道什么是最有效的教学方式，不知道什么是最有效的行为反应等，如此，教师和学生在教学中达到的有效性永远要低于全效教学的理想状态，而要接近全效教学的理想状态，则需要紧紧抓住有效教学的特征，使得有效教学达到一个教学的平衡点，而这个平衡点主要由"学生发展"为参照点。

（三）有效教学的特征

有效教学理论源于"教学是艺术还是科学"之争，是20世纪前期西方教学科学化运动的产物，其研究热潮在我国兴起之时正值我国新课程改革拉开帷幕之际。目前，学界对有效教学的研究主要涉及有效教学的内涵、意义、特征、形态、结构、策略等，并对这几方面的研究都比较深入，在对有效教学特征的研究中，我国姚利民、魏红等多位学者做了较多研究，他们从不同视角研究了有效教学的特征，这些特征是基于有效教学的不同内涵而分别提出的。总括起来体现了有效教学在不同视角下的独特征象、标志，包括内隐的和外显的一些特质，事实上，我们对有效教学特征的研究不仅要着力于各个方面，更应该从整体上进行把握，由此，从课堂整体上选择有效课堂的五个观察点来讨论有效教学的特征，这五个观察点分别是课堂教学所倡导或凸显的核心理念（即"课理"）、课堂教学所展露的整体结构框架和要件（即"课体"）、课堂教学串接的知识脉络（即"课脉"）、课堂教学蕴含的品位和格调（即"课味"）、课堂教学附着的灵魂和焕发的精神气质（即"课魂"），下面从这"五课"观察点来看有效教学，就得到它的五个特征。

1. 顺性

唐朝柳宗元的名篇《种树郭橐驼传》中将种树之道喻为官之理，其实，以种树之道通育人之道更为恰当，郭橐驼种树种得好的经验是什么？"顺木之天以致其性""不害其长""不抑耗其实"，归根结底，"顺性"是其种树经验的主要特征，类似地，学生在课堂上得到更好的发展，"顺性"就是产生有效教学的一种基本理念，"顺性"虽然在一定程度上是东方式"浪漫主义教育"理想，但在教育实践中却起着重要的引领和基准作用，它是一个重要特征，其内涵有三层：其一，顺性是顺人本之性，符合认知发展心理学原理，包括顺应群体发展之性和顺应个体发展之性；其二，顺性是顺教学之性，顺应教学规律，符合教育学原理；其三，顺性是顺学科之性，即符合学科知识的特点。此外，值得一提的是种树时"其土欲故，其筑欲密"，即树的根要带原来的土，并且培土要平，要把它筑密实，看来树之顺性也要符合基本条件才能任其舒展，这说明从教学的"教"和"学"这个角度来看，顺性并不是学生"任性"，即教学过程中，学生是在教师创设的条件下、正确的引导下自由发展，而非"放任自流"，任其完全自由发展，因此，学生学无定法，学而有法，学要依法；顺性也不是教师"率性"，不能由教师"想怎么教就怎么教"，所以，教师教无定法、教而有法、教要依法。我们倡导的顺性是"以人为本"的课堂教学观，是有效教学"课理"的核心所在，"以人为本"应该是以所有个体的利益为本，同时，以人为本是以人的主体性为本、以人的尊严为本、以人的精神自由成长为本，是为了构建一个和谐而有活力的社会，因此，顺性是有效教学必要的前提和基础，是促进教学有效性的一个特质。

2. 和谐

教学是一个自组织发展的动态结构系统，含六个子系统（矢量系统、理念系统、定位系统、条件系统、运行系统和输出系统），各个子系统有各自的功能和效用，教学作为一个相对的总系统要有效，须满足两个条件：其一，子系统的内部各要件间要协调和一致，才能保障子系统的有效性，从而整个教学系统才可能表现出有效性；其二，在保障了各子系统运行的有效性基础之上，各子系统之间要保障相互协调和一致，总系统才会真正表现有效性，这个"协调和一致"就是有效教学在"课体"的整体结构和要件之间体现的重要特征，称之为"和谐"，有效教学系统处处体现"和谐"，在矢量系统中，课前教学动机、课中教学激情与教学动力、课后教学延伸始终以同一方向为指向，这是矢量系统与输出系统和谐的前提，在条件系统中，远期投入与近期投入促使教学有效生成，这是教师长期准备与短期准备的和谐结合，是质量输出系统的基础，在输出系统中，一维横向平面的教学"广度"、二维纵向平面的教学"深度"、三维立体空间的教学"厚度"保持和谐，"三度"缺一，则输出系统与教学系统不和谐，输出系统是理念系统的支撑，在运行系统中，内容、结构、管理三个层面的组织分别在层次、环节、艺术上相协调，这是整个教学系统保障有效性的关键，在定位系统中，三维目标的静态元素与动态发展要整合与协调统一，因为从发展内涵上讲，学生的发展是基于三维目标的发展，即知识与技能、过程与方法、情感态度与价值观的整合，三维目标是在教学过程中同时进行并实现的，这是教学促进学生发展进而保证教学有效性的内在机制，该系统是衡量输出系统有效性的标准，在理念系统中，教学主张、教学期望、教学理想分别体现教学思想、价值取向和教学情怀上的和谐，这是整个有效教学系统存在的依据。

3. 渐进

有效教学的丰富内涵不仅在于结果，还在于过程，而且这个过程是一个渐进的过程，因此，有效教学的"课脉"要体现"渐进"这一特征。渐进，即逐步前进、发展，是有效教学的过程中所表现出的显著特征，一方面，教学内容在课堂中的呈现是一个外显的渐进过程，教学内容在课堂上作为一个客体，具有一定的存在形态和逻辑结构，它的基本呈现形式有两种：一是"逻辑式"呈现，是指按照学术研究的体制注重逻辑顺序而呈现知识体系的结构与演进过程；二是"心理式"呈现，是指以学生为本位注重兴趣与需要而按照认知心理规律呈现学习内容，在教学过程中，这两种呈现形式往往是并行的，只是在不同情况下略有侧重，不管是"逻辑式"呈现还是"心理式"呈现，都体现了教学内容呈现的"有序性"，教学内容的呈现如果杂乱无章，或是"掐头去尾"，或者无过程，只有结果，这样的"无序性"教学非但不是有效（高效）的体现，反而是"低效""低质"的体现，另一方面，教学心理体验在课堂中的变化是一个内隐的渐进过程，教学活动总是伴随或生发师生的心理体验，这种心理体验是一个内隐的变化过程，其中一部分心理体验可以通过表情、语言、动作等来表征，更多的心理体验伴随学习过程而渐变，不易表征。尽管教学心理体验的变化是内隐的，但它确实存在，并且附着于外显的渐进过程，只是在课堂教学过程中，教师与学生的心理体验不同，不同学生的心理体验不同。有效教学中，师生心理体验受主观和客观的多种因素的影响和制约，主观因素有观念、经验、兴趣、情感、道德、意志等，客观因素有环境、时间、课程、媒体等。

4. 智慧

"智慧"作为整体可以看成由"智"和"慧"及其相互联系合成的具有整体意义的概念，由此来看，教学智慧是教学中对各种事件、现象、关系等能正确认识、辨析、判断处理和发明创造的教学能力；如果从教师角度来看，教学智慧是由"教学经验""理论修养"（包括"学科修养"）和"德行"三个方面在实践中的综合表现，从课堂教学角度来看，也可以将"智"与"慧"分开，并将二者相区别：慧存于心眼，是不可见的，智现于头脑，是可见的、实在的；慧生于觉悟，不可强加，只能启发，智生于学习，可以与人分享，可以传授；慧讲究心系天下事，即"大有"，又不受其阻碍的自由自在之境，即"大无"，而智指人所具有的辨认事物、判断是非善恶的能力或认识，也指解决实际问题或处理各种事物的能力，由此，我们看教学智慧就有"教学之智"和"教学之慧"，教学之智是教学中通过行为表现出来的机智与能力，教学之慧是教学中内隐的心灵之境，是智之源、德之端。

有效教学在师生"教"和"学"的过程和结果体现上既有教学之智，也有教学之慧。一方面，教学需要智慧，要智慧地"教"和智慧地"学"；另一方面，教学要展现智慧，要"教"出智慧和"学"出智慧。这两方面是相互依存的辩证统一体，一旦教师内敛了教学智慧（教的智慧），他就会自觉地在智慧效应下设计教学活动，并获得"享受"课堂教学的情绪体验。相应地，一旦学生在教学智慧的"招引"下，就会开启学习的动力，激发智慧之灵，体验学习的乐趣，教学的成效就会得以生成，因此，智慧应是有效教学的特征之一。智慧是鉴别一堂课成效的重要参数，是"咀嚼"一堂课有没有"味道"的重要成分，我们可以把智慧看成课堂的"课味"。

5. 灵动

灵动，即灵气，生动、活力，生命焕发的鲜活光彩，有效的课堂应该是师生互动、心灵对话的舞台，是教师引领学生探奇览胜的一段精神之旅。因此，灵动是一堂课的灵魂，即"课魂"。特级教师詹明道先生认为："教育是要理解生命的意义，研究生命的规律，开发生命的潜能，使人的原始生命通过教育获得知识、技能、智慧，形成健全的人格，实现对本真生命的超越和发展。"这是构建生态课堂的真知灼见，是人本化教育思想的自然体现，是教育生态圈中的生命保持鲜活、精神得以焕发的生态意识，具有灵动课魂的课堂教学，是教学的最高境界，这样的教学本身已成为人的成长的一部分，是人的知识、思想、精神、情感交融的世界，是有效教学的显著特征之一。

有效教学的课堂总是不断地闪现着学生认知发展的"灵动点"，这些灵动点是"课魂"的精髓，是教学系统体现有效性的动力驱动点。教师在教学中就要不时地探求和激发学生的"灵动点"。在情境导入中，教师要预设引起注意的"兴趣点"或认知的"冲突点"，让学生感受生活的"近"、情境的"真"、内容的"实"、故事的"新"、问题的"奇"等，充分享受精神之旅的第一个景点，为后续的教学做好铺垫；在新课的讲解中，教师要有意设置问题的"启发点"和方法的"创新点"，建立有效的思维对话机制，实现精神的沟通和心灵的敞亮；在讨论交流中，教师要捕捉思想的"共鸣点"或"奇异点"，激发学生思维的交流和碰撞，达到认知的交融；在操作实践中，教师要引导学生提炼知识、方法的"关键点"或"深化点"，达到知识的内化与领会或应用的教学目的；在回顾小结中，教师要提出学习内容的"反思点"与"延伸点"，让学生学会反思，实现课堂内外的延伸，实现学习的升华。

综上，顺性、和谐、渐进、智慧、灵动是分别从有效教学的课理、课体、课脉、课味、课魂五个方面提出的五大特征，如果把一堂课比喻成一个生命体，有效教学是这个生命体的活动，则课理即是生态机理，顺性就是顺生态之性，依理而生；课体即是生命本体，和谐就是生命体的体征健康、健美，体现了良性状态；课脉即是筋骨脉络，渐进就是筋骨循序舒张、通泰流畅，神经脉络正常；课味即是品味格调，智慧是课堂慧觉灵敏、内涵充盈、富足的特质，彰显课堂的高认知水平，从而品味超脱，格调高雅；课魂就是精神气质，灵动就是生命本真，灵气十足，这个比喻虽非严密，但也有形象之处。

第二节　高效教学的认识

一、高效教学的基本理解

高效教学是教育研究的永恒论题和教学实践的不懈追求，但是，对高效教学的理解和实施却众说不一，一般来说，高效教学是促进学生有效发展的教育实践活动，它是相对低效教学而言的一个概念，仍然隶属于有效教学研究范畴，并且从根本上来说，它是一个强调"高效性"的实践活动。从宏观来看，高效教学是一种以促进人的发展为终极目标的课程实施理念和状态，包括教学在内的一切教育活动的有效形态，是追求静待花开的"结果之道",而不仅是有限时长的"效果之道",对于一堂课而言,它是教学效率论视域中的课堂追求,其产生取决于教学准备的充分度、目标定位的准确度、教学内容的把握度、教学主体的默契度、教学动力的强劲度、教学理念的贯彻度、教学条件的保障度等,既含"量"的体现,又含"质"的追求。从微观来看,高效教学是表现教学活动有效性的一种方式,它贯穿于课堂教学的各个环节,外显于学习氛围的和谐性,内敛于学习思维的深刻性,其产生取决于教学动力转化为教学行为的有效程度,即高效教学行为促进高效教学的发生。宏观认识论下的高效教学能把握教学的整体和长远情况,构建有效课堂模式,有利于掌控课堂的任务要求与落实情况;微观认识论下的高效教学能促进有效教学行为的发生,体现教学的深层次性和学生活动的灵动本真性。当前,高效教学在宏观认识论下催生了许多"时兴"的高效教学模式,很好地体现了中职教育课改理念,有力地驱动了课改进程,但一些高效教学模式有演变为一种固化、精确教学流程的"有效教学技术化"倾向,这在本质上是一种脱离教学实际,违背教学自然、灵动本真性的现象。因此,研究和开展高效教学不仅需要依据宏观认识论来把握,而且需要依据微观认识论来分析,尤其需要从教学动力机制下的教学行为角度来进行审思和矫正。下面对教学动力机制和在该机制下产生的高效教学方式进行讨论,以期对高效教学的开展与研究带来一定启发。

二、基于高效教学的动力机制

教学动力是由教学主体(包括教师和学生)自身以及教学内、外部诸种矛盾产生的推动教学过程运行与发展,以实现教学目标的无数分力融汇而成的合力。教学动力机制是教学各种动力在推动教学进程中按一定的层次结构构成的整体,而这个整体针对课堂来说包含特定的目的、功能、要素、行为和结构。在目的上,教学动力机制为达到教学目标而运作,有明确的指向性。在功能上,教学动力机制保障教学进程有节奏、有时序、有效率地推进,在要素上,教学动力机制包含教师、学生和教材等因素,其中,教师是向导性要素、学生是主体性要素、教材是任务性要素。在行为上,以教材为媒介,教师与学生围绕教学内容产生"教"和"学"两个类别的教学行为,"教"的行为和"学"的行为属于"你中有我""我中有你"的整体行为,或"主体间"行为,每一种"教"的行为或"学"的行为会发生不同的"分力"作用,根据力学原理,多个力作用在同一物体上的效果等价于诸力的合力效果,同样的,教学上,多种教学行为的作用效果即为教学合力的效果，很自然地，在探寻教学动力的最大化上，使诸多"分力"在作用的方向上尽可能保持一致具有重要的意义和可行性。在结构上，因为高效教学是基于高效教学行为发生的，高效教学行为相对低效教学行为凸显科学性、智慧性与艺术性等特征，高效教学中师生所表现出的"高效性"的特征会产生不同的动力形式而使课堂推进过程表现出一定的起伏变化。此外，教与学相互作用、相互影响、相互制约所产生的矛盾运动是教学过程赖以存在、运行与发展的根本主动力，即二者的行为始终处于主体间的作用和反作用的耦合状态中，这种耦合状态反映了主体间的作用与反作用的"无间"行为。二者从作用的时序来看本无先后之分，但从教师与学生在教与学上的主体意识的先导性来看，教学行为意识的产生有先后之分，我们把行为意识的发起与相互作用效果称为一种教学的"动力源"，从这个意义上讲，以"教"与"学"为二元主动力可以衍生出教学动力机制的三个基本动力源，即"先学后教""先教后学""学教生成"三个动力源在课堂教学中同时或更替产生不同的动力推进课堂教学，从教学行为视角来看，高效教学的动力机制在一定时序和表现方式上呈现如图1-1所示的较稳定的结构。

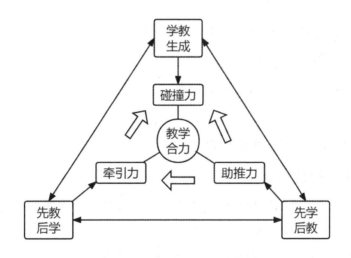

图1-1　高效教学动力机制

"先学后教""先教后学""学教生成"三个教学动力源及其产生的教学合力构成了三向动力机制，该机制体现了三个特征，即宏观上体现动力源产生的系统性、中观上体现教学推进的动态性、微观上体现教学行为的无间性，这是由教学行为的关联决定的，三种动力源各自产生一种主动力，即"先学后教"主要产生教学的助推力，"先教后学"主要产生教学的牵引力，"学教生成"主要产生教学的碰撞力，三种动力的时序、大小、方向等因素形成的教学合力决定了教学的效率与效益。理论上，在不同的动力状态下，教学表现出不同的有效性，高效教学必须让三种动力源所产生的教学动力在时机上有适当性，在大小、方向上有一致性，这里的"一致性"主要表现为教与学的行为与意识的紧跟状态。高效教学的三种动力源中，"先学后教"的行为意识在于学生的先导，教师所起的作用为"助推"；"先教后学"的行为意识在于教师的先导，教师所起的作用为"牵引"；而"学教生成"的行为意识不在于教师和学生之一的先导，而是两者的共生共享，相互产生的"碰撞"作用，在"学教生成"状态下的教学行为也是最富有教学智慧、教学激情和教学个性的。朱德全等认为提升课堂教学有效性的关键在于教学理性层面的教学智慧与教学非理性层面的教学激情，以及教学个性层面的教学风格之间的系统整合。所以，提升教学理性层面的教学智慧、教学非理性层面的教学激情和保持个性魅力的教学风格对产生"学教生成"的动力源具有重要意义，教学中师生应有意识地适时营造和努力激发。

三、教学动力机制下的高效教学方式

"先学后教""先教后学""学教生成"在教学动力机制中是三个基本的动力源，从教学行为的微观角度来看，在适当的时机下，三种动力源产生三种高效教学方式并有效推动课堂教学进程，从而生发高效教学，这三种高效教学方式分别是"先学后教"式、"先教后学"式、"学教生成"式。

（一）"先学后教"式

课堂教学中，学生"学"的行为的产生总是在各种不同问题的驱动下进行的，当学生对新的学习内容达到一定认识高度并产生了一定兴趣或存在当前不易解决的问题时，学生就会进入好奇状态或困惑状态而萌发出继续探寻或解决问题的心理倾向，这是积极心理体验或是已有经验和认知困惑之间的矛盾状态，这种体验或矛盾状态会造成学生认知心理的"势能"，并在这种势能下产生学的动力，教师在此时的顺"势"而教的行为是高效的，因为教的动力在时机、大小、方向上与学的动力最易达到吻合。

简言之，适当时机下，先学后教是以学定教、以学促教的有效方式，从教学促进学生发展的角度讲，"先学"立足解决现有发展区问题，"后教"旨在解决最近发展区问题，教学动力的主要发起者在于学生，教师对教学的促进作用力是"助推力"。先学是"造势"，后教是"顺势"，学生学有所需，教师教有所为。以"先练后讲，先学后教"为特征的尝试教学是具有中国特色的教学模式之一，其实质是学生能在尝试中学习，学生能在尝试中成功。操作中，学生在教师问题引导和旧知识的基础上，自学课本和互相讨论，依靠自己的努力，通过尝试练习去初步解决问题，最后教师根据学生尝试练习中的难点和教材的重点，有针对性地进行讲解，尝试教学把学生的主体作用和教师的指导作用有机地结合起来，使学生的尝试活动取得成功。这是开展高效教学的典范，其核心就是有效利用了"先学后教"的方式。另外，我国当前教育逐渐产生了一些影响广泛的教学模式，如洋思模式、"10+35"模式、"271"模式、"循环大课堂"模式等，这些教学模式中就包含了"先学后教"教学方式的使用，并且一个突出的特点是以学案导学作为"先学"的环节，学案导学成为以"先学"引发"后教"推进教学进程的关键，"先学"为"后教"提供铺垫。在设计学案时，应正确认识学案的作用，凸显学案的导学功能，这里的"导"不仅是对学生的学习的适时、适当的"引导"，更重要的是对学生的思维和兴趣上的激发，其意义在于"先学"为"后教"造势。

（二）"先教后学"式

课堂教学中，有许多新学内容对学生来说是超经验的，是已有认知经验与新知识之间的"天然"矛盾，这种矛盾是没有经历学的行为体验或心理酝酿过程而产生的，学生并不具备或只具备较低的认知心理"势能"，学的动力就有所不足，此时，教师根据学生现有发展区，开展以教师为主导引发学生学习行为的"先教后学"方式也是相对高效的。教学动力的发起者主要在于教师，教师对教学的促进作用力主要是"牵引力"，"先教"是教师行为意识在前，"后学"是学生行为意识在后，学生紧跟教师的行为意识，即以教促学，以教导学。"先教后学"的本质就是把教转化为学，即通过教师的教学、分析和解决问题的过程来导引学生的独立学习，使用"先教后学"方式较多的课堂，常常被人冠名为"传统教学方式""传统课堂"，甚至被打上"灌输式教学方式""满堂灌课堂"的烙印。事实上，尽管出现了使用"先教后学"方式的不良现象，也不能否认这种方式本身的优越性，而只是对使用"先教后学"的方式的时机、量度等把握不当而已。在使用"先教后学"方式的过程中，教师要把握好以下四个问题：①教什么？即教师确定教的内容主要包含哪些要点；②何时教？即教师选择教的时机，尤其关注在学生的何种状态下教；③怎么教？即教师选择哪些合适的具体方式；④教到什么程度？即教师把握好教的水平、层次、效果等在量度上的要求。其中，在具体的教的方式上教师有多种选择，比如讲授式、示范式、实验式、发现式、探究式、讨论式等，最典型、最基本的当属"讲授式"，课堂中，恰当地使用"讲授式"的"教"来引导学生"学"同样不失为一种高效的教学方式，教育界中不乏一些我们熟知的大师级教育家和众多普通教师采用这种方式让课堂变得生动、高效，让学生如痴如醉地领悟到教师讲解中的精妙之处。另外，我们在课堂处理"先教"的方式上，不要着眼于"教"的花样，而要在准确预判"后学"情况的基础上着眼于对以上四个问题的恰当把握。

（三）"学教生成"式

课堂教学不只是教师教、学生学，教师传授、学生接受的过程，也不仅仅是学生对教师教的反促过程，还包括师生之间的平等互动的交往与对话的生成过程，即"学教生成"的过程。"学教生成"是指教与学行为互生互促、即时生成，其突出的特征是过程性与平等对话，即在教学过程中增长学生的知识与技能，培养学生的情感、态度和价值观，在平等对话中实现师生交往、生生交往，培养学生的创造能力、创新思维，教学在平等对话中进行生成性的开展，使得师生的教学激情、思维层次、能动状态、创新意识等都得到很好的激发，教学更易达到高认知水平。因此，"学教生成"式也是高效教学方式之一。它包括生成性的学和生成性的教两个方面，它们互为源和流，学生因生成性的教而受启，教师因生成性的学而有变，教师想学生所想，学生思教师所思，二者在"碰撞力"持续作用的动态中相互达到视域的融合。从逻辑上讲，这种教学方式是以教师和学生均有想法与学生可以表达想法为前提的，内含教学民主的影子，具有教学伦理上的进步性，高效教学的"学教生成"注重于预设的共生，它和预设是相得益彰的统一体，预设与生成兼容兼顾、互动共生，才能保证课堂教学的优质、高效、精彩。"学教生成"式在高效课堂中的表现有如下显著特征：①问题性，高效课堂教学中，问题与解决问题是驱动教学进程的另一层面的动力机制，是构成教学逻辑的起点，"学教生成"方式的产生和使用伴随于问题的发现、分析和解决过程，这种方式下"学"和"教"行为指向始终以问题为聚焦点，富有趣味性和挑战性的问题更能驱动学生的好奇心和主动参与性。②生成性，"学教生成"式的高效课堂内容或课堂调控是非预设的，教师与学生在教学情境中产生的教学行为表现为即时互动和不断地进行思想碰撞，但"学教生成"式的使用也并不是教师和学生在无意中进行的，往往是由教师高超的教学技艺的展现和学生的积极参与而产生的，正如苏霍姆林斯基所说："教育的技巧不在于能预见到课堂的所有细节，而在于根据当时的具体情况，巧妙地在学生的不知不觉之中做出相应的变动。"③合作性，高效课堂中，教师和学生基于同一问题以积极思考、探索、分析、讨论等方式开展合作学习时，将各种教学因素进行整合，呈多向交流的状态，这个状态体现了学生的真切体验、参与，并且教学行为具有一定的协作意义，甚至有时表现出迫切、振奋、愉悦等精神气质。④平等性，"学教生成"方式下的高效课堂呈现平等性，师生开展的是平等对话活动，具有和谐的氛围、积极的心态和敞亮的思维，这样的思想和心理才是通达的、富有创见性的，才能不时闪现智慧的火花，才使课堂更能凸显高效。

四、对高效教学方式的再审视

（一）高效教学方式的"主体化"认识

评判高效教学并不依据教师或学生在课堂中的对"主体性角色"的扮演程度。不能说教师的话语权更多的课堂就不是高效课堂，也不能说学生在课堂中占据了"主角"地位就是高效教学，有的教改课堂模式中甚至规定教师在课堂中只能讲少量的时间，严格按照规程执行"高效教学"，这是对高效教学方式的不当认识，事实上，"把课堂还给学生"和"高效教学方式"蕴含的意义是站在两个不同的认识层面，二者不能混淆，前者是理念的倡导，也是"课堂观""学生观""教师观"的实践体现，后者是教学效率论下的实践操作。教学本身是一个复杂系统，从教学主体角度来看，既包含人的外显的行为动作，更有人的丰富的内心世界，即使内心世界能从一定程度上外显于人的行为动作（含表情），也是很有限的，因此，研究高效教学方式从"教"的行为和"学"的行为角度来看带有一定难度，对"主体性角色"的扮演程度本身就难以衡量和区分，从"教""学"行为的发生主体来说，"教"的主体既有教师，也有学生，"学"的主体同样既有学生，也有教师。所以，教学主体包括教师和学生，即

"双主体"，同时也互为主客体，正所谓"有主有客""无主无客"。课堂中，三种高效教学方式可能在不同时序上使用，因此，教学主体也随之变化，"先学后教"的主体是学生，客体为教师；"先教后学"的主体是教师，客体为学生；"学教生成"的主体和客体都是师生。不同的高效教学方式，其主客体关系有所不同，并且一般来说主客体关系的密切程度不同，教学的"效"的体现就不同，主客体行为跟进越密切，教学才可能更高效。认识不同的高效教学方式，要以认清不同的教学主客体为前提，才能真正把握高效教学策略。

（二）高效教学方式的"微观化"观测

基于教学动力机制的高效教学方式的观测要从微观角度进行，高效教学的意蕴不仅包含过程的高效，还包括结果的高效（多维性和优质性），其高效的水平与三种高效教学方式对应的三个动力源紧密相关，而三个动力源的产生和着力点必须是非常微观和精细化的。严格地说，高效教学方式从根本上受课堂行为的制约，因此，我们省思三种教学方式后要注意从微观的视角，并注意以下几点：①教学方式中的"先"与"后"并非简单的时间意义上的先后之分，而主要是指教师、学生在行为意识上的先导性，即谁为教学行为意识的发起者或谁起的作用为主导作用。②教学方式中的"教"与"学"行为并非只是简单的操作行为，而是具有丰富的"教"与"学"的内涵。③三种高效教学方式有其各自独特的优越性，并非课堂上使用就是高效，一堂高效课堂的决定因素是多样的，在教学方式因素上，既决定于各种方式本身的使用，还决定于各种方式间的协同性。④三种高效教学方式相对教学模式来说是微观概念，它们以不同形式组合可以形成较固定的教学模式，目前，课程中出现的多种新型教学模式实为三种高效教学方式的不同组合。⑤教学行为较之教学方式的观测更为微观，并且有力支撑着教学方式的高效性。

（三）高效教学方式的"灵活化"使用

高效教学方式在同一课堂或不同课堂中要注意灵活化使用，一般来说，高效教学活动的三种基本方式在同一堂课中并不独自存在，或者说在一堂课中单一地使用其中一种方式并不多见。它们总是适时地交替出现在课堂中，高效教学也正是因为三种方式的适时、有序的交替使用才产生了动力机制而高效，使用何种教学方式更有效是相对灵活的，其因人、因时、因境、因课不同而有所不同，要正确看待当前冠之以各种名字的高效教学模式，不能盲目复制式地采用这些教学模式，切忌一门课程、一类课型、一个班级或一段时间都采用某种固定的教学模式，而对于一套固定模式"打遍天下"的想法或做法更应值得反思。总体上来说，高效教学方式的使用要注意灵活性，要抓住十六字箴言：因材施教、因势利导、因境而变、因课制宜。

（四）高效教学方式的"要点化"评价

高效教学无定法，评价尺度无统一，但课堂的高效性的评价可用"促进学生有效发展"为总体上的标准，并且高效教学方式的评价可以作为高效教学评价的分类指标之一，在实际操作中可以抓住一些要点，并予以细化。因此，高效教学方式的评价采用相对标准，对"先学后教""先教后学""学教生成"方式的评价需抓住以下要点：①多样性，三种方式在高效课堂中应有不同程度的出现，体现课堂教学方式的多样性，让学与教的行为多向交融，但值得注意的是，"多样"导致"烦琐"也不可取，课堂教学进入"花样时代"是课堂现状的另一种弊端。②真切性，教学有技术，但也富有艺术，高效教学的艺术高于高效教学的技术，它不限于教学行为的定量化，而更在于高效教学行为在自主、合作、探究等学习活动中的真切程度，要把真切性作为衡量高效教学方式使用的核心指标之一。③紧凑性，三种教学方式的使用在衔接上要紧凑、连贯，教学行为表现出自然、顺畅，既让学生有深层次思考和紧张参与的时段，也要让学生有思维转换、行为更替的舒缓空间，各个教学环节紧密相扣、疏密有间。④生态性，高效教学要崇尚课堂的生态性，即回归自然、崇尚自主、整体和谐、交往互动、开放生成和可持续发展，让学生在课堂上学习、成长和完善生命发展，提升生命质量，同时，教师实现专业发展，走向成熟的舞台。具有生态性的课堂最符合高效教学的根本理念，这样的课堂才是更加高效的课堂。

第三节　教学效率意识

教学效率是我们经常研讨的问题，属于有效教学研究的教学论范畴，教学效率意识对促进有效教学的发生在一定程度上起重要的导引作用，下面探讨教学效率的有关问题。

效率是评价某项工作效果的重要指标，有量化效率和定性效率之分，在理学、经济学等领域中的效率（如功率、利率等），所涉及的量往往能确定，因而效率一般用一个比值来衡量，这就是量化效率。在教育学中的效率，理论上我们能知道评价的相关量，但事实上有些量是难以数值化的，因此，我们探讨的效率更多的是定性效率，显然，对于教学效率，我们仅仅得到"教学效率＝教学产出（教学效果）／教学投入"，或"教学效率＝有效教学时间／实际教学时间"是不够的。一方面，"教学投入""教学产出""有效教学时间"难以量化；另一方面，对教学效果的追求不仅仅是在结果上的"量"的体现，还应该是在过程上的"质"的追求，即教学的深刻性，教学行为的有效性。因此，教学效率包括两层意义：第一，教学效率是在教学的促进下，学生成长的一种程度和水平，既强调学生知识增进的速度，但更强调知识的质量和学生心理发展方面的效果，即教学效率的量化诉求就是学生学习水平的变化；第二，教学效率是在教学的过程中，有效教学行为推动教学运转产生多样效果的性能，即教学效率的过程性诉求就是有效教学行为效能的表现。这两层意义中，前者突出表现在结果上，后者突出表现在过程上，二者都隶属于教学效率研究的"过程—结果"模式，并可以归属于"有效教学""高效教学"的效率论范畴。因此，对教学效率的探求，实际转化为对有效教学的探求，但在教学过程中，我们如何知道实施的教学是否"有效"？如何保障"有效"呢？教学是艺术，也是科学。教学的有效性须贯彻科学发展观才能得以凸显，而效率意识，就是科学发展观的重要体现，这就需要教师在教学过程中保持一种积极的效率意识。

一、教学效率意识的含义

意识作为人所特有的心理现象，是包括感觉、知觉、思维等在内的具有复合结构的最高级的认知活动，这种认识活动反映了人们对环境和自身觉察与识别的能力以及关注的清晰程度，具有自觉性、能动性、创造性等特点，在人的各种心理活动中，意识发挥着调节、控制、指导的作用，教学效率意识也是教师的一种具有复合结构的高级认知活动，是指教师在教学过程中对教学效率的一种认知和觉察，是对教学效果的有预期的、有指向性的调控意识，基于上述"教学效率的过程性诉求就是有效教学行为效能的表现"的说法，教学效率意识有三个基本内涵：第一，教学效率意识是教师内化的实践性教学知识外显于有效教学行为的表现，教学效率意识是教师的实践性教学知识在教师头脑中内化的结果，有效教学行为是教师头脑中实践性知识外在的良好表现，在课堂其他因素一定的情况下，教师有什么样的教学效率意识就会有什么样的教学行为，有什么样的教学行为就有什么样的教学效率，因此，教学效率意识和教学效率直接相关，教师教学效率意识有效制约着课堂教学效率，同时，教师的有效教学行为就是其教学效率意识的反映，并与之成正比，教学效率意识越强，教学行为越有效，教学效果就呈多元性；第二，教学效率意识是有预期的、有指向性的调控意识，教学效率意识是一种事先或当下就有的期待和意向，而不是事后才被动发生的认识。它总是能够有预期地建构意向对象（一个意向性实体，是意义概念的广义化）为行为参照物，生发相应的有效教学行为，这种行为被赋予了"意义"，处于"有效"的激活状态，课堂中有些生成性的而非预设性的有效教学行为，其根本上也是在效率意识调控下的有指向性的行为；第三，教学效率意识就像雷达一样总处于一种敏感的觉醒状态，教学效率意识作为对意向对象有预期的觉察，一旦从某种模糊、潜在的背景中与意向对象遭遇，就能立即产生有效教学行为，并俘获这种意向对象，生动地建立起意义联系，使其凸显出来，最终转化为某种有预期的教学效果，教师的教学效率意识越强烈，越能从一些模糊、潜在的背景中触发有效教学行为，更能把握良机，恰当地启发、引导学生。

二、系统观下教学效率意识的成分

西南大学朱德全教授指出：课堂教学是一个开放的、复杂的、动态的自组织系统，这个系统是一个有输入，更要有输出的流通系统：是既要有教师行为发生，又要有学生行为发生，更要有两种行为协同发生的互动系统，是焕发生命活力的生态系统。它包含矢量系统、条件系统、输出系统、运行系统、定位系统、理念系统六个子系统，各个子系统有各自的功能和效用，并且各子系统内部要件之间和各子系统间要相互协调和一致才能保障总系统的有效性。因此，教学有效性是教学系统的有效性问题，我们应以动态系统观去审视教学效率及教学效率意识。基于上述课堂教学的系统观，教学效率意识分别对应包含了六个成分：方向动力意识、条件输入意识、质量输出意识、组织运行意识、目标定位意识、理念追求意识。

（一）方向动力意识

课堂教学作为一个动态系统应有它的动向和动力，在这里，"动向"就是动的方向，即课堂教学运转的"走向"（教学思路），一堂课有没有效率与之直接相关，如果走向不明或跳跃性变化，那么会造成学生思路混乱，学习效率低下。"方向感"强的教师，随时"觉察"着教学的明晰走向，让学生对"已学了什么""正在学什么""将学习什么"都有较清楚的认识，这样的课堂具备了方向上的有效性。"动力"就是推进教学的力量，即课堂教学运转的"推力"（教学动力），高效课堂总在正确的"动向"下保持饱满的动力驱动状态，有动力意识的教师也随时"觉察"着教学动力情况，总在适当时候营造一种生发教学动力的氛围或直接加大教学动力。比如，数学教学的各个环节中，教师常常有意识地寻找或创造起中心作用的"发生点"，并重点围绕这些"发生点"开展有效教学：在情境导入中，教师制造"冲突点"，让学生触景生思，激活思维；在独立尝试中，教师设计"启发点"，让学生蜿蜒而行，柳暗花明；在互动交流中，教师捕捉"共鸣点"，让学生达成共识，燃放热情；在提炼概括中，教师促成"内化点"，让学生揭示内涵，深化认知；在应用拓展中，教师挖掘"深化点"，让学生实施迁移，主动探索；在回顾小结中，教师激活"反思点"，让学生学会反思，自主领悟。这些"发生点"就是教学动力的支撑点，各个"发生点"的链接形成了明确的教学动向，教师在教学中保持方向动力意识时尤其要注意三点：第一，要在课前形成教学动机、找"感觉"，以便于在课堂中保持"状态"；第二，要在课中保持教学激情，无激情的课堂，无效率可言；第三，要将学习的欲望迁移至课后，让学生有"言有尽而意无穷"之感。

（二）条件输入意识

一堂课有没有效率直接与教学准备相关，教师应有充分的教学准备意识，这是属于条件输入系统的范畴，因此，教师的这种教学准备意识称为条件输入意识。条件输入意识有广义和狭义之分，广义的条件输入意识是指为教学做好一切准备的意识，这种准备包括远期（长期）和近期（短期）的投入；狭义的条件输入意识特指为教学而进行的近期（短期）投入的意识，如为即将上的课做准备就是狭义的条件输入。事实上，一堂课的效率要高，既和远期（长期）的投入有关，也和近期（短期）的投入有关，即教学效率意识在这里主要表现为广义的条件输入意识，远期的投入可以打下扎实的教学功底，可以展示教师的教学水平；近期的投入可以充分调节好教学状态，可以体现教师的教学态度，两种投入皆影响教学效率，各有特点，有条件输入意识的教师很重视远期和近期投入，尤其是远期投入，有这种意识的教师在课前构建了教学效果的意向对象，在教学过程中将之作为参照，实时调控教学行为，保障课堂教学的有效进行。

（三）质量输出意识

从经济学角度来看，有投入，就要有产出。类似地，对教学而言，有条件输入，就要有质量输出，并且有教学效率意识的教师尤其强调这一点。一堂高效率的课的质量输出意识是什么？因为教师的工作效率主要体现在学生上，以学生为本，所以质量输出意识就是学生的"收获意识"，即学生的收获就是教学的质量输出。质量输出意识可以从"三度"来看，即教学广度、教学深度和教学厚度。教学广度是教学的一维横向平面，体现在教学上就是能联想，当教师讲一个知识点时，能够联系到相关知识点，进行变式讲解，并能联系到上位的、下位的、同位的知识点，这样的教学才能称为有广度。教学深度是教学的二维纵向平面，体现在教学上就是能拓展。当教师在讲某一个问题时，能够举一反三，深入浅出。教学厚度是教学的三维立体空间，体现在教学上就是有思想。在教学中，教师能智慧地教，学生能智慧地学，教学从有限延伸至无限。以上"三度"既是教学质量观的三维立体结构，也是教学效果多元性的体现，质量输出意识强的教师，具有架构教学广度、教学深度、教学厚度的三维立体教学质量观的意识，在教学设计与教学实施中能有意或无意地通过有效教学行为来实现。

（四）组织运行意识

教学系统中的条件输入系统并不能保障质量输出系统的运转，二者之间还需有关键的组织运行系统，并且组织运行系统整合了方向动力系统、目标定位系统以及理念追求系统，因此，组织运行系统是教学系统的核心系统。教学作为一种有目的、有组织和有计划的师生交往活动，在进行的过程中不可能是散漫的、杂乱无章的，而要保障教学的有序进行，就需要强烈的组织运行意识，组织运行意识较弱的教师的课堂往往处于"散""乱"的无序状态，教学效率低下，所以教学组织意识很重要。教学要从三个方面进行组织：第一，内容层面的组织，内容层面的组织包含三个层次，即宏观层次、中观层次和微观层次，宏观层次包括教学内容、教学内容的网络结构及其编排情况，它们之间的结构关系要清楚，符合逻辑关系，概念与概念之间的上位、下位、同位关系要明白；中观层次主要指教材内容的处理和安排，要求教师熟悉教材、吃透教材或超越教材；微观层次主要指每一个知识点的处理要得当。第二，结构层面的组织，结构层面的组织主要是针对教学环节的安排，教师要清楚各个教学环节的任务和内容，知道各个教学环节之间的关系，厘清逻辑思路、步调分明、结构严谨，此外，教师在各环节间的转化要做到轻松自如，活而有序，达到"随心所欲而不逾矩，形散而神不散"的境界。第三，管理层面的组织，教学的有效性还体现在课堂的组织管理上，组织管理是一门艺术，没有最好，只有更好。

（五）目标定位意识

教学目标的定位由作为教学的外部监控主体的教师执行，教师根据学生的学习状况，与事先拟定的教学目标加以比较，控制学生的学习行为，使之不偏离教学目标的前提下完成教学任务。事先拟定的教学目标是意向目标（预设目标），在实际教学中师生还可能生成新的目标。对于一堂高效的课堂的教学目标，不管是事先拟定（预设）的还是生成性的，其明确性是一定的，此时，教学目标又如何定位呢？当前的三维目标"知识与技能，过程与方法，情感、态度与价值观"包含了三个层次七个目标点，很多教师的教案中也写得明明白白，似乎用得扎扎实实，但这与课堂上的实施并不是一回事，不是因为目标制定得不好，而是因为教学的动态性和不确定性，教师的目标定位意识不强，不能紧跟动态变化。如何在教学中做到目标定位准确呢？在课堂教学中，教师只需要将文本化的目标转化为具体的操作任务，即教学目标重心要下移，而要做到这一点，需要"两化"，即目标任务化、任务问题化。教师首先将教学目标分解为生动、合理、可操作性强的具体任务，然后将教学任务分解为核心问题和一些基本问题。需要注意的是，教师分解的这些任务和教学内容要同时考虑学生的年龄段特征和学生的实际学习能力，符合现有教学条件，这些任务才会与学生个人能力发生"共鸣"，与他们兴趣的总倾向发生"共鸣"，从而保证更迅速、更有效地完成任务，教学过程中以问题驱动完成任务就达到了教学目标，教学目标定位也就做到了准确、有效，教学就做到了有的放矢。

（六）理念追求意识

理念决定境界，境界决定高度，高度决定视野，而宽广的视野会使人眼光独到，见人所未见，掌控全局而游刃有余，因此，先进的教学理念对教学设计、教学实施及教学监控都至关重要。教师要有追求先进教学理念的意识，并要将先进的理念用于指导教学。在教学中，理念追求意识着重体现在三个方面：第一，教学主张，主要是指在教学中，教师力图表现自己的或支持别人的什么教学思想，这些思想要有充分的理由能指导教学实践，考虑三个基本问题，即是否符合教育学、心理学原理？是否符合当前实际？是否有利于学生发展？第二，教学期望，主要是指教师的教学反映一种什么样的价值取向，不同价值取向的教学，教学目标的达成度和教学效率是不一样的。第三，教学理想，主要是通过教师的教学情怀来看，不同的教学情怀透视不同的教学理想，不同的教学理想所追求的教学理念也不同，高效教学的教师教学情怀的外显状态是憧憬、热爱、激情，因此，教学理想反着力于理念追求意识，深刻地影响教学效率。

有些教师似乎是凭直觉开展教学的，他们能够让学生轻松和灵活地学习，他们自信、富有洞察力，并且非常内行，他们不仅知道教学的标准，而且能够将这些标准转为有效的教学。这些教师的教学已从一个有意识教学转到了直觉教学的自动化阶段，并更具有内隐性，达到了较高层次的境界，这种阶段的教学效率意识的形成需要伴随教学实践性知识的长期形成过程，需要经历从懵懂到觉知，从觉知到批判，从批判到发展的过程，并且在形成的过程中，教学效率意识的六种成分是相互关联地发展着的，但是，如何关联着就更为复杂了。

第二章 数学教学要素与教学艺术

第一节 数学教学要素分析

一、数学教学目标

科学合理地确定教学目标是进行课堂教学设计时必须正确处理的首要问题。明确具体的教学目标对教的方式以及学的方式起着决定和制约作用。教学目标是教学双方活动的准绳，更是衡量教学质量的尺度。

（一）认知领域目标

认知领域教育目标根据学生掌握知识的深度，由低级到高级分为知识、领会、运用、分析、综合和评价六级水平。

1. 知识

知识指对先前学习的材料的记忆。一个人有没有知识是他内在的能力的一个方面，可以通过让他回答问题，做出知识的推测。

2. 领会

领会比知道高一级水平，指能把握材料的意义。要求问题情境与原先学习的情境有适当变化。例如，可以用自己的话重述导数的定义，或会求较简单的函数如一次函数、二次函数在某点的导数等。

3. 运用

运用，理解的标志，指能将习得的材料应用于新环境，主要指概念和原理的运用。

4. 分析

分析指单一概念和原理的运用；分析要求综合运用若干概念和原理，能分析材料结构成分并理解其组织结构。

5. 综合

综合比分析高一级，指能将部分组成新的整体，需要利用已有概念和规则产生新的思维产品，如在已知内、外函数导数的基础上，能推导出复合函数求导公式，综合应用求导公式等。

6. 评价

评价指依据准则和标准对材料做出判断，是最高水平的认知学习结果。如能认识到求导方法或微分的方法是我们通过函数局部性质来认识整体、通过近似来认识精确、通过直线认识曲线的基本的方法。

（二）情感领域的目标分类

人的情感是学校教育的一个重要组成部分，但是，人的情感反应更多地表现为一种内部心理过程，具有一定的内隐性。所以，情感领域的学习目标不易设计。依据价值内化的程度，将这一领域的目标由低到高共分五级。

1. 接受

接受是情感的起点，指学生愿意注意特殊的现象或刺激。例如，认真听课、看书、看课件等。从教的方面来看，其任务是指引起和维持学生的注意。学习结果包括从意识到一事物存在的简单注意到学生的选择性注意。

2. 反应

反应指学生主动参与。处于这一水平的学生不仅注意某种现象，而且以某种方式对它做出反应。例如，参加小组讨论、回答问题、完成教师布置的作业等。这类目标与教师通常所说的"兴趣"类似，强调特殊活动的选择与满足。

3. 评价

评价指学生将特殊的对象、现象或行为与一定的价值标准相联系，包括接受某种价值标准，偏爱某种价值标准和为某种价值标准奉献。这一阶段的学习结果所涉及的行为的一致性和稳定性使得这种价值标准清晰可辨。价值化与教师通常所说的"态度"和"欣赏"类似。例如，学生被欧拉从事数学研究的百折不挠的精神感动，能够和自己的学习相比较，见贤思齐，产生了向欧拉学习的想法。再如，学生在数学学习中体会到数学是严谨的科学，言必有据，从而受到学科的熏陶，认为平时做事、做人也要诚实，来不得半点虚假。

4. 组织

组织指学生遇到各种价值观念时，将价值观念组织成一个系统，对各种价值观加以比较，确定它们之间的相互关系和重要性，接受自己认为重要的价值观，形成个人的价值观念体系。例如，当班里有同学问自己问题时，是给同学讲解问题，还是由于忙于作业，而不理会同学。再如，在放学后，是先完成作业还是先玩会儿等。

5. 个性化

个性化是情感教育的最高境界，是内化了的价值体系变成了学生的性格特征。即形成了自己的人生观、世界观。达到这一阶段后，行为是一致的和可预测的。例如，良好的学习习惯、谦虚的态度、乐于助人的精神等。

情感学习目标启示我们，情感教学是一个价值标准不断内化的过程。外在的价值标准要变成学生内在的价值必须经历接受、反应、评价、组织等连续内化的过程。我们的数学教学要重视学生的情感培养，有效实现各类教学目标。

二、数学教学任务

成功的数学教学设计要求教师以系统而生动的方式将教学内容组织起来，确定主要的概念以及各个概念之间的关系，帮助学生意识到所学内容的内在顺序，了解各部分内容与整体的关系，以及各部分之间的联系，从而全面地理解所学的内容。教学内容的设计过程也就是教师认真钻研课程标准、教科书，选择、组织教学内容的过程。但是，课程标准、教科书中的信息一般都有较强的独立性，缺乏内在层次的关系，如果教师不进行序列化信息编码，不进行再加工，就难以使学生获得完整、系统、扎实的知识，影响学生的逻辑思维、学习进度和学习积极性。这就需要教师对教学内容进行再加工和序列化组合。教师应根据教学目标的要求，结合学生的实际水平，对学习材料进行再加工，通过取舍、补充、简化，重新选择有利于目标达成的材料。对选定的教学内容还要进行序列化安排，使之既合乎学科本身内在的逻辑序列，又合乎学生认识发展的顺序，从而把学习材料的知识结构与学生的认知结构有机地结合起来。

（一）数学教学任务分析的含义

数学教学任务分析是指在教学活动之前，预先对教学目标中规定的、需要学生习得的能力或倾向的构成成分及层次关系进行分析，目的是为学习顺序的安排和教学条件的创设提供心理学依据，进行数学教学任务分析除了需要具备足够的数学专业知识和熟练的技能，还需要教学设计理论知识和技能。

（二）数学任务分析的基本步骤

对任务分析的步骤，心理学界有以下共同看法。

1. 确定学生原有的数学基础

在进入新的学习单元或学习课题时，学生原有的学习习惯、学习方法、相关知识和技能对新的学习的成败起着决定性作用。所以教师在确定重点教学目标后，必须分析并确定学生的起点状态即起点能力。另外，从知识分类学习论的观点看，由于智慧技能从"辨别"到"高级规则"之间有严格的先后层次关系，所以作为高一级智慧技能先行条件的较低级智慧技能必须全部掌握。而且由于技能的形成比知识习得所需要的时间长，所以，在教新的技能之前，一旦发现学生缺乏先行的技能，应及时进行补救性教学。

确定学生起点能力的方法很多，在一般的情况下，学生的作业、小测验、课堂提问、观察学生的反应等方法，都可以被教师用来了解学生的原有知识基础。在一个教学单元结束以后，也可以对照单元教学目标进行单元测验。按照"掌握学习"的原则，达到每个教学单元 85% 的教学目标后，才能转入下一单元的学习。同时，我们要注意到，在很多情况下，一个教学单元的重点目标的达到同时也构成下一个教学单元的起点，在教学设计中必须强调针对教学目标的评估，并判定目标实现的程度。

2. 分析使能目标及其顺序

从起点能力到终点能力之间，学生还有许多知识、技能尚未掌握，而掌握这些知识、技能又是达到终点目标的前提条件。这些前提性知识、技能被称为子技能，以它们的掌握为目标的教学目标被称为使能目标。从起点到终点之间所需要学习的知识、技能越多，则使能目标越多。

3. 分析支持性条件

支持性条件虽不是构成新的高一级能力的组成成分，但它有助于加快或减缓新能力的出现。支持性条件基本上有两个：一是学生的注意或学习动机的激发，学生的唤醒水平高，注意力高度集中，可以加速新的能力的形成。二是学生的认知策略，学生理解两点之间线段最短，用两点之间这个唯一的最短距离定义两点之间的距离，圆规张开的两脚之间的距离是其间线段的长度这些组成成分可以促进新能力的习得。

三、数学教学对象分析

数学教学对象分析即学生分析，学生分析是教学设计过程中的一个重要步骤。教学设计的一切活动都是为了学生的学，教学目标是否实现，要在学生自己的认识和发展的学习活动中体现出来，而作为学习活动主体的学生在学习过程中又是以自己的特点来进行学习的。因此，要取得教学设计的成果必须重视对学生的分析。

（一）认知特征分析

学生认知特征分析也称一般特征分析，是指学生在从事新的学习时，现有的心理发展水平对新的学习的适应性，具体包括认知水平、认知风格、智力特征及自我调节能力。认知水平和智力特征从心理与认知发展阶段的角度判断学生的现有认知能力，认知风格（学习风格）是指对学生感知不同刺激，并对不同刺激做出反应这两个方面产生影响的所有心理特性。

1. 学生的认知水平

现代数学教育把发展学生的思维提到了相当高的地位，形象地把数学比喻为"思维的体操"。奥加涅相认为"区别于传统的教学，现代教学的特点在于力求控制教学过程以促进学生思维发展"。要分析学生的认知发展水平，一般都要引用皮亚杰的认知发展阶段论。

思维是人脑对客观事物的本质和规律的概括的和间接的反映。概括性和间接性是思维的两个基本特征。思维之所以能揭示事物的本质和内在规律性关系，主要来自抽象和概括的过程，即思维是概括的反映。所谓概括的反映是指以大量的已知事实为依据，在已有经验的基础上，舍弃个别事物的个别特征，抽取它们的共同特征，从而得出新的结论。在数学学习中，学生的许多知识都是通过概括认识而获得的。没有抽象概括就没有思维，概括水平是衡量思维水平的重要标志。

中职学生的数学思维发展处于经验型抽象思维阶段，其思维的发展具有两个特点：第一，抽象思维日益发展，并逐渐占相对优势，但具体形象思维仍然起着重要作用；第二，思维的独立性和批判性有了显著发展，它们往往喜欢争论问题，不随便轻信教师和书本的结论。当然，中职学生思维的独立性和批判性还很不成熟，很容易产生片面性和表面性，这些缺点是和他们的知识与经验不足相联系的。

中职学生的数学思维向理论型转化，抽象逻辑思维占主导地位。思维具有鲜明的意识性，注意力更加稳定，观察更加精确，更加深刻，能够发现事物的本质和规律，在记忆方面有意记忆和理解记忆占主导地位。

2. 学生的认知风格

对于教学设计来说，之所以要对学生的学习风格进行分析是基于这样一个假说：当教学策略和方法与学习者的思考或学习风格相匹配时，学习者将会获得更大的成功。因此，学习风格的分析被称为有效教学设计的重要步骤，了解学生在认知风格和方式上的差异，对于教师根据学生特点进行因材施教有重要意义。学习者的认知风格也称为认知方式、认知模式或者学习风格，是指个体在信息加工过程中表现在认知组织和认知功能方面持久一贯的特有风格。它既包括个体直觉、记忆、思维等认知过程方面的差异，又包括个体态度、动机等人格形成和认知能力与认知功能方面的差异。

研究者对学习风格进行了不同侧面的分析和研究，大致可归纳为以下几种类型。

（1）场独立型与场依存型

场依存型的学生受环境影响明显，他们更容易在集体情景的学习中获得快乐，并在集体中表现出顺从、和谐与协调，具有良好的融合性，情境性明显；而场独立型的学生在学习过程中则很少甚至不受外界因素的影响，他们习惯于独立思考和学习，不满足于接受既成结论，也不会轻易被个人情感所左右。

（2）反省型与冲动型

冲动型的学生往往只以一些外部线索为基础，未加仔细考虑就急于回答问题，缺乏对问题的探究，缺乏计划性；反省型的学生则表现得谨慎、仔细、周详，一般不急于回答问题或得出结论，倾向于对自己的选择进行反复思量、论证，直到具备较大的把握。

（3）结构性与随意性

结构性强而正规的教学最适合于那些能力较强、急于学习成功的焦虑型学生；而强调活动多样化和随意性的非正规教学对于那些能力较差或者善于自治的学生来说可能更有用。

（4）整体型策略与序列型策略

采用整体型策略学习的学生，反映在学习过程中，往往会从现实问题出发联系到抽象问题，再从抽象问题回到现实问题中去；而序列型策略学习则是从一个假设到另一个假设的线性发展过程。

（5）外倾型与内倾型

外倾型学生表现为情绪外露，喜忧溢于言表，起伏变化大，乐观意识明显；内倾型学生则不轻易表露情绪，往往可能表面上风平浪静，内心却激荡不已。

测定学习风格的方法一般有三种。一是观察法，即通过教师对学生的日常观察来确定。这种方法适合于年龄较小的学生，因为他们对自己的学习风格不太了解，所以在回答问卷或征答表示时会感到困难。不过，这种方法的缺点是教师很难一一观察到每一个学生的学习风格。二是问卷法，即按照学习风格的具体内容设计一个调查表，让学生根据自己的情况来填写。这种方法的优点是可以给平时还没有注意到自己某些学习风格的学生提供一些线索，启发他们正确地选择答案；缺点是问卷中的题目不可能设计全体学生所包括的学习风格。三是征答法，让学生来陈述自己的学习风格。这种方法的好处是学生可以不受具体问题的限制，从而更能体现出自己的特点；缺点是如果不能把学习风格的概念准确地向学生讲清楚，那么学生的陈述就有可能不在学习风格的范围之内。

3. 学习的智力特征

智力是指人认识、理解客观事物并运用知识、经验等解决问题的能力，它包括观察、思考、记忆、想象等。智力不是天生的，教育和教学对智力发展起着主导作用。因此，智力水平与特征也称为教学设计过程中学生分析的重要内容。加德纳的多元智能理论与斯滕伯格的成功智力理论从个体差异而非智力高低出发，为教学设计及实施提供了重要的理论支持。

加德纳认为"智能是多元的"，每个人都不同程度上拥有八种智能，智能之间的不同组合表现出个体间的智力差异。加德纳的八种智能为：言语、音乐、逻辑、视觉、身体、自我认识智能、人际交往智能、自然智能。加德纳的多元智能理论为我们提供了一个全新的视角去审视我们的学生，即每个学生的智力都没有高低之分，有的只是组合方式的差异和表现形式的不同。个体智力的发展受到环境包括社会环境、自然环境和教育条件的极大影响与制约，即所有智能通过发展都能成为能力。语言智能通过听说读写能使人说话自如或书写流畅；数学逻辑智能通过演绎归纳和推理使人有效地工作和思维；视觉空间智能通过视觉和意象进行绘画能发展人的视觉创作能力和视觉准确定位能力；身体运动智能发展手眼协调和平衡能力以及身体表现能力；音乐智能使人学会创作音乐和分析欣赏音乐；人际智能则能关注他人感受并发展与人共事能力；自我认识智能可监控个人思维、展示自律、保持冷静；自然智能可使人对生物和自然物进行鉴别与归类、分析生态和自然环境。这些都为我国的教育改革提供了新的理论指导。

（二）初始能力分析

了解学生的原有知识基础和认知能力是为了确定当前所学新概念、新知识等的教学起点，初始能力也称为学习准备，主要包括学生对新的学习在认知、动作技能和情感三个方面的准备情况，学生原有的学习准备状态是新的教学的出发点。

1. 学生预备技能分析

预备技能是学生在新的学习之前，已经掌握的与数学有关的知识与技能以及他们对这些学习内容的认识和态度的综合。了解学生的起点水平的意义在于，能够确定正确的教学起点。因为当教学起点高于学生的起点水平时，由于学生已经掌握的知识、技能与新的知识、技能之间存在着差距，学生学起来就会感到难、有障碍；而当教学起点低于学生的起点水平时，学习内容就会重复，这样既浪费了时间与精力，又容易引起学生的厌烦情绪。确定了学生的起点水平以后，就可以对经过学习内容分析以后选择的学习内容进行必要的调整，补充学生尚未掌握的预备技能，删除他们已经掌握的部分目标技能。可见确定学生的起点水平与教学内容分析是密切相关的。通过了解学生的起点水平可以准确地确定教学起点，从而提高学习效率，保证收到良好的教学效果。除此之外，还有助于适当地选择教学方法等。

对学生预备技能的分析最常采用的方法是预测。为了了解学生是否具备了从事新的学习所必须具备的预备技能，可以先设定一个起点，把起点以下的知识与技能作为预备技能，并以此为依据编写测试题，测试学生对预备技能的掌握情况。进行预备技能分析是为了明确学生对于所面临的学习是否有必备的行为能力，应该提供给学生哪些"补救"活动。

2. 学生目标技能分析

对目标技能的预测有助于我们在确定教学内容方面做到详略得当。当然，假如教师知道教学内容对学生是完全陌生的，那么这类预测就失去了意义。分析学生的初始能力可以采用"一般性了解"的方法，也可以将"一般性了解"和"预测"两种方法结合起来使用。所谓"一般性了解"，就是教师在开始上新课之前，通过分析学生以前学习过的内容、查阅学生作业和试卷，或与学生、班主任及前任老师谈话等方式，获得学生掌握预备技能和目标技能情况的一种方法。"预测"是在一般性了解的基础上，通过编制专门的测试题，测定学生掌握预备技能和目标技能的情况的一种方法。与一般性了解相比，预测的优点是比较客观、准确。进行预测的过程是：编写测试题—进行学前测试—分析测试结果。

第一步：编写测试题。测试题的编写方法一般是假定一个教学起点，将教学起点以下的知识和技能编制成测试题目。

第二步：进行学前测试。如果测试题中包含测试目标技能的题目，教师要事先说明测试目的，以减少测试结果给学生带来的不良影响。

第三步：分析测试结果。如果学生的成绩普遍较好，就说明教学起点定得偏低；如果学生的成绩很不理想，就表明教学起点偏高。并根据分析的结果，对教学起点进行调整，并从试卷中找出需要补充的预备技能，这样才能使教学起点真正建立在学生的初始能力之上。

3. 学生学习态度分析

学习态度分析也是起点分析的重要内容。学习态度分析的目的在于了解学生对将要学习的内容有无兴趣，对数学是否存在着偏见和误解，有没有为难情绪等。态度是个体对特定对象所持有的较为持久的有组织的内在反应倾向，它由认知、情感和行为倾向三种主要成分构成，能解释和预测个体的各种行为反应。学生的学习态度也有认知、情感和行为倾向三种成分。

学习态度的认知成分是学生对教学活动的认识和理解，并由此产生一定的评价。这种认识和评价通常表现为领悟数学或其内容、方法对个人和社会的价值。学习态度的情感成分，是学生对数学教学内容、数学方法、数学思维等的内心体验，并相应表现出来的喜爱或厌恶。学习态度的行为倾向是学生的态度与其行动相联系的部分，它是个体学习的一种准备状态。如乐意听数学老师讲课，愿意做数学习题、主动看数学课外书等。学习态度即是先前学习活动的某种结果，又是学生后继学习活动的某种条件或原因。当学生对数学学习持积极主动的态度时，将迸发出强烈的求知欲，高涨的学习兴趣，观察细致、思维活跃、记忆效率高。可见，学生学习态度如何是能否达到教学目标的重要条件。

了解学生的学习态度，一是召开座谈会，听取有关人员尤其是任课教师对学习者有关情况的介绍，据此对学生的学习态度做出分析和了解；二是可以运用问卷调查法，了解学生关于教学设计所涉及的有关内容的看法；三是可以通过查阅有关文献资料或凭借所积累的教育教学经验对学生的一般特点或可能具有的学习态度做出基本或大概的估计。一般对学习态度分析主要采用问卷、采访、面试、观察、谈话等多种方法。

由于数学教师通过长期的日常教学的观察，对学生的认知特征已经了解，且短时间内不会发生较大的变化，所以在实际的教学系统设计工作中，主要是对学生的初始能力进行分析，且对于学生起点水平分析的三个方面往往是结合在一起的。

第二节　数学教学的语言与非语言艺术

一、数学教学的语言艺术

教学语言，是一种专业语言。是教师在课堂上根据教学目标和内容的要求，针对特定的教学对象，采用一定的方法，在有限的时间内，为实现某一教学目标而使用的语言。

教学的语言艺术是指教师在教学中善于选择和使用富有审美价值的语言，创造出独特的语言表达方式和风格，教书育人，陶冶学生的语言美感的创造性活动。

（一）教学语言艺术的功能

1. 教学语言艺术能提高教学质量

教学主要是通过语言的表达交流来实现的，因此，教学语言制约着教学质量的高低。国外所罗门和希勒等人的研究表明："学生的知识学习同教师表达的清晰度显著相关"，"教师讲解含糊不清则与学生学习成绩有负相关。"表达得清晰还是含糊，主要在于语言艺术。教学语言艺术对于提高教学质量的作用主要表现在三个方面：一是艺术的教学语言使学生爱听、乐听，能激发学生的学习兴趣；二是艺术的教学语言使学生听来简洁、通俗、形象、生动，有利于知识的理解和掌握；三是艺术的教学语言准确、传神，能节约教学时间。

2.教学语言艺术有助于学生思维的发展

教学语言是教师思维的反映。教师语言清晰、简练、精妙、严密、富有艺术魅力，能给学生正面的示范和潜移默化的影响，从而提高学生的思维力。

学生的思维总是在教师语言的启动下，在一定的逻辑轨道上运行的。或发散，或集中，或层层深入，或步步进逼，或形象具体，或抽象概括。随着教学进程的推移，学生自然而然地将教师思维的艺术和逻辑的精华，内化为自己的认知策略，从而逐步掌握一定的思维方法，提高思维能力和思维品质。

3.教学语言艺术能提高学生的审美能力和语言表达能力

教师讲的话带有审美色彩，是一把精致的钥匙，它不仅开发情绪记忆，而且深入到大脑最隐蔽的角落。教学语言艺术能给学生以美的享受，让学生在不知不觉中受到审美能力的锻炼，进而学会理解什么是美和懂得用审美的眼光去认识周围的事物。

教师的教学语言，对学生能否正确、规范地运用语言，能否具有良好的表达能力，有着直接的和深远的影响。

（二）数学教学语言

数学语言是人们用以描述及表达数量关系和空间形式及其相互关系的一种特殊语言。数学语言包括口头的数学语言和书面的数学语言，而书面的数学语言又分为文字语言、图像语言和符号语言。我们把数学课堂教学中的常用语与数学教学用语叫作"数学课堂教学语言"。数学语言与数学课堂教学语言是有区别的。数学课堂教学语言包括日常用语和数学教学用语。虽然日常用语可以离开数学教学用语而独立运用，但日常用语在数学教学情境中运用，总是与数学教学用语结合在一起，共同表达数学教学活动或过程。数学课堂教学语言作为数学知识的载体，是在生动的教学情境中沟通学科知识与学生认知之间的媒介，它渗透于整个课堂教学的过程。数学课堂教学语言除应满足一般教学语言的要求外，还应遵循下列几点要求：

1.准确性

准确是数学教学语言的核心。教师在给出事实，表达概念，说明技能，解释论证原理时，要恰当地选用每一个字、词、句，使选用的字、词、句能反映事物的本质。数学语言是一种特殊的语言，它有明确的内涵和指向性。如果用词不当，则会"差之毫厘，失之千里"。例如说"能被 1 和它本身整除的数叫质数"就错了，其中漏了一个"只"字，意思就大不一样了。又如不能把"非负数"说成"正数"；不能把"除以"和"除"相混淆。如果随意地把"最简分数"解释成"最简单的分数"，把"互质数"说成"互为质数"，等等，就会使学生形成模糊的概念或给学生错误的信息，从而误导学生。

2. 逻 辑 性

数学是一门逻辑严密的科学。数学学科的教学目的之一就是培养学生的逻辑思维能力。因此，数学教学语言的逻辑性就显得十分重要。数学教师在运用概念，做出判断和进行推理时，都必须严格遵循逻辑思维的基本规律，即同一律、排中律、充足理由律和矛盾律。否则，就会犯逻辑错误。例如，有些教师把"整除"和"除尽"混为一谈，就违背了同一律；讲"圆锥的体积等于圆柱体积的三分之一"，忽略了"等底等高"这个条件，就违背了充足理由律；说"这两条平行线画得不平行""这个直角不到 90 度"之类的话，就违背了矛盾律；说"0 既不是非负数又不是负数"就违背了排中律。

数学教学语言还要符合知识内容的逻辑顺序。例如，对"比"下定义时，应当说"两个数相除又叫作两个数的比"；如果说成"前项与后项相除又叫作两个数的比"就是逻辑错误。因为先有比然后再有比的前项和后项。

此外，数学教学语言必须循序渐进，前后呼应，符合学生的认识规律，体现出清晰的思路与逻辑体系。

二、数学教学的非语言艺术

在课堂教学过程中，师生之间的人际交往、思想沟通是通过语言和非语言两种方式进行的。教师在教学中不仅运用有声的口头语言，而且运用体态的非语言方式传授知识、组织教学和管理。教师非语言行为的运用，在教学过程中有着非常重要的意义。

（一）非语言艺术的功能

"非语言"一词是指人体的动作变化所传递的信息或表现的意义。非语言行为在人的交流中具有重要作用。研究表明：人在交流中，语言传达的信息只占一小部分，非语言行为传达的信息占 65% ～ 93%。课堂教学是人类交流的一种特殊方式。在课堂教学中，非语言行为也有着不可忽视的极其重要的作用。具体表现在下列三个方面：

1. 非语言艺术能够辅助语言的表达，增强语言的感染力

教师在教学中，整洁端庄的仪表、和蔼慈祥的表情、亲切自然的目光，这些非语言行为具有极大的感染力，它会使课堂秩序稳定，课堂气氛活跃，学生学得轻松愉快。反之，则会使课堂气氛僵化，给学生造成一种压抑感，影响学生的学习情绪。非语言行为辅助语言表达主要有三条途径：一是使语言表达更明白、易懂。例如，讲"角"的概念时，教师伸开两手，就给学生一个"角"的直观形象。二是有助于表达语言要表达的情感内容，活跃语言表达气氛。例如，教师叫学生答问时，辅之以"请"的手势，会显得热情，学生会更乐于接受。三是弥补语言的不足，或延伸、扩展语言表达的含义。例如，当学生回答问题，语言出了"格"时，或者做了错事时，教师不是用语言去批评，而是用"关注"的目光，或者以沉默的神色示意，这都是很有效的非语言行为。再如，使用富有启发性的手势语，讲解定义，可引发学生的想象力，使学生不仅学到知识，而且从中有所想，有所思，增加学习收获。

2. 非语言艺术有助于吸引学生注意力，引起学习兴趣

非语言行为是一个形象的、外部的动作，如面部表情的变化，身体所处位置的变化等，这些动作通过学生的视觉，可吸引他们的注意力，引起他们的兴趣。生理心理学的研究表明：人的视觉、听觉的注意力不宜长久地集中在一个固定的信息源上，因为这样容易疲劳。这就要求教师在教学中不断地做出非语言行为，如面部表情、眼神、身体动作等，使学生的听觉、视觉不断变换集中点，获得新鲜的刺激，以保持注意力的集中和学习精力的旺盛。所以，教师的非语言行为是教学中一种有效的动力机制，它能给教学活动不断注入新的活力。

3. 非语言艺术有助于提高课堂组织管理水平

在课堂管理中，许多组织管理指令不是靠直接的语言发出的，而是靠非语言行为发出的。例如，当教师发现坐在后边的学生在交头接耳说话时，如果用直接的语言说："后边的那个同学不要讲话！"就显得很外露，很严重，还常常引得其他同学往后看，分散了学生的注意力；但如果不是这样处理，而是以警觉的，温和的目光扫视一下说话的学生，这目光就是无声的命令，能起到阻止学生说话，使课堂平静下来的作用。

（二）非语言行为的种类与技巧

非语言行为分类问题是一个研究热点，存在着不同的分类方法。例如，有人将非语言行为分为动态无声非语言活动、静态无声非语言活动、有声的非语言活动三类；也有人将非语言行为分为象征性非语言行为、体态性非语言行为和说明性非语言行为。但从实际应用的可操作性方面考虑，我们认为非语言行为分为面部语、身姿语、眉目语、手势语、空间距离语这几种类型比较合适。下面就各种类型及其表现技巧分别进行阐述。

1. 面部语

人的面部能做出丰富的非语言行为。据伯德惠斯戴尔的研究，光人的脸就能做出大约 25 万种不同的表情。同情与关心、厌恶与鄙视、信任与尊重、原谅与理解、愤怒与反感、欣慰与喜悦等，都难以隐秘地表现在人的脸上。与其他非语言种类相比，面部语最易为人感知。这是因为人与人的直接交流是面对面的，人们首先注意到的是面部表情。所以面部语最突出、最显而易见，是教学中很丰富的信息源，是提高教学效率的一个十分重要的因素。美国心理学家艾伯特·梅拉别恩的研究表明：信息传递的总效果现体在 7% 的文字加 38% 的音调加 55% 的面部表情。由此可见，在教学中运用面部语的重要性。

教师在教学中的面部语一般分为两种：一种是平常的或常规的面部语，这是指基本的面部表情。其要求是面带微笑、和蔼、亲切、热情、开朗。教师从日常与学生见面说话到正规课堂教学，都应保持这一基本的面部表情。另一种是变化的面部语，即随教学内容和教学情况而变化的面部语。例如，在引导学生探求解题思路时的专注性表情，在经过艰苦努力后获得结论时的喜悦性表情等，在教学中，教师要使自己的两种面部语真实、自然、灵活地得以体现，为教学目的服务。

2. 身姿语

身姿语指人的躯干发出某种信息的姿态。这是教学中常用的又一种非语言。例如有的教师以面对面时身体微微向前倾表示认真听取学生的意见或回答，用手臂划一个圆圈表示总结、概括等。

教学中常用的身姿语有如下几种：

（1）站立姿势

站姿本身就是一个很好的教学姿势。首先，站姿能吸引学生，给学生以美感。教师稳健、挺直的站姿使学生感到可信赖，可依靠，能吸引学生的注意力。其次，站姿在教学中能给学生以鼓舞。教学时间长了，学生坐着仍难免感到疲劳和精力分散，而教师站着却保持了姿势的挺拔，这就能给学生一个有力的鼓舞。教师的榜样力量是无穷的，能使学生克服疲劳，集中精力认真听讲，并保持规范的坐姿。

（2）稍息姿势

教师站着讲课，由于疲劳或其他原因而用一条腿支撑着身体，使另一条腿稍作休息，呈现出稍息的姿势，这是教学中不时出现的姿势。这个姿势很有艺术讲究，其中有一个"度"的问题。稍息使身体出现的倾斜度必须适度，适度为美。如果不适度，过于后仰或者斜歪，就有失风度。

（3）走动姿势

教师在课堂上来回走动是不可缺少的。走的姿势要注意三点：一是走时身板要挺直，两肩要平；二是步速要快慢适中；三是走的频率要得当。

在教学中，教师要避免使用不良的身姿语。如身体乱摇晃、踮脚颤腿、抓耳挠腮、摆头、抠鼻子、摸胡子、手沾唾液翻书或讲稿和用背部对着学生面向黑板讲课等，这些身体姿势和动作都是有失风度的，教师千万不能把它们当作"小节"而忽视。

3. 眉目语

眼睛是心灵的窗户。人的眉毛和眼睛能传递丰富的信息和情感，具有其他表现形式所不可代替的功能。它能组织教学，调节气氛，创造良好的教学环境；能启发学生，鼓励学生，安慰学生，表达各种思想感情。它具有巨大的力量。心理学的研究表明，教师的目光经常触及的学生比不经常触及的学生的成绩要好得多。

眉目语主要有如下几种：①表示高兴的眉目语：眉毛高扬，眼睛发亮，瞳孔放大。②表示忧虑的眉目语：愁眉不展，目光忧郁；③表示气愤的眉目语：眉头拧在一块，眼睛瞪圆；④表示赞许的眉目语：眉毛平稳，眼睛透出认可和高兴的光彩；⑤表示尊重的眉目语：目光注视，流露敬重的神采；⑥表示责怪或制止的眉目语：眉头拉紧，目光严肃冷峻；⑦表示反对的眉目语：眉毛鼓起，眼睛表现出疑虑和反抗的神情。不同的眉目语有不同的教学效用。教师在教学中要根据教学内容、具体的教学情境和表情达意的需要灵活地加以选用。

在教学中运用眉目语要注意三点。

第一，要扩大目视范围，使目光具有针对性。教师讲课时，目光不能老盯着前面或一边的少数学生，而应变换目视点，扩大目视区，把全班学生都置于自己的眼下，使每一个学生都感到教师在注意他、关心他，尤其不要忘记差生。在注意到面的同时，还要针对不同的情况投以不同的目光，针对不同的学生使用不同的眉目语，做到因人而异，因情况而有别。例如，对听讲认真、思维活跃的学生投以赞许的目光；对思想开小差的学生投以警示的目光；对抢答问题较多的学生投以使其冷静思索的目光；对回答问题胆怯的学生投以鼓励的目光等。

第二，要使眉目语为学生所理解，成为沟通师生感情的桥梁，这是眉目语发挥作用，取得预期效果的前提。学生对教师的眉目语理解与否主要受下列因素的影响：一是情境气氛，这是背景因素。教师表示高兴或忧虑的眉目语只有与教学的情况气氛协调一致，学生才能理解。二是学生的心境，即学生为教学所感动，对教学理解的心理状态。三是学生对教师"察言观色"的敏感能力。

第三，要使目光语有神和有情。因为有神有情的目光才有力量。目光呆滞是教师缺乏自信心和热情的表现；目光游移、飘忽是教师心绪不宁的表现；目光冷漠无情是教师对教育教学厌恶的表现，这样的眉目语是不可能激发学生的学习欲望的。

第四，要注意和学生的目光进行交流。

4. 手势语

手势语是指用手的动作态势表情达意。它既能独立地传递某种信息，也能辅助其他语言和非语言表现形式传递信息。手势在教学中有广泛应用。好的手势能够使语言生动、清楚并得到强调。教师善于运用手势，能提高讲演水平。

手势按照它的教育功能可分为四种，象征性手势，用以直接解释某个词语，表示抽象的意念，一般都有相应的言语意义。例如，伸出大拇指，象征对某个问题、某个人的肯定性评价。说明性手势，用以增加语言信息的内容，对语言起解释作用，以加深别人的理解。例如，伸出一只手，用另一只手扳手指头，表示讲话的系列顺序："第一，第二……"协调性手势，用以增强语言的表现力。例如，用手敲击一下桌子或黑板以示热闹的场面平静下来。补充性手势，用以弥补有声语言的不足或增加有声语言的分量。

例如，欢呼时举手挥动，怒斥时手直指对方等。

手势语按照它在空间的活动方式可分为四种：上举、下压、平移和综合式。手向上、向前一般表示希望、号召、成功、肯定等意义；向内一般表示内心的情感或意向；向下、向后、向外则往往表示批评、轻蔑、否定等意义；而上举、下压、平移等几种形式综合使用的手势更能全面而丰富地表达信息，教学中的许多手势都是综合性的。

如果把一个人肩部以上的空间叫上区，把腹部至肩部的空间叫中区，把腹部以下的空间叫下区，那么手势在上区活动，多表示理想的、宏大的、张扬的感情；在中区活动，多表示论述事物，说明道理；在下区活动，多表示不悦、鄙夷、厌恶、憎恨的情感。教学中的手势多在中区活动。

运用手势语要注意三点：

第一，手势要自然。自然的手势是动之于衷，形之于外的，是教师情感的自然流露和淋漓酣畅的表达。它有"清水出芙蓉，天然去雕饰"的审美效应。反之，牵强附会的手势非但不能增强语言的表现力和感染力，而且还会妨碍学生对教学内容的正确理解。

第二，手势要适当。主要指手势的速度、频率、幅度等。手势太快，一晃而过起不到启发、说明作用；手势太慢，显得拖泥带水，很难与教学情境交融；手势的频率过高，流于形式，难以准确表情达意；手势的频率过低，显得呆板；手势的幅度过大，难以驾驭；反之，则显得拘谨。因此，教学中的手势应当速度适中、错落有致，不可没有，也不可每句话都有。

第三，手势要优美。求美爱美是学生的心理需要。教师作为学生的审美对象，手势的优美对学生有着巨大的吸引力和教育作用。优美的手势有四个基本特征：一是规范，即符合教学原则，能为学生所理解；二是舒展大方；三是连接自然，富于变换；四是能与教学内容、感情变化相吻合。

5. 空间距离语

空间距离语是指因身体位置的移动而引起的与人的空间距离的变化而传递信息的非语言方式。

研究表明，在信息交流中，人与人之间存在着四种距离区：亲密区，人与人的身体、脸相距只有几厘米。亲近区，相距大约30厘米，适合于谈话。社交区，相距1米远，适合于与他人直接交往，表明一种相互认识或熟悉的关系。公共区，比社交区距离更远，在这一区域内，人们彼此并不接近，但能感到相互的存在，有一种参与感、群聚感。教师与学生构成的空间距离区属于亲近区。其变化范围常在讲台与前排座位之间。教师要充分发挥空间距离语的作用，应做到下列几点：

首先，教师根据需要可适当走下讲台，使讲台与前排座位之间也成为活动区。

其次，教师有时要深入到学生座位之间去指导、帮助学生，特别是上练习课和操作课时。这会增强学生对教师的亲近感。

再次，在有条件的情况下，可让学生按半圆形座位就坐。即把学生的座位排成半圆形。这样，教师就可随意接近每个学生。实践表明，这种座位组织形式是空间距离语较好的表达方式。

第三节 数学教学的组织管理艺术

课堂教学有两种活动，一种是教学活动，一种是管理活动。教学活动是指教师按照一定的教学思路传授知识、培养能力、发展智力、陶冶情操的活动。管理活动是指教师指挥、组织学生参与到教学活动中来，为实现教学目标而进行的活动。管理活动为教学活动服务，是教学活动顺利进行的保证。

课堂管理一般包括课堂教学的组织、课堂教学时间的分割和师生交往方式的选择等六个方面。

一、教学组织艺术

（一）预备阶段的组织教学

上课预备铃响后，教师应站在教室门口，目视教室内学生，示意安静下来，做好上课的准备。上课铃响后，教师走进教室，学生起立，教师环视，待全体学生站好安定后，方可还礼示意学生坐下。

这个阶段是上课组织的前奏，也是组织教学的基础，组织得好坏直接影响着一堂课的成败。

（二）开讲阶段的组织教学

这个阶段的主要任务是：激发学习兴趣，阐明本节课教学目的和任务。动员学生集中注意力，师生团结合作，为完成本节课的教学任务而努力。要揭示本节课与上节课或以前的课之间的知识联系、逻辑关系。

阐明本节课的教学任务同导入新课联在一起、结合进行，教师必须要言不烦、有声有色，抓住教学的主要矛盾，很快把学生带入教学情境。

这个阶段是最有力的组织教学阶段，是教师带领学生对教学目标进攻的开始，是学生迎战情绪的动员，它能产生教学的向心力和凝聚力。"良好的开端是成功的一半"，道出了这个阶段的关键作用。

（三）授课阶段的组织教学

这个阶段是一节课组织教学的关键环节，也是一节课教学的最重要环节。课堂教学的主要作用功能就体现在这一阶段。

教师要依据学生的年龄特征、教材实际，周密设计以学生为主体的教学过程，要交替运用多种教学方法或教学手段组织教学，激励学生积极参加新知识的学习。同时还要调节学生心理，做到有张有弛。

这一阶段，教师要因势利导，因材施教，对于随时可能闯入教学中的不测之事，要灵活机动地处理，保证课堂教学顺利进行。

（四）总结巩固阶段的组织教学

这一阶段的任务是：师生一起总结本节课的教学内容，引导学生由博返约，把知识条理化、系统化，便于学生记忆储存。同时，还要布置适量（以不加重学生负担为原则）的练习或作业，巩固所学知识。

这一阶段，在时间上应留有余地，或让学生看书，或让学生复习巩固，或要求学生质疑问难，从容不迫，应付自如，下课铃响后，应立即下课，教师千万不要拖堂，学生最讨厌教师拖堂。

二、教学时间的分配艺术

一堂课的教学时间是有限和恒量的。时间具有不可缺性、不可替代性、不可储存性、不可逆转性，所以"利用时间是一个极其高级的规律"。要想达到教学的优化管理，最根本的就是要节省时间。马克思曾强调指出：

"无论是对于个人，还是对于社会，其发展的全面性……取决于是否节省时间。

任何一种节省归根到底是为了节省时间。"因此，在课堂教学的时间分配上，必须树立时间的价值原则，加强教学的计划性，必须突出时间的效率原则，注意时间的针对性。

谈到如何利用课堂教学时间，教育家马卡连柯曾说："教育需要的不是很多的时间，而是如何合理地利用很少的时间。"一堂课的时间结构可按课的进行顺序科学地分配如下：

开讲阶段：约 5 分钟。

新授阶段：约 20 分钟。

巩固阶段：约 15 分钟。

从上课后的第 5 分钟到第 25 分钟是学生注意力可能高度集中的最佳教学时域，原则上新知识的教学应在这一时域完成。

三、教学形式的选择艺术

教学组织形式是指教学赖以进行的活动方式和结构。数学课堂教学组织形式主要有全班教学形式、小组教学形式和个别教学形式。

全班教学形式是教师在同一时间里对年龄和水平大致相同的学生群体进行教学。它是目前数学教学中最常见、最普遍的一种教学组织形式。其优点是进度统一，便于管理，教师可以给学生讲述、解释，在集体中教书育人，促进学生的身心发展。其缺点是不能适应个性发展，难以照顾到每个学生的不同特点和需要。

小组教学形式是从教学需要出发，把一个班分成几个小组进行教学。一般做法是将座位邻近的 2～4 个学生分成一组。小组教学便于对教学中的重点、难点问题进行讨论和研究，有利于培养学生学习的主动性、积极性和创造性，扩大教学信息的交流，使每个学生都有发表意见和看法的机会。

个别教学是教师针对个别学生的不同情况给予具体指导或辅导的教学。它常用于指导学生看书自学。个别教学，能使每个学生都有机会接受教师的及时指导，也便于教师了解每个学生的学习情况，增进师生之间的相互了解和友谊，卓有成效地进行因材施教。但在实践中，如教师对某一学生或几个学生过分集中辅导，就使"大面积"学生的学习辅导落空了。

上述三种教学组织形式各有优缺点，在教学中必须灵活地加以选用。在选用教学组织形式时要注意三点：

首先，要使教学组织形式与教学目标、教学内容和教学对象相适应。任何教学组织形式都是为一定的教学目标服务的，为达到一定的教学目标而使用和设计的。例如班级教学组织形式有利于培养学生的集体性和社会性，个别教学有利于因材施教，发展学生的个性。

其次，要使教学组织形式成为一个开放系统。教学组织形式的开放性表现在以下几个方面：一是空间位置的开放性。即学生的座次位置和教师的活动范围要经常变换。二是不同的教学组织形式要相互配合，力求形成最佳组合方式。

由于教学目标、教学内容和教学对象的复杂性，教学组织形式的组合具有极大的灵活性和多样性，近年来在这方面出现了许多成功的范例。这些成功范例的基本精神或核心思想是：坚持和发扬班级教学的优点，在集体中教学，使学生在竞争与合作中成长，在与他人的交往中实现社会化；同时又弥补、改进班级教学的不足或缺点，尽可能因材施教，以适应学生个性化的需要。

四、教学问题行为的处理艺术

课堂问题行为是指那些干扰课堂秩序，给教学带来麻烦的行为，诸如课堂教学纪律混乱、表演恶作剧等。能否正确处理课堂问题行为，直接影响到教学工作的效率和质量。

首先，对待课堂问题行为的最好办法是防止其发生，而不是消极地等待发生后再去处理。为此，教师应具有良好的注意分配力。讲课时要把全班学生的举止都纳入自己的注意范围，能够全面准确地观察到所有学生的动态，这样就使有小动作或其他纪律问题的学生无可乘之机，从而有效地维持课堂秩序。

其次，教师在课堂教学中要善于安排学生的学习活动，对每个学生提出明确的任务和要求，提供学生自我表现的机会。在课堂提问、讨论发言、板演练习中，一定要照顾到不同层次水平的学生。

再次，教师要善于运用语言、声调、表情、动作等手段去巧妙地处理课堂问题行为，尽量不影响课堂教学的正常进行。例如，当学生注意力不够集中时，教师可加重语气和提高声调，以引起学生的注意。当某些学生有违纪行为时，教师可突然停止讲课或降低讲课声音，给他们以暗示性提醒；也可以流露出不满意和殷切希望其改正的神情，或者通过手势示意其立即停止。

五、教学的反馈与控制艺术

课堂教学是一个系统，它由教师、学生、教材和教学方法这四个要素组成。在这一系统中，教师是施控者，学生是受控者。教师将教学信息传递给学生，学生接受信息后做出反应并将反馈信息传递给教师并对教师的再次信息输出产生影响。课堂教学调控是保证实现教学目的的重要手段。课堂教学的运行系统有应然状态和实然状态。应然状态是理想状态，其基本特征是短时间、大容量、轻负担、低成本、好效果。实然状态是当前状态。课堂教学调控就是要消除应然状态与实然状态的偏差，实现实然状态向应然状态的转变。

（一）课堂教学的调控内容

1. 教学量的控制

教学量包括教学内容的质量和数量。如果一堂课的教学密度太大，学生思维高度紧张，容易造成心理疲劳和"消化不良"，反而失控、难以完成教学任务。反之，学生没有压力，纪律松懈，智力活动缓慢，达不到教学质量的要求。因此，教师只有根据教学大纲的要求和学生的知识基础，恰当地确定教学量，才能取得较好的教学效果。

2. 教学中的"序"的控制

解决教学问题，完成教学任务的工作程序一般分为六个阶段：

①教师领会既定任务在全部任务中的地位，收集使教学任务具体化的信息。

②根据既定任务的特点，把教学目标具体化，使之便于评定。

③掌握在类似条件下解决教学任务的先进经验（包括分析自己过去在解决类似任务时的经验），考虑这些经验的优缺点及在本次教学中实施的可能性。

④尽最大可能为实施计划改善条件，包括制作直观教具，预先使学习困难的学生对学习该问题有所准备，在他们的学习中创设成功的情境，奖励初步取得的成绩等。

⑤在一节课或一系列课的进程中，实施完成该项任务的计划（包括使学生有完成任务的需要感），按照计划选定的工作顺序，组织师生的活动，并激励学生积极地、独立地完成任务，同时，要随机应变地检查任务的完成过程，并及时做出必要的修正。

⑥分析任务的完成情况，检查是否保证以尽可能大的效果和尽可能高的质量完成了任务，如果任务的某些方面没有达到最优的解决，要分析其可能的原因有哪些；如

果任务的完成已经达到预期的效果,那么,要分析其是否超过了师生课内、课外活动的时间标准。

以上六个阶段的全部工作,保证了在相应的具体条件下,选择最优的解决教育、教学任务方法的一个完整程序。

3. 教学中的"度"的控制

教学中"度"的控制是指教师对教学内容的深广度和难度的控制。难度过大,学生食而不化、望而生畏。难度过小,学生食而无味、兴趣索然。因此,控制教学难度是一门艺术。

心理学家维果次基把儿童在教学中的发展分为两个水平,即现有发展水平和潜在发展水平。现有发展水平和潜在发展水平之间的区域叫作最近发展区。

根据最近发展区的理论,教学不应消极适应儿童的现有发展水平,而要依靠那些正在或将要成熟的心理状态,创立最近发展区。即教学必须引起、激发和启动儿童一系列内部发展过程,让他们通过自己的努力思考,在智力的台阶上提高一级。也就是说,只有走在发展前面的教学,才是成功的教学。因此,教学要面向最近发展区。面向最近发展区是控制教学中"度"的基本原则。

儿童的最近发展区是有差异的。这就要求教师充分考虑每一个学生学习认识活动的特点,因材施教。

(二)课堂教学调控的方法

1. 反馈控制

教学过程是一个反馈控制的过程。在教学中,教师把知识信息传递给学生,学生通过自己的感受器由传入神经通路把信息传入大脑,通过识别、交换、处理和储存,将输入的信息内化为可以输出的信息,再由传出神经通路将信息传递到效应器,引起相应的活动,外化为反馈信息。这种反馈信息一方面可以再反映到学生的大脑,让学生进行自我评价,实现自我调节,以改进学习方法,提高学习质量;另一方面可以传递给教师,使教师得以检查教学效果,发现偏差,并据此调节信息的输出,改进后续教学,提高教学质量。

没有有效的反馈就不能实现有效的控制,没有有效的控制就不能实现教学目标。因此,反馈控制在教学中是十分重要的。

2. 预先控制

预先控制是在活动之前进行的控制。其基本做法一是在活动之前提出具体要求，宣布纪律制度，发出警示信息，以保证活动的顺利进行。如考试前，宣布考试规则和纪律，以防止作弊现象的发生等。二是防御和控制干扰。干扰有外部干扰和内部干扰两种。外部干扰指客观环境对教学的干扰，内部干扰指师生的心理状态对教学的干扰。防止外部干扰的方法是布置优美的学习环境，防止内部干扰的方法是根据学生的认知规律组织教学，注意教学节奏的调控，做到有张有弛，劳逸结合。

预先控制应建立在对可能发生情况的充分估计的基础上，以避免不良情况的发生。预先控制比事后控制效果好。在教学过程中，要取得预期的良好效果，必须经常进行预先控制。

3. 随机控制

随机控制是指对教学过程中一些偶发事件的控制。对偶发事件处理得当，教育效果就好，处理不当，则会扩大矛盾，甚至走向反面。因此，教育控制者处理偶发事件，必须机智、巧妙，才能对偶发事件实行最佳的控制，以保证教育过程获得最优的效果。

第三章 数学教学设计的有效性

第一节　数学教学设计概述

一、教学设计及数学教学设计的认识

按照《现代汉语词典》的定义，设计是指"在正式做某项工作之前，根据一定的目的要求，预先制定方法、图样等"。从这个定义来看，设计比较注重显性化的文字表达或图样，表现出一定的目的性，但创造性凸显不够。因此，我们认为"设计"是指人们为实现某一理想，开展的创造性的行为活动或过程。设计与"规划"（Planning）相关，它们之间的区别在于：当伴随规划的专门性知识和关注达到一定程度时，我们就开始把这些活动称为"设计"；当方案变得复杂起来，"规划"这一术语不再适用时，"设计"就成为更好的描述词。

教学设计的内涵广泛，并且说法不一，有的认为它是一种实践活动，有的认为它是一门理论和实践相结合的学科。目前尽管没有统一的说法，但对它的认识已形成了一些"主流"观点。通常意义上说的教学设计是课堂教学活动的前过程。关于教学设计列出如下一些典型界定。

教学设计就是根据教学对象和教学目标，确定合适的教学起点与终点，将教学诸要素有序、优化地安排，形成教学方案的过程。该定义表明：①教学设计必须有确定的教学对象和教学目标；②教学设计是将教学诸要素有目的、有计划、有序地安排，以达到最优组合；③教学设计仅是对教学系统的预先分析与决策，是一个制定教学计划的过程，而非教学实施，但它是教学实施必不可少的依据。

教学设计是指教师为达到一定的教学目标，对教学活动进行的系统规划、安排与决策。具体来说包含几个层面：①教学设计要依据原理，遵循教学过程的基本规律，制定教学目标，以解决教什么的问题；②教学设计是实现教学目标的计划性和决策性的活动，因而要求教师对怎样才能达到教学目标进行创造性的决策，以解决怎么教的

问题；③教学设计把教学过程各要素看成一个系统，分析教学问题和需求，确立解决的程序纲要，使教学过程最优化；④教学设计是提高学习者获得知识、技能的效率和兴趣的技术过程，教学设计与教育技术密切相关，其功能在于运用适宜的教学方法设计教学过程，使之成为一种具有操作性的程序。

教学设计指的是把学习与教学原理转化成对于教学材料、活动、信息资源和评价的规划这一系统的、反思性的过程。在某种程度上，教学设计者就像工程师。他们都需要基于那些已被证明是成功的原理，来规划自己的工作——工程师依据的是物理定律，教学设计者所依据的是教学和学习的基本原理。他们都需要努力设计一些方案，让这些方案不仅能够发挥作用，而且对终端用户产生吸引力。无论是工程师还是教学设计者，他们都要确定解决问题的程序步骤，并以此来引导自己的设计决策。

教学设计是以教学理论和学习理论为基础，运用系统方法分析和研究教学的策略方案、试行解决方案、评价试行结果和对方案进行修改的过程。教学设计主要解决：①教学内容（教什么）；②教学对象（教给谁）；③教学方法、流程（如何教）；④教学结果及评价（教得怎么样）。其中教学理论依据（为什么这样教）可以从设计过程中看出。

基于上面对教学和设计的认识，以及上述教学设计的"主流观点"，教学设计应该体现主体性、目的性、过程性、创造性以及反思性等特点，因此，我们认为教学设计是指教师基于教学起点，确立教学目标，遵循教育学、心理学原理和学科特点，创造性地将教学诸要素系统、有序、优化地规划和安排，形成可实施教学方案的过程。这个过程主要牵涉五个基本问题：为什么教（学）——教学目标；②教给谁（谁学）——教学对象；③教（学）什么——教学内容；④如何教（学）——教学准备、教学方法、教学流程；⑤教（学）得怎么样——教学预评。

在上述教学设计的理解基础上，结合数学教学的学科特点和教学实际，我们认为数学教学设计是在教学对象的水平和需要的基础上，确定其合理的数学认知起点和准确定位教学目标后，以数学问题的解决为内容线索，以教学问题的表达为程序线索，有序并系统地统整教学诸要素，形成教学预设方案的过程。该过程是一个复杂的系统工程，涉及教学的对象、内容等横向范畴以及教学的程序、组织等纵向范畴，并且教学层面上同样需要解决上述教学设计中的五个基本问题。

二、数学教学设计的要素

根据上述教学设计的定义，数学教学设计的横向范畴和纵向范畴需要完全覆盖五个基本问题，即为什么教（学）？教给谁（谁学）？教（学）什么？如何教（学）？教（学）得怎么样？这五个基本问题的指向和表达对象主要涉及教学目标、教学对象、教学内容、教学准备、教学方法、教学流程、教学预评七个方面。这七个方面存在一些内在的关联，并且必须依靠目标方向设计范畴、过程组织设计范畴以及质量监控设计范畴来统整。目标方向设计是教学的"应然"态，过程组织设计是教学的"必然"态，质量监控设计是教学的"实然"态。由此，基于上述数学教学设计相关问题解决视角，数学教学设计的要素包含教学目标、教学对象、教学内容、教学准备、教学方法、教学流程、教学预评。这几个要素具有一定的逻辑关联。

三、数学教学设计的逻辑线索

由数学教学设计的定义可以看出，数学教学设计的过程本质上是问题解决的过程。在教学设计中，包括数学内容层面的逻辑线索和设计程序层面的逻辑线索。其中，数学内容层面的逻辑线索主要完全或部分地呈现数学问题的发现、提出、分析和解决过程。对某个主题进行教学设计时，如果能够将数学知识体系、概念、命题关系、数学方法等方面梳理得很好，完全符合数学的科学体系和数学知识附着在教学层面的教学体系的规律，那么该主题的教学设计就打下了牢固的根基，从而保障教学有效性的根本性。设计程序层面的逻辑线索主要通过对教学问题表达的方式来呈现。对某个主题进行教学设计时，如果能够较为完好地解决五个基本问题并以适当的方式表达出来，那么该主题的教学设计的主体结构就基本搭建好了，并为教学的顺利实施提供了前提条件和准备要素，从而保障教学有效性的可行性。因此，数学教学设计的这两条逻辑线索是最基本的线索，数学内容层面的逻辑线索是根本性线索，设计程序层面的逻辑线索是主体性线索，并且两条线索在同一教学设计过程中属于连体关系。

下面进一步研究数学教学设计的两条基本线索。宏观上，两条线索可以统整为问题（含数学问题和教学问题）与问题解决为数学教学设计的逻辑线索。微观上，两条线索的连体关系可以进一步进行演化。首先，从知识生长角度看，数学内容层面的逻辑线索本身可以自成一条逻辑线索。其次，设计程序层面的逻辑线索从有效教学的两个层面（教师和学生）表现的教学行为角度可以分为两条相互关联但又相互独立的逻辑线索，即数学教学逻辑线索和数学学习逻辑线索。前者可以从教师教授角度看，后者可以从学生学习角度看。再次，两条基本逻辑线索在交织联系的过程中，自然产生关联，如解决"为什么教（学）""教（学）什么"问题时，就要准确定位教学目标、教学内容、教学重点等，其问题焦点为数学知识层面的内容；解决"教给谁（谁学）"时，要研究教学对象的数学现实；解决"如何教（学）"时，要遵从数学知识发展的逻辑规律；解决"教（学）得怎么样"时，要以数学知识的掌握情况作为核心指标。由此看出，两条基本逻辑线索在交织联系的过程中产生多处关键节点，并且数学知识层面总是问题解决的起点和落脚点，伴随学生的认知过程和评价过程。因此，两条基本逻辑线索的关联节点又连接出一条逻辑线索，我们不妨称之为认知评价逻辑线索。归纳起来，数学教学设计的逻辑总线即为数学教学问题解决逻辑线；由逻辑总线可以分解为两条基本逻辑线，即数学内容层面逻辑线和设计程序层面逻辑线；由两条基本逻辑线本身演变可以得到四条相关的教学设计逻辑线，即知识逻辑线、教学逻辑线、学习逻辑线和认知评价逻辑线（简称"认知逻辑线"）。这四条逻辑线中的每一条逻辑线自身附带相关内容形成网络，并且四条逻辑线之间又具体呈现网络状的关联。从顺序上说，知识逻辑线及其产生的知识网络是教学设计考虑的首要内容和程式，教学逻辑线及其相关的教法网络、学习逻辑线及其相关的学法网络是教学设计考虑的第二内容和程式。认知评价逻辑线及其相关的认知网络是教学设计考虑的首要的也是最终的内容和程式。

教学设计是广义的教学活动，数学教学设计逻辑线与网络结构遵从数学教学逻辑。对于教学逻辑，朱德全教授早有深刻的论述。从教学的主客体关系来看，教学系统生成知识逻辑、教学逻辑、学习逻辑、认知逻辑。并且教学活动通过这四个逻辑组块之间的逻辑转化，促成教学双方的共振、共享和共赢，以实现教学有效化和有序化。有效和有序的逻辑转化生成复杂多样的教学网络类型，基于教学逻辑组块与网络类型的相互作用则形成教学网络组织系统。同样的，数学教学设计逻辑线与网络结构形成类似的逻辑转化关系，促成教学预设的有效化和有序化。并且逻辑转化的过程要经历从知识的静态（知识的文本状态和学术状态）过程到教学预设的动态（教学活动的预设）过程的转化，再到认知评价的静态（教学目标的预设与教学成效的预评）过程。

第二节　数学教材分析的方法

教材分析是有效教学设计的基础性工作，每个教师都应高度重视这个基础性工作。教材分析是一个理论与操作结合紧密的系统工程。掌握恰当的教材分析方法能提高教学设计的成效，对实施有效教学具有奠基意义。

一、教材分析模型建构

（一）教材分析的内容层次

教材分析的内容与教材分析的目的紧密相关。为教学设计而进行的教材分析主要包括三项内容，即教材内容剖析、教材意图挖掘和教材综合评估。这三项内容中，前两者属于静态的教材话语体系范畴，后者属于动态的教学话语体系范畴，并且这三项内容分别代表了教材分析的三个层次，展现了由表及里、由单一向综合、由静态转向动态的顺序。

教材内容剖析是教材的表层分析，其对象主要指教材直接性地透露出的文本信息，包含了文字、符号、图表等传递的教学内容。如文字表达的概念、命题、定义、定理、例题、习题、解答等，符号表达的数据、公式、等式、方程、函数等，图表表达的数据、图像、关系、位置等，这些信息直接表达了教学内容。

教材意图挖掘是教材的深层分析，其对象主要指教材间接性地表达的隐含信息，需要读者认真阅读、思考才能领会的内容，包括教材的背景，学科知识的背景，课标的理念，教育学、心理学原理，教学的程序，以及教学的方法、手段等，主要挖掘编者的意图，更好地全面理解教材，为教学设计及课堂教学实施提供参考。

教材综合评估是基于教材内容剖析和教材意图挖掘对教材开展的综合性的分析和统整。经过有目的、有针对性、有比较地分析教材后，从教材的各个维度做出评估，为后续教材处理过程提供全面信息和充分的处理依据。

教材分析的逻辑顺序总是以问题与问题解决为导向的，三个分析层次分别对应解决不同的教材问题。教材内容剖析是教材分析的起点站，是理解教材的初步阶段，主要解决"是什么（What）"的存在性问题；教材意图挖掘是教材分析的第二站，是深刻理解教材的关键，主要解决"为什么（Why）"的探究性问题；教材综合评估是教材分析的第三站，是理解教材的综合阶段，主要解决"怎么样（How）"的评价性问题。"What-Why-How"（记为"3H"）是教材分析中比较自然的三个层次，经历发现、探究、评价的分析过程，带有一定渐进思维形式，形成一个思维链。对众多教材内容的分析都可以按这个思维链进行展开，形成教材分析的基本线路。

（二）教材分析的逻辑线索

教学设计是一个系统工程，而教材分析是教学设计的基础性工程，因此，教材分析的理念与逻辑体系从属于教学设计以及教学系统的理念与逻辑体系。朱德全教授认为，知识逻辑、教学逻辑、学习逻辑和认知逻辑构成了教学系统的逻辑系统，四个逻辑间相互运演，教学要素关系变迁，促使教学系统达到有序化。同样的，教材分析遵从这四个逻辑的相互运演关系，促使教材分析过程达到有序化。从教学逻辑视角来看，教材分析本质上是以知识逻辑、教学逻辑、学习逻辑和认知逻辑为依据，将教材内容、教材意图进行分析和统整，对教材实施正确评估的过程，为后续的教材处理以及教学设计做好铺垫。教学逻辑的四个逻辑组块为教材分析提供四条可供操作的分析线索（称为"分析线"），即知识线、教学线、学习线和认知线。以四条"分析线"为框架构成了教材分析的逻辑网络。

知识线（K—L）：教材的编写是遵从一定的学科知识体系的（广义的知识观），教材分析的一条逻辑线就是知识线。按照知识线分析教材，从学科知识角度看教材呈现了哪些知识，要厘清知识的来龙去脉，找准新知识的生长点，突出教材内容的重点。对待陈述性知识、程序性知识的不同类型的知识，采取不同的分析策略。掌握各种知识的表征方法。

教学线（T—L）：教材的编写是具有一定情境性的，教材将教学的知识内容"浸泡"在丰富的情境问题中，"谁来教"和"如何教"的问题在教材情境中呈现出一个线索，即教学线。按照教学线分析教材，从教师角度去思考教学问题，要明确教材设计的教学思路，明确教材中预设的关键性问题，明确教材是如何引导学生的思维的、采取什么样的"教法"等。

学习线（L—L）：教材的编写是基于学生的数学现实、生活现实背景编写的，符合学生学习的一般规律和成长特征。教材分析的一条逻辑线就是学习线。按照学习线分析教材，从学生视角揣摩"怎么学"的问题，教材是如何突破难点知识的、如何安排各种学习活动，学生是否适应教材的各种安排等。

认知线（C—L）：教材的编写是具有认知目标定位和评价措施的，教材分析中还蕴含一条认知线，即从目标定位到目标测评的逻辑线。按照认知线分析教材，能了解学生学习后在知识与技能，过程与方法，情感、态度与价值观等目标点上的大致定位，并做出适当评估。

将以上四条"分析线"记为"4L"，它们各自是相对独立的分析线，在教材中可能产生平行、交叉、重合等关系。从整体上看，犹如一张由各种道路穿梭、交织、错落的道路网一般。

（三）教材分析的模型构建

教材分析包含三个"分析层"和四条"分析线"。在教材分析中，三个"分析层"是以"3H"问题链形成渐进思维形式，使教材分析向纵深方向发展，而四条"分析线"各自延展盘绕于教材信息中，形成几条横向线路。教材基于三个"分析层"和四条"分析线"而架构的"HL"教材分析模型，实质上是对教材分析的层次顺序和逻辑线索进行统整，将"3H"问题链附着于四条教材分析线，为教材分析提供必要的观测点和一种操作顺序，使得教材分析更具系统性和有效性。分析模型的核心为"3H"问题链和"4L"分析线，让教材分析过程伴随问题与问题解决的逻辑线路，由此，将该模型称为"HL"教材分析模型。在上述整合的教材分析模型中，四条"分析线"分别贯穿了三个"分析层"，每条"分析线"与三个"分析层"的交叉形成 3 个节点。比如按照"知识线"分析教材时，以"3H"问题链为分析线路，我们可以对教材在学科知识上按照如下顺序分析三个节点：

节点 1（What）：教材中含有哪些知识点？涉及哪些数学思想方法？教材中哪些知识点是重点？

节点 2（Why）：教材为什么在本节中安排（或不安排）某知识点？教材中为什么这样编排知识点的顺序？教材中为什么采用这种解法（证法）？教材中本节内容为什么要渗透这种数学思想？

节点 3（How）：按照教材安排，是否需要补充（删掉）某个知识内容？对某知识的教学是否需要做特别处理？教材的内容安排是否满足教师（学生）的教学要求？

其余三条"分析线"同样与"分析层"交叉形成了分析节点，此处不再逐一详述。

理论上，"HL"教材分析模型总共形成了12个分析节点。

第三节 数学有效活动的设计

在课堂教学中，经常会发现这样几种现象：一是以教师讲解为主，为了给学生讲清、讲透一个知识点，教师在讲台上讲得神采飞扬，而学生的学习活动基本上较为单调，主要是听讲、记笔记、回答老师的问题，课堂上常常是气氛沉闷，一节课下来，教师、学生都感到很疲劳；二是教师过度关注自己教的过程，为了完成课前预设的教学计划，往往忽视学生的实际情况，按部就班地进行，当学生已经有了很好的问题出现时，教师为了不偏离自己的设计主线，常常把学生的思维"强拉"回来，由于缺少老师的及时评价与鼓励，而造成学生闪光的思维一瞬即逝，失去了一次很好的因势利导、针对学生问题进行教学的好机会，非常遗憾；三是学生的学习方式混乱而无效，如"公开课上热热闹闹，课后了无痕迹。对于某些较容易的问题，教师让学生小组讨论，对于某些较难回答的问题，教师又让学生自己独立思考"等。

产生这三种现象主要有以下原因：

一是多年来形成的传统教学理念在老师的心里已根深蒂固，甚至很多老师都会认为：凭着自己对学科内容的熟悉，凭着自己学习这一内容时的体会，凭着自己多年教学形成的对学生学习的了解，通过巧妙的教学设计，就能把课讲到学生的心里去，不必追求时髦的师生、生生互动活动，照样能取得很好的教学效果。

二是在课堂教学中，学生的活动是不可缺少的主要环节，这是新课改和素质教育的必然要求，教师对它的必要性和迫切性认识还不够充分，对有效设计学生活动的教学策略认识还不够到位。因而教师在教学设计中过于详尽地策划了自己教的过程，而忽略了学生学的过程。实际上，真的是"只有老师讲得越多，学生才学得越多？"显然这与学生的认知规律不符，更与新课标的理念相悖。实际上，课堂上学生活动的科学合理、和谐有序，是保证课堂教学的正常进行、提高课堂效率必不可少的条件。

下面结合教学实践，谈谈中职数学课堂教学中学生活动有效设计的原则、策略及注意事项。

一、学生活动设计的原则

（一）主体性原则

①教师在设计活动时要以学生为中心，从学生实际水平和学生所能接受的活动方式出发，学生能够通过自主学习或者合作学习获得的知识，教师决不包办代替；学生自己深入学习有困难的内容，教师可以创设情境，搭个台阶，让学生试着学或者通过小组讨论，用集体的智慧攻克难关；对于更难的内容，教师可以与学生共同完成；②设计学生活动，满足学生作为学习者的需要，学生有三个方面的需要，第一：探究的需要。第二：获得新的体验的需要。第三：获得认可与欣赏的需要。设计学生活动，意味着要尊重和关注学生的需要。

（二）实用性原则

学生活动的设计要以活动的有效实施为核心，如果一味追求形式，只会造成为设计活动而设计，必然会出现课堂上学生的活动轰轰烈烈，课后学生的思维停滞不前的情况，因此，教师在设计学生活动时，应考虑以下三点问题：①该活动用于此环节是否合适和必要？②该活动实施后学生能收获什么？③该活动实施后能否有利于预设教学目标的实现？实际上，课堂教学活动不仅在于学生掌握、巩固所学知识，更是锻炼学生表达能力、交际能力、将所学知识向实际运用过渡的重要途径。尤其是对于文科学科，学生活动的设计更要为学生创设真实的语言环境，使学生能利用所学的语言进行实际交际。这是学生学习语言的最终目的。

（三）多样性原则

课堂教学活动必须为不同水平的学生提供各不相同的学习的机会。由于每个学生都是一个新鲜的认知主体，学生与学生之间存在着个体差异，因此教师在设计活动时，要想使活动适合每个学生，吸引其兴趣，就要使活动多样化，需要设计出多种多样的学习活动。

二、学生活动设计的策略

（一）明确互动本质、树立互动意识

明确互动本质、树立互动意识是设计课堂学生活动的思想保障。各种资料显示，

权威的专家对心理学的研究表明，学生的知识形成过程是外来的信息与学生原有知识和思维结构相互作用的过程；学生目标的达成是通过活动作为中介形成的，在活动中进行思考、在思考中进行活动是青少年的一个重要心理特征。一个人的独立学习与在课堂环境下的学习相比，后者的学习更有效果，原因何在？就在于课堂中，教师、同学会根据某学生表现出的学习状态和提出的问题等，主动提供有针对性的反馈、刺激，从知识本性来说，人的所有知识都是内部生成的，而不是外部输入的。因此，要求教师改变传统观念，树立互动的意识。

（二）正确建立活动目标

一堂课的目标应当成为课堂活动设计、展开的核心。指导学生活动设计的基本理念应当是为课堂"三维目标"的落实服务，活动的目标不能偏离课堂教学这一中心任务。教师只有紧紧围绕教学目标，明确教学的重点和难点所在，将丰富多彩的学生活动与教学有机地结合起来，才能收到很好的教学效果。如果只是一味地追求形式，注重学生在活动中的参与，而忽视了对活动目标的考虑，不仅达不到预期效果，甚至出现偏离课堂教学应有的教育意义。

（三）创设民主和谐的教学情境

情境即学习环境。创设民主和谐的教学情境是设计课堂学生活动的情感保证。只有在民主、愉悦的教学情境中，学生的学习才会热情高涨，参与课堂教学活动的积极性才会更高。以学生为主体的教学活动，是从创设有利于学生的情境开始的，关于情境，常见的有问题情境、真实情境、模拟情境、虚拟情境、协作情境等，教学情境的创设要贴近学生的生活，有一定的新颖性、渐进性和开放性，不同学科对情境创设的要求不同，围绕教学目标创设情境是促进学生主动建构知识意义的外部条件，教师通过创设一种有一定难度、有明确目标、需要学生做出一定努力才能完成学习任务的情境，使学生处于一种急切想要解决所面临疑难问题的困境中，由此引发学生的认知冲突，产生强烈的探究愿望，激活学生的思维，从而创造性地解决问题。情境创设的有效与否，关系到能否将学生的注意力"聚焦"，能否将学生的思维"聚变"，直接影响到学生对课堂所学内容的兴趣和后续学习的动力。有的学生对于稍难的问题不愿做深入的思考，他们往往或者缺乏思维的触发点，或者对自己的思维能力缺乏信心。在这样的情况下，用学生之间的合作交流来创设课堂学习的情境就显得尤其必要。

（四）选择科学合理的活动方式

在课堂教学中，学生活动方式是我们教师可以预先设计的。活动形式的多样化，有利于增加学生的参与度，活动的方式必须科学合理地选择，做到学生活动的内容与形式的统一，形式必须有助于内容的深化。不是什么教学内容都适合开展学生活动，这与教学内容的容量、是否是重难点等有关系。作为教师，应当认识到学生活动的各种方式都有自身的局限性，对不同方式活动如何准备、如何展开、如何互动、如何调控，甚至如何弥补课堂有限时间造成的不足等等应进行深入细致的分析。一般来说，教材只是知识的静态呈现，它只是为知识的传递提供了可能。如何让静态变为动态，让原本的结果反映出它的形成过程，就看教师如何活化教材。对于学科来说，教师经常选用的有自学阅读、观察思考、猜想假设、模型建构、问题讨论、合作交流、动手实践、设计实验操作等等，通过这些多层次多方位的动态活动方式，极大限度地调动学生的主动性和参与感，培养学生操作技能和观察能力，领悟和运用建构模型的方法，揭示知识发生的过程和学生思维层次的展开，极大限度地调动学生的主动性，激发学生的学习热情，努力让课堂教学成为一种动态的、发展的、师生富有个性化的创造过程。

（五）正确处理课堂教学中预设与生成的辩证关系

"预设"是预测和设计，是教师课前对课堂教学进行有目的、有计划的设想和安排，即依据教学目标、教学内容和学生的认知水平，选择适当的教学方法和教学手段对教学过程进行系统的规划，使得教学在一定的程序上运行。"生成"是生长和建构，是教学活动中随时根据学生的兴趣变化、经验和需要，在师生与教学情境的交互作用中，挖掘学生的潜能，充分展现学生的个性，进行有效的动态调整，从而达成或拓展教学目标。"预设"是"生成"的基础，"生成"是"预设"的提高，二者是相辅相成的。"预设"与"生成"作为一对矛盾统一体，是共同存在于课堂教学之中的，"预设"中有"生成"，"生成"离不开"预设"，两者是不能分开的。

"生成"是动态可变、丰富多彩的，再好的"预设"与课堂实施之间必然存在着一定的差距。这就要求教师课前必须认真备课、精心预设，课前尽可能预计和考虑学生学习活动的各种可能性，激发高水平和精彩的"生成"。教师有备而来，顺势而导，才能有真正的"生成"。这种"预设"越充分，"生成"就越有可能，越有效果。具体说，当学生活动按照"预设"展开，即学生的"生成"是预料之中的情况，则按预先设计的对策教学；当学生的"生成"在预料之外，不能按照预设展开时，教师应充分发挥教育机智，灵活处理预设教学方案，对于有助于学生能力提高的，应该及时捕捉资源中的有意义的成分，生成新的问题的"生长点"，创造出新的动态生成的教学流程；如学生提的看法没有价值甚至越轨，且这一问题又不能提高学生的能力，教师就不能跟学生走，要巧妙地回到正题上来。

因此，教学需要预设，但预设不是教学的全部，教学更需要生成，教学的生命力与真正价值在于预设下的生成。

（六）积极进行活动评价

由于课堂活动处于动态形式中，有许多不确定因素，所以教师做出恰当的判断和实施合理的处理办法是非常重要的。活动的目的是发现问题、解决问题，学生自己进入了活动，成果如何？如果教师没有给予积极的评价，导致学生活动后大脑还是一片空白。教师不仅是活动设计师的角色，更应成为活动过程中的鉴赏者，在活动中积极地引导他们去发现问题、解决问题。针对他们的认识，不应该简单地以对错而论，而要及时发现问题、抓住闪光点，在平等交流中有针对性地予以肯定或纠正。及时指出学生学习成果的价值、意义及优劣，鼓励学生提出有创造性的想法和做法，激励每一个学生走向成功。

三、学生活动设计的注意事项

（一）活动的设计需符合学生的实际

教材的活动设计是统一的，而学生的实际情况是有差异的。教师要具备开发课程资源的能力，创造性地完成教学任务。教师在设计课堂活动时，应充分考虑学生的实际需要、能力水平、接受能力、班级特点，在认真分析教材、把握教材重点和难点的基础上对教材的活动内容进行加工整合，使活动的难度适中，内容更加贴近学生的生活。

（二）活动的设计要有广泛的参与性

在课堂教学时不难发现，许多活动是少数优秀学生的表演，其他学生只能充当观众的角色，还有的课堂活动从构思上看是一个不错的活动，可是在课堂上却无法调动学生参与的欲望与兴趣，课堂氛围沉闷；或是有的课堂活动学生参与积极，课堂活跃，可是到后来用课本的知识和学生交流时学生却不知所云，活动的设计无法达到预期的效果。因此教师在实际教学中设计的活动应该是学生能够接受、愿意接受、主动探求的形式，应该具有广泛的参与性，是学生喜闻乐见的活动，学生在各自的起点上都有所收获。

（三）合理控制好学生活动的节奏

课上有效的活动可以激发学生参与的激情与兴趣，从而收到良好的教学效果。但由于一节课的时间有限，中职学生的自我调控能力不强，因此驾驭不好课堂活动的节奏与内容，往往会给教学任务的完成带来影响。教师应该适时地对课堂活动或"收"或"放"，做到既巩固知识，又有效节约时间。特别在"收"时，要做到巧妙，遵循"自然而然、承上启下"的原则，不能让学生感到突兀，或仍沉浸在活动的兴奋之中，而无法转到下一知识点的学习。

总之，课堂学生活动的设计要注意科学性，应该有的放矢，在明确教学目标的前提下，围绕教学目标的达成有针对性地展开，同时，在学生活动的具体实施过程中，一定要以活动的有效实施为核心，学生活动的设计在于精，不在于多；在于有效，不在于形式，这应该成为我们课堂学生活动设计和实施的出发点和归宿。

第四节　数学习题的多元设计

数学有效教学是一项系统工程，牵涉的因素很多、很复杂，但毫无疑问，习题教学是实施有效教学的一个着力点。因此，设计好课堂习题是实施有效教学的前提之一，它直接影响课堂教学的有效性。数学习题设计应以"以学生发展为本"为出发点与归宿，在其目的、选材、数量、难度和层次等多个方面遵循必要原则，并且在一些题目上要倡导一题多问、多题一解、一题多变、一题多解的多元化要求。

一、数学习题设计的原则

数学习题有效设计要遵循五项原则，即明确性原则、就近性原则、适当性原则、适中性原则和层次性原则。

（一）目的：明确性原则

练习的主要目的在于让学生巩固与消化新知识、提升技能、发展能力，及时诊断教学中的问题和评估学生的学习效果。不能把课堂练习当成教学的"程式"，为"练习"

而"练习"，更不能把课堂练习当成打压学生的工具或约束学生的一种手段。因此，教师在习题设计目的上要遵循明确性原则，做到心中有数、有的放矢，这样才能发挥习题的知识、教育或评价功能。

（二）选材：就近性原则

设计习题时，要本着从课本入手的就近原则，精选和深挖课本素材，不宜舍近求远，盲目"引进"。对于课本中的习题的"取"和"舍"，都应有一定的依据，切实以学生练习的需要和实际情况为参照，切忌全部照搬和完全抛开课本内容的做法。对于能促使学生达到练习目的的习题要"取"，对于有"繁""难""易""会""重"等特点的习题要敢于舍或改。就近选材设计习题，可使学生更重视课本，抓住知识的源头，利于知识的自然生长。

（三）数量：适当性原则

数学教师应给每个学生挑选适合于他的问题，不催促学生，不追求解题数量，让每个学生经过努力都能成功。因此，数学习题设计在数量上应遵循适当性原则。数学练习"熟能生巧"是建立在一定数量前提下的，要把握度。某些习题（尤其是计算类题）的数量过少，会让学生掌握不了基本的解题要领，说不上"熟"，更勿论"巧"。相反地，如果习题的量超过了一定程度，又常常会导致赶作业、抄作业现象的发生，非但不能提高学习成效，反而还会加重学生负担，造成"熟能生笨"和"熟能生厌"的情况。

（四）难度：适中性原则

设计的习题整体上要适合思维能力层次不同的学生，遵循难度符合学生实际和需要的适中性原则。太难、太深的习题不能起到练习的作用，相反还会使学生受到打击，产生严重的挫折感，兴趣和情绪就会受到影响，甚至放弃努力，讨厌学习。难度过低又会让学生觉得索然无味，不利于激发学生的内在动机，也不利于扩展学生的知识技能，更不利于培养学生的创新性和解决问题的能力。因此，习题设计要注意难度适中，注意难度、梯度的控制。

（五）结构：层次性原则

习题设计要以"不同的人在数学上得到不同的发展"为理念，遵循题组结构的层次性原则。尤其对于班上学习水平差异较大的学生，习题设计要把握多层次结构。既要让学习困难的学生"吃好"，又要让学优生"吃饱"，因此，习题的类型要有基础题、发展题、提高题等不同层次，以适应不同知识水平的学生学习的要求。对于一个题材有多个小问的设计，要注意各个小问之间的关联、递进层次，形成相互衔接、由易到难、循序渐进的结构层次。

二、指向整体结构的数学习题设计

（一）习题设计上突出知识结构

数学知识结构是由知识之间内在的逻辑联系联结而成的知识整体。教师着意设计突出知识结构的习题，帮助学生把零散的、相关联的、易混淆的知识串线联网，学生在不知不觉中把知识系统化。习题是一种精美的语言，它能用简单的数字、字母、符号等进行排列组合，将实际问题中复杂的数量关系表示出来。指向整体结构的习题能帮助学生将所学知识结构化。

1. 运用符号关联

符号是数学最简洁抽象的语言，也是数学学习最常用的工具，数学表达和数学思考更是少不了符号的运用。教师在练习中引导学生运用符号表示数量关系和逻辑关系，使学生经历环环相扣的抽象过程，获得对数学知识脉络化的理解。

2. 借助表格对比

中职数学教学经常使用表格，无论是探究新知，还是巩固练习，或是单元复习整理，经常会让表格来"说话"。在习题设计中借助表格这个形象直观的载体，能够清晰明了地展示丰富的数学信息，形成强烈对比，启发学生思考，使学生自主架构知识体系，更好地理解数学，成为学习的主体。

3. 引入集合图

集合图能简单明了地表示概念间的相互关系，引入集合图是揭示概念本质属性的一种好方法。在习题设计中引入集合图，既可以帮助学生揭示知识整体和部分关系，又可以使学生掌握个性与共性的关系。在对概念有了更深刻全面理解的同时，感悟集合思想的简洁性，积累集合思想的活动经验。

（二）解题过程中完善认知结构

数学认知结构是一个充满内部联系的并按一定规律组成的层次分明的结构。系统的知识结构必须通过学生积极加工、内化吸收才能转化为认知结构，新的学习内容与学生原有的认知结构顺利接轨才能生成新的认知结构。精心设计立意高远、内涵丰富并能呈现知识之间纵横关系的习题，学生在解题过程中不断分析比较，按知识逻辑重新拆分组合，完成对知识结构和知识呈现顺序的深度融合。这种孕育整体结构的习题，对完善学生的认知结构有重要的指导意义。

1. 揭示知识本质特征

数学知识有着严密的逻辑结构，其纵深发展都是一条有机的知识链，每个知识点在知识链上都能找到相应的位置。每个单元新知识教学完成之后，教师设计有整体结构的习题，能引导学生整理发现所学知识间的内在本质和逻辑顺序，厘清新知与旧知的相互联系，揭示知识本质上的相同之处。

2. 展示知识形成过程

良好的数学认知结构中所包含的知识是具有丰富的感知体验、深刻内化的知识。要完善学生的数学认知结构，必须找到知识的生长点，整合知识形成的过程，将学生的思维过程可视化。设计展示知识形成过程的习题，在解题过程中学生瞻前顾后体会知识生成的来龙去脉，提高学生把知识结构转化为认知结构的能力。

教师只有精心设计，帮助学生突出知识结构，完善认知结构的习题，才能引领学生完成知识整体性的高度建构，才能让小小习题拥有大结构的格局，闪耀大结构的光芒。

三、数学习题设计优化的策略

（一）将习题设计与生活相结合，实现趣味数学教学

数学这一门课程学习的最终目标是用数学知识来解决生活中我们所遇到的问题。但是想要成功地运用数学知识与生活相结合，需要学生对数学与生活之间的联系有一定的体会。同时也需要学生对教室里的抽象理想数学模型与生活中形象的问题内核相结合。这需要教师在课程习题设计的时候注意到数学与生活的联系，通过教师对课程内容安排相应的与生活有关的习题，引导学生引用课堂上的数学知识来解决实际问题。

将中职数学习题运用在生活之中，可以摆脱习题的枯燥无味，积极引发学生在解题过程中对数学知识的理解与思考，学会如何将数学与生活相结合。这种积极引导的习题既可出成填空题，也可以作为选择题，也能够作为应用题。如以包装一个平行六

面体的礼品盒为例,在理想的条件下,包装一个礼品盒,只要求出其盒子的表面积就是所需包装纸的面积。但在生活中这样的情况是不可能的。教师可以给学生安排带有实际意义的习题,如让学生在课外自己找一个六面体盒子来自己试着包装,通过对比盒子表面积与包装纸面积,让学生了解到课堂与现实的差异,为学生以后的数学学习打下良好的基础。

(二)习题设计难度梯度化以及带有针对性

教师在进行习题设计的过程中,要把握好习题难度。习题的难度既不能过低,这样低难度对成绩较差的学生来说可能很适合,但对于学习较好的那一批学生,是低难度的重复。若是习题的难度过高,对学生而言,都是很难接受的,尤其是对那些学习不怎么好的学生,更容易让他们产生半途而废的想法。因此对习题难度的定义在习题设计过程中尤为重要。按照当下最流行的比例来说,一般在习题中的难度大概在三比四比三,即简单的习题占总习题的三成,而中等难度的习题占总习题的四成,困难的习题占总习题的三成。同时,对于问题的排列也是很有讲究的,并不是随意地将问题安排给学生就完事,通常是将问题由易到难排列。通过这样形成的习题难度梯度可以给学生一种在数学知识的高山上不断攀登的感觉。除了保证习题的难度梯度,还有很重要的一点是在习题设计的时候让习题有针对性。就是需要抓住学生学习过程中的疑难点以及重要知识点。这些学生必须要掌握的知识点出现在习题中有助于学生对整体教学内容的融会贯通。

第五节 数学问题的改编设计

一、数学问题改编的要求

要对数学问题进行改编很容易,但要改编好一个数学问题却较难,需要注意改编问题的典型性、适切性、变化性、科学性和创新性,从而需要考虑多方面的因素和要求。

(一)改编源自典型

数学问题改编围绕教学目标承载了改编者的教学意图,因此,改编时要突出主题内容而注意选材的典型性。数学问题改编要围绕教学重点或教学难点内容,突出教学的中心任务,以此确定改编的必要性,保障改编问题的价值需求。另外,改编的原本问题一般要从数学课本中的例题、习题取材，因为课本例题、习题都是经过反复锤炼的典型问题，采用课本例题、习题为原本问题也比较符合知识体系。

（二）改编切合学情

数学改编问题的最终使用者是教学的主体——学生，因此，改编者在对问题的改编过程中，要始终做到"心中有人"，要以学生的学习情况和水平层次作为衡量改编可行性的标尺。所以，改编后的数学问题要在内容、方法、难度、数量、情境等方面切合学情，具有适切性。根据教学的需求进行改编，若非必要不必改编，切忌"为改编而改编"。

（三）改编生于变化

数学问题存在一定的"数量关系"或"空间形式"，不管是"数量关系"还是"空间形式"，都存在一定的可变性。我们只要抓住了原本问题中的那些可变因素进行变换，就可以创造出各种改编题，问题系统中的"元素限定""构件模型""结构关联""考察对象""设问层次""呈现方式"只是从问题的内容和结构视角来看的最基本的可变因素。

（四）改编当以推敲

数学问题改编是一个需考虑周全而又细致的思维过程。改编过程中要对各种情况进行反复推敲，保障思维的严谨性和内容的科学性。改编的整个过程注意推敲六点：第一，内容是否依纲靠本（改编题不能偏离课标和课本要求，产生偏题、怪题或过难的题）；第二，数据是否准确适当（改编题中的所有数据要准确无误，不出现常识性、科学性错误）；第三，逻辑是否严密周全（改编题中所含的逻辑关系正确，若涉及分类时要不重不漏）；第四，表达是否简洁易懂（改编题的描述要尽可能使用切合学生当前学段的数学术语和熟悉的语言体系，并且要简明扼要）；第五，情境是否合情合理（改编题中所包含的情境信息要与现实情况接轨，符合情理）；第六，解答是否利于学生（与学生学习内容吻合，学生解答改编题后要有利于增长知识和提高能力）。

（五）改编贵在创新

改编问题与原本问题相比，要求蕴含某些新意，具有一定的创新性，并且创新性也正是改编题的魅力所在。改编问题的创新之处就在于改编处，其要求不仅仅是形式新，还有内容新，尤其是在解题方法上要有不同程度的丰富与创新。因此，改编问题与原本问题相比往往具有形式新、内容新、解法新等特点。形式新包括问题的情境新、结构新、表述新等；内容新主要体现在改编后的问题条件系统和结论系统的更新变化，包括元素限定、构件模型、结构关联、考察对象、设问层次、呈现方式等的变化；解法新是因为内容的变化可能致使问题解决的方法发生变化。

二、问题改编活动教学的方法与原则

（一）问题改编活动教学的方法

学生问题改编能力有一定的差异，少部分学生能够非常迅速地理解问题改编的方向，初步编拟出一个数学问题，部分问题改编困难的学生需要得到教师指导和小组成员的帮助，差距还是比较大的，但是在问题改编出来后绝大多数同学能够对基础性的问题进行快速思考和解答，问题提出能力比问题解决能力差。

因此，教师的引导和指导非常重要，在进行问题改编活动教学的时候，教师应当选择谈话法为核心的教学方法，必要的时候辅以变式教学法和小组讨论法进行教学，启发学生思考探究数学知识，培养学生提出问题并编拟问题的能力。

（二）问题改编活动教学的原则

在开展问题改编活动教学前，教师需要先对学生进行详细的问题改编方法和原则的指导，选择合适的教学内容，设置恰当的问题情境，在问题改编活动教学中，教师需要遵循以下原则：

1. 梯度性原则

问题改编活动教学的初始阶段，教师可以带着学生对课堂例题、课后习题进行改编或者仿编，让学生熟练运用问题改编的方法，之后教师逐步增加问题改编的难度；问题改编的评价应该客观适度地带有一定梯度，如使用带有等级的评价。

2. 激励性原则

教师应当正面鼓励学生的参与，要对学生参与的过程给予肯定，积极引导学生发现数学问题涉及的知识点，激发学生探究数学的欲望，激励学生自己创造编拟数学问题。

三、教学建议

（一）问题改编活动教学应使用谈话法教学

问题改编活动教学是比较耗时、耗精力的教学方法，对学生、教师要求很高，学生的思维可能是跳跃式的，也可能是静止的，数学课堂时间很有限，教师在规定时间需要完成一定的教学任务，教师在进行问题改编活动教学前应该先详细了解学生数学基础和学情，在此基础上对教学过程以及教学效果进行合理的预估，并对可能发生的突发问题合理预判。

教师使用问题改编活动进行课堂教学时，不能让学生完全自由发挥，可能会导致不能按时完成预期的教学任务。因此，教师应当对学生思考的方向进行合理干预，干预的手段不能太过直接，比如直接否定学生提出的、编拟的数学问题，在问题改编活动的课堂教学过程中，教师需要时刻关注学生的问题改编情况，及时引导学生思考，有效利用课堂时间，教师应当根据学生的思考情况，采用适当的语言启发和驱动学生进行思考，训练培养学生的数学思维和问题意识，在教学前，教师可以编制引导学生思考的小问题，或者在教学时提出一些可行的想法，利用谈话法，让学生提出问题和编拟问题。

（二）问题改编活动教学应融入日常教学

中职数学知识体系完整，知识重难点很多，很多教学内容并不适合直接使用问题改编活动教学的方法展开，问题改编活动教学的展开应该因情制宜，问题改编活动教学的展开在很大程度上取决于教学内容和学生的学习情况、参与程度，因此，问题改编活动教学可以是片段融入式展开，也可以是习题课、专题课的整节课展开，教师根据教学内容、学生的学情，可以将问题改编活动教学融入日常教学。

问题改编活动教学融入数学课程比将其分隔为特定的教学活动好，为配合中职数学课正常教学，教师不应该为推广问题改编活动，牺牲宝贵的课堂时间，应该以数学课程为主，配合问题改编活动的教学，将问题改编活动融入日常教学，问题改编活动教学在不同课型里融合的程度不一样，但是不可否认的是，问题改编可以整合进数学课程的教学中，教师应该在正常教学中兼顾发挥"问题提出"教学的角色和功能，即在不与正常教学冲突的情况下，实施特定问题改编活动教学，将问题改编活动教学融入正常教学中，成为一种融入式的教学模式。

（三）问题改编活动可以课后活动形式展开

问题改编活动教学并不应该局限于课堂教学，它还可以在课后展开，可以是课后作业的形式，也可以是兴趣小组的探究活动。

1. 课后作业

在课后或者节假日，中职学生的自由时间会较多一点，数学思维能够得到充分的发散，教师提前发布问题改编任务，以课后作业的形式让学生完成问题的编拟，作为下节数学课的教学素材，比如以一道典型的问题为原问题或者规定某一个范围，让学生自主进行问题改编，可以小组形式合作进行，可注明问题来源，即这道题是自己想出来的还是根据某道题改编的。

2. 数学兴趣小组

对于学有余力的学生，在教师的指导下可以自发组织成立数学兴趣小组，定期对某个重要知识点或者经典例题进行问题改编活动，并将活动的研究成果以报告的形式交给指导教师进行评价。

（四）问题改编活动教学可以采用三阶段教学模式

问题改编活动教学可以从问题情境、问题改编和问题评价三个阶段展开，在问题情境阶段，任课教师针对教学内容划定问题改编的范围，发布问题改编任务；在问题改编阶段，小组或者个人根据问题改编要求进行思考，提出数学问题，并进行编拟；然后针对编拟问题自行审核，审核无误后可进行交流展示，如果有错误则需要反思，重新进行问题改编；在问题评价阶段，全班一起解决编拟出来的新问题，最后师生一起总结评价所编拟的问题，教师可以适当地进行补充拓展，在确立问题情境之后，问题改编与问题评价的教学是交叉循环进行的，每一个展示的数学问题都需要得到教师和其他学生的评价以及解决。

（五）问题改编活动教学应建立科学的评价体系

问题改编活动教学应当建立科学的评价体系，在课堂上实施的问题改编活动教学的评价主要是任课教师进行评价，应当包括编拟问题的合理性、科学性以及探究性，特别是课后问题改编活动，教师需要自己制定一个详细的评分制度，可以原创性、合理性、科学性、探究性这四个展开进行评价。

此外，问题改编活动教学应该满足不同层次学生的学习需求，对于能力不同的学生，问题改编的要求与评价标准也应该有所不同，对于数学思维能力较强的学生，要求标准更高，编拟的问题不能是简单应用知识或者是类似的问题，相应的评价的标准应该更加严格，包括数学问题的原创性要求。当然，对学生编拟出的优秀问题应给予肯定和奖励，给学生展示自己的机会，如把他们编拟出的好的数学问题作为课堂例题，或者张贴在表扬栏等。

第六节　数学试题的创新设计

唐代诗人王昌龄在《诗格》中指出："诗有三境：一曰物境，二曰情境，三曰意境。"物境获形，情境得情，意境取真，三境依次递进，物境是最低层，情境次之，意境为最高层。类似地，对于试题设计的创新策略而言，我们认为："题有三意：一为题意，二为立意，三为创意。"题意主要是指题的含义，即"告诉学生什么"，包括题的内容、题的表述、题的背景、题的求解等；立意是题意的主旨，即"考查学生什么"，是试题的考查意图；创意是评价题的新颖性和创造性，即"你认为怎么样"。三意中，题意为表，立意为核，创意为魂，三者类别分明、层次清楚。数学试题的设计要着重考虑这三者。数学试题设计的基本要求在于知识，根本立意在于能力，魅力元素在于创新。对于数学试题，我们常常会设计一些具有创新性的问题来考查学生对数学问题的理解、观察、探究、猜测、抽象、概括、证明、表述的能力和创新意识，有助于真正实施素质教育和创新教育。下面结合中职数学教材中部分例题、习题以及部分高考试题来探讨数学试题设计的创新策略。

一、陈题模型改编化

试题的设计并非要求完全性的原创，因为许多知识内容属于必会的，其问题的表述方式也较为常见。我们往往采取改编的手法，将一些陈题或数学模型进行改编而生成新题。这种改编化方式具有一定的创新性。改编的"原材料"往往取自于教科书的例题或习题、教辅资料、网络资源、往年高考题、往年竞赛题，或是古今中外的一些名题或经典数学模型。对陈题的改编方式通常有改变背景、换逆命题、引进参数、适度拓展等；而对模型的改编方式通常有改变背景、替换元素、调整结构、类比构造、特殊限定、一般推广等。经过改编的创新问题常有推陈出"新"、老树开"花"的效果。

二、探索发现情境化

新课标倡导"积极主动，勇于探索"的学习方式，探究发现型创新问题是考查学生探究意识和探究能力的重要形式。情境性又是探索发现型创新问题的一个显著特征，我们常常将探索发现型问题赋予一个具有数学背景的情境中，让学生在各种情境中开展尝试、判断、归纳、猜想、论证等活动。这些情境要么是兴趣盎然的娱乐情境，要么是亲近熟知的生活情境，要么是引人入胜的故事情境，要么是探奇寻幽的链式情境……这些情境在各种试题中都有一席之地，并且数量较多，其中，链式情境的形式时有出现。链式情境是指从一个基本图形或基本式子开始按照某种规律演变，呈现环环相扣、层层渐变形式的问题情境。要求学生通过观察、联想、类比、试验、统计等方法，捕捉它们的本质属性，从而大胆猜测，得出归纳判断，在这个基础上再设法加以论证。链式情境的主要形式有"链式图形"和"链式法则"两种。

三、高等数学初等化

高等数学的一些基础知识为设计创新问题提供了广阔而又深刻的素材，我们有时采撷其中一些用于设计试题。这种有高数背景，新颖别致但又不超纲的试题称为高数背景型创新问题。学生通过自主学习和分析新的材料，灵活运用知识和方法创新性地解决问题。这不仅实现了高等数学与初等数学的接轨，还渗透了新课程改革的理念，能测试自学能力和应用水平。

我们在设计高数背景型创新问题时，往往把某些高等数学中的问题转化为学生可以理解，并能用初等方法予以解决的数学问题，称之为"初等化"，"初等化"的常用做法是语言叙述简洁化、深度知识浅显化、繁复步骤梯度化、抽象内容形象化、一般结论特殊化、多元问题降元化等。学生在一些具有高等数学背景的阅读材料中提取解决问题的新信息，综合运用信息，通过分析、演算、归纳、猜想、类比或论证等方法解决一些新问题。这类试题所涉及的高等数学知识背景主要包括数分类、解几类、近代类、泛函类等。

四、实际生活数学化

数学源于生活，也还原于生活。我们可以在生活中提取一些适用于中职数学的生活素材。将生活中某些问题数学化，或是将中职数学中要测试的问题赋予生活背景，让学生用数学的思维解决实际生活中的问题。提高问题解决意识和实践能力，体现了"生活中有数学"的理念。实际生活中提取素材的来源非常广泛，主要包括以下几个方面：

①日常事件：将测试的内容和贴近学生生活的日常事件结合起来。如儿童营养套餐、节假日值班、职工体检抽样、品酒师职业能力测试、水库中鱼的养殖、学业测试、选课问题、灯笼制作问题、新种子发芽问题、零部件加工、学校知识竞赛、电视塔测量、装信封等各种日常事件。

②焦点热点：将要测试的内容和近期国际国内的焦点、热点问题结合起来。

③民生民计：将要测试的内容和政府与社会大众广泛关注的民生民计问题结合起来。

④科技活动：将要测试的数学知识与数学能力和科技活动结合起来。

⑤体育竞赛：将要测试的数学知识与数学能力和体育竞赛活动结合起来。

⑥商业活动：将要测试的数学知识与数学能力和商业活动结合起来。

五、知识交汇纵横化

试题的设计要从学科的整体高度和思维价值的高度考虑问题。在知识网络的交汇点处设计试题，使对数学基础知识的考查达到必要的深度。因此，有些创新问题很自然地从数学知识的横向、纵向的网络交汇处来设计，测试学生对知识的综合应用能力。这种"嫁接式"的问题称为知识交汇型创新问题。知识交汇型创新问题从不同角度来看有不同的类型。

从试题构成形态的角度来看，可分为显性交汇和隐性交汇。显性交汇即从题面上就可看出知识的交汇，而隐性交汇是指从题面上看不出知识的交汇，随着对问题的深入解读，显出需利用其他板块知识协同配合才能实现问题的解决办法。

从测试知识交汇的形式来看，可分为横向交汇和纵向交汇。

横向交汇，即指以某一知识模块为主体，横向联系其他知识模块的形式，跨度较大，可称为"大交汇"。它又包含两种情形：第一，知识模块间交汇。以函数、圆锥曲线、立体几何、数列等知识模块之一为主体的交汇型问题，这样的问题很常见，交汇的形式也多样，有一定的创新性。比如以立体几何为主体的知识交汇型问题在许多试题中都能见到，较为普遍的是立体几何与向量、三角函数、函数、方程、不等式、解析几何、逻辑用语等知识的交汇。第二，学科知识间交汇，数学与物理、化学、生物等学科知识的交汇。

纵向交汇，即指同一模块知识间体现知识点的交错演变的形式。从某种程度上说是同一知识模块间的横向交汇，跨度较小，可称为"小交汇"。如立体几何中的点、线、面的交汇，平面解析几何中的直线、圆、椭圆、双曲线、抛物线等知识的交汇。

六、自主定义泛迁化

自主定义型创新问题是指按照某种数学关系重新定义一些信息，要求学生根据定义的信息来解决问题。这些信息通常包括新的概念、新的运算、新的性质、新的规则等，因其"超常规"的思维意识和"异教材"的知识形态而具有一定创新性和自主性，但这类问题测试的知识和能力水平并不超过大纲要求和中职学生普遍所具备的认知能力。

在设计这类问题的过程中所依据的这种数学关系或数学模型往往具有"原型"，这种"原型"存在于学生已学的中职数学知识中，或存在于未学的高等数学知识中。可以直接取用这些"原型"或通过泛化、衍生、迁移、综合等方式定义新信息来设计问题。

七、认知评价开放化

认知评价型创新问题就是要求学生利用所学知识，对数学概念、数学规律、数学模型的理解的正确性进行鉴别，对数学问题的推理过程的合理性做出评价，或按照题目要求进行列举、猜想、设计等以获得正确感知与理解的一类题目。其最大的特点是开放性，因此，对这类题的设计采用开放化策略。设计开放性试题，开放的类型有结论开放型、条件开放型和条件结论均开放型。

八、文化背景融合化

数学中常常出现一些数学文化创新型问题。通常将蕴含浓厚文化气息的素材与数学知识、原理和方法融于一体，突出对数学思想方法的考查，强调数学的文化价值。

以上探讨的数学试题创新设计策略仅为设计策略中的一部分，且这些策略之间可以交融。事实上，试题设计往往是多种策略并用的结果，是设计者的知识、能力、智慧的结晶，也正因为如此，一道好的创新试题就是一件内涵丰富、韵味十足的艺术作品。

第四章 思维导图在数学教学中有效应用

第一节 思维导图的基本内容

一、思维导图的含义

思维导图又叫思维地图，同时又被译为脑图、心智图、心灵图，是英国学者东尼·博赞（Tony Buzan）于 20 世纪 60 年代初期创造出来的一种思维工具或思考方式。

第一，思维导图是一种思维工具。所谓思维工具，是指那些便于学习者呈现他们学习的内容而采用或开发的工具和学习环境。而作为一种思维工具的思维导图，实质上它表现的是一个思维过程，学习者可以通过思维导图厘清思维的脉络，并可供自己或他人回顾整个思维过程。而作为一种表征知识的工具，思维导图可以成为智能伙伴，让学习者变得更加聪明、更有智慧。学习者能借助思维导图将抽象事物形象具体化，可以提高发散思维能力、创新能力。总之，思维导图更符合人类的形象思维与创新思维。人类的思维可分形象思维与抽象思维，它们是一对矛盾统一体。或许抽象思维属于更高层次的思维，但是据研究，人类的记忆主要是靠形象思维。形象思维是人类的基本思维，是最初的思维形式。人类的文字是从临摹实物的形式发展而来的，人类还没有文字文明的时候，靠图画形式传递彼此之间的信息。因而，从一定意义上说，形象思维不可缺，比抽象思维更重要。人类思维还可分创新思维与逻辑思维，它们也是对立的。一个具有逻辑思维的人，会把东西分门别类地在桌子上摆放整齐，但是却不排除会因为种种原因有时找不到目标物；而一个具有创新思维的人可能会把所有的东西都杂堆在桌子上，但他们仍然知道重要的东西放在哪里。思维导图就是这样一种以生动形象的独特风格吸引人们的注意力，以突出重点、发散思维、激发创造力的优势，促进人类学习的思维工具。

第二，思维导图也是一种知识可视化工具。"可视化"是指将抽象的事物或过程变成图形图像，在人们面前直观形象地展现出来，从而达到增强认知的目的。知识可视化是指应用视觉表征手段将知识形象化、外显化，从而促进知识的传播与创新。其实质是用图解的方式将知识表示出来，然后直接作用于人的感官。可视化工具能使抽象问题具体化、形象化，有助于学生对知识概念的理解，这是静态的线性的文字形式无法企及的。思维导图使用丰富的图形图像、多样的色彩、多种符号线条、变换的维度等形式构图，将文字资料图片化、将抽象信息形象化、将隐性知识显性化。总之，思维导图即是用画图的方式把自己的思维给画出来，其呈现的信息即是可视化的。对绝大部分学习者而言，只有眼睛看到的才能真正理解，才能真正进入记忆系统。因此，一幅图片可能真的比千言万语更有价值。

第三，思维导图是将放射性思考具体化的一种方法。放射性思考是人类大脑的自然思考方式。任何一种进入大脑的信息，无论是感觉的、幻想的或是记忆的，包括文字、符号、数字、线条、图片、颜色等任一可呈现物体，甚至包括意象、香气、节奏等需代替呈现的信息，都能成为一个思考焦点；然后由这个"种子"般的焦点向外无限放射，形成成千上万的分支；每一个分支都是这颗"种子"发展的产物，代表着与思考焦点的一个个联结；而每一个这样的联结又可以形成次级思考焦点，再向外发散出成千上万的分支……依次下去，直到最终完成目标。思维导图正是基于这样的思考绘制完成的，是放射性思考的具体表现，导图的中心主题即是这颗"种子"，而后繁殖出茂盛的可见的枝枝叶叶。从思考的分类看，这种思考方式应该属于水平思考与垂直思考的结合。垂直思考是把同一个洞越挖越深，水平思考则是在别的地方另挖一个洞。观察一幅思维导图，把视角放在最初的思考焦点（中心主题）上，无限的放射性思考则是水平思考的表现形式；再把视角沿着任一个次级思考焦点（次主题）追寻下去，无限延伸的思考则是垂直思考的表现。如果一条道走到黑，不可避免地会走进死胡同，而如果愿意尝试多条路径，以多角度方式去观察事物，或许能够发现新大陆，产生全新的想法与巧妙的创意。这也正是思维导图的最大优势所在。

第四，思维导图是开启大脑潜能的万能钥匙。它将左脑的词汇、数字、逻辑、分析、顺序、线性感，以及右脑的节奏、想象、色彩、维度、空间感、完整倾向、白日梦等各种因素都调动起来，把一长串单调枯燥的文字信息变成高度组织性的、利于记忆的、彩色的图。类似的，人类大脑的思维也这样呈现出发散性的网状图像。因此，思维导图恰是人类大脑思维的真实体现。但是，我们平常使用的线性的文字资料基本上只是使用了左脑的功能。我们绝不能忽视甚至埋没人类右脑这个记忆库，而是要努力挖掘其潜能，充分发挥其作用，让我们的左右脑同时高效率地运转起来。而思维导图把左脑与右脑功能结合起来，使左右脑功能协作互补，发挥全脑工作优势，展示出系统的、完整的、各种思维方式有机聚合的作用。

第五，思维导图是一种图文并茂的笔记方法。思维导图创造的最初目的就是为了改善笔记。因为传统的线性笔记有诸如不能有效刺激大脑、埋没关键词、不易记忆、浪费时间等弊端，于是有必要寻找一种更有效的方式整理记录学习笔记，最终促进学习。思维导图利用关键词、数字、符号、图片、颜色等要素把文章作者的思维脉络与教师、演讲者的思维过程，以及自己的思考过程，用生动形象的图画给画出来。通过这样的构图，对知识内容进行整理加工，不仅能加深对获取信息的理解与记忆，更重要的是还能由图中的关键词与图片等要素发散思维，促进联想，丰富知识架构。用这种方式储备的知识回忆与利用起来会更加灵活、更具创新性，与笔记相比，引用的时候需要自己重新组织语言，更能渗透自己的观点、想法，如此，别人的东西才能真正成为自己的资源。

二、思维导图的特点、作用及构成要素

（一）思维导图的特点

思维导图作为一种思维工具，强调运用大脑本身的思考方式来思考，让大脑处于积极和不断创造的状态。思维导图有以下几个特点：

思维导图的结构是非线性的，使用树状中心发散的自然结构。这种结构与大脑神经元网络分布的图形类似，如蛛网式般广泛延伸，在大脑中构筑整体内在的联系，迅速且深刻地形成一个想法。顺应大脑的思考，采用大脑喜欢的思考方式。与单一的颜色相比，大脑更喜欢多彩的思考，思维导图就是把信息变成彩色的、易于接受的图，强调左右脑的协调工作。思维导图图文并茂，不仅调动了左脑处理语言、逻辑、顺序和数字的机能，还可以调动右脑的处理图像、想象、节奏和颜色等机能，使左右脑协调合作。思维导图强调以立体方式思考。立体的思考方式可以将事物之间的关系显示出来，如在某中心主题上有新的要点可以添加分支，形成次主题。总而言之，立体思考可以把各级主题的关系用相互隶属与相关的层级关系表现出来，体现个人色彩。在

相同的中心主题中，不同的人所绘制的思维导图各不相同，有明显的个人风格。

第一，思维导图的针对性强。总的来说，思维导图由主题中心和一节节分支构成。由主题中心分支出第一层节点，每个节点分支出下一层子节点，一层层发散开来。随着大脑思维过程的不断深入，节点也会不断增加，逐渐形成由中心向四周发散而有层次的树状图。思维导图能够展现出大脑的思维过程，从一个主题中心出发，找出与该主题中心相关的知识和事件，并搜索出相关的问题。树状图的分支也将伴随着思维过程和对主题中心思考的深度和广度进行延伸，从而形成以主题中心为中心的发散性结构。大脑的思维过程可以通过思维导图的形式清晰地展现出来，同时伴随着思维导图的生成，人们可以对自己的思维过程进行元认知的监控，使大脑的思维过程更有指向性，并减少无意联想。

第二，思维导图的直观性较强。思维导图是通过颜色以及图形与文字相结合的方式来突出整体的层次结构。双重编码理论认为，大脑有两个认知加工子系统，一个受左脑控制，称之为语言对象加工子系统，另一个受右脑支配，被称为非语言对象加工子系统。思维导图正是运用了此编码理论，将信息用视觉和语言两种表现形式同时表示出来，提高记忆和知识辨别的能力。利用思维导图，可以使整个思维过程主题明确、重点明确，而且可以表现出信息间的关联性，思维清晰，更加有利于学习和记忆。

第三，思维导图的语言简洁、逻辑性较强。思维导图是通过有意义的图标或者文字短语等来描述概念节点。思维导图是一种直观并且简洁的思维表征工具，简短且精确是其对于文字表征的基本要求，其中的图标要使人们大脑能够进行有意义联想。此外，人们大脑进行思维的速度要比我们对思维记录的速度快得多，在人们将大脑思维可视化的过程中，某些快速闪过的想法很有可能会被忽略掉，而关键词和关键字能够更好地、更快速地记录思维的过程，减少一些无用复杂的文字，从而更进一步地激发大脑的思维与潜能。

（二）思维导图的作用

思维导图作为一种有效的思维工具被人们所推崇，因此也受到了很多中职数学教师的青睐，越来越多的数学教师意识到了思维导图在教学中的优势，并将思维导图应用于教学中。

1. 有助于学生形成知识网络

知识有其自身的逻辑关系，在教材编排中这一点也有充分呈现。但由于课堂教学自身的局限性，知识的整体性并没有得到充分展现。思维导图作为一种表征知识逻辑关系的图示，其创作的过程是以视觉化、结构化的形式展现知识，以直观、多色彩、层次分明的直观形象，表现了概念、命题以及原理性知识，它能够将某个知识领域中的新知识与已有知识联系起来，让学生在学习的过程中构建知识之间内在逻辑关系，把握知识架构，有利于学生将新知识与原有认知结构相联系。

思维导图的表现形式是树状型的发散结构，形成的知识的网络与单一的思维模式所呈现的线性知识体系有很大区别。导图能够帮助学生把新的知识点快速地完善于已有的知识网络中，可以不断补充、完善原有的知识网络，构建新的、更加完整的知识框架。因此，思维导图被认为是一种高效率的记忆手段，一方面，通过整理相关知识之间的内在逻辑，它能将各个知识点有序地衔接起来，并帮助学习者在头脑中形成完整的知识体系，帮助学生全面地理解和掌握知识点，把握各个知识点间的关系；另一方面，它的呈现方式符合左右脑获得外部信息的特点，运用全脑思维的方式，充分发挥大脑的整体功能，对文字和图像等要素进行感知和记忆。利用思维导图建构知识网络，对主要知识和次要知识进行梳理、归纳，根据知识之间内在逻辑关系构成完整的知识框架。引导学生全面地整理知识框架，完整地掌握核心知识体系，通过培养学生辨别知识的能力和建构知识网络的意识，有利于帮助学生全面掌握所学知识。

2. 培养学生的逻辑思维能力

逻辑思维是一个人所应具备的众多能力之一。数学作为一种理论学科，需要学习者具备强的逻辑思维能力。在思维导图制作的过程中，制作者需要不断地对整个结构内容进行整理，反复推敲，将其中不合理的内容进行修改。

学生在制作思维导图的过程中，需要反复思考每一个知识点与其他内容之间的关联，并把不同的内容放在适当的位置，表示不同内容的主次关系，教师可以有意识地在解题、复习等环节训练学生的逻辑思维，通过思维导图的方式将这一思维过程转化成文字，在不断地修改中逐渐完善。

3. 培养学生的创新思维能力

教师引导学生对零散知识的梳理和整合，通过头脑风暴培养学生的创新性，提高学生思维的流畅性和灵活性。思维是人脑作为认识的一种形式体现，能够概括客观事物本质，教师通过设置头脑风暴的教学活动，挖掘学生的零散知识，并引导学生将相关知识进行整合，能够提高学生思维的流畅性和灵活性。数学思维作为一种逻辑性较强的思维活动，可以帮助学生在数学学习过程中解决一些疑难的问题，是人们在遇到问题时产生的对社会、生活有帮助的有效用想法的一种发散性思维品质。在思维导图创作过程中，学生需要将大脑中的文字、符号、色彩、气味、节奏等信息充分地发挥出来并以此为中心向外无限发散，符合大脑放射性思考的本质特征，并充分运用左右脑的相关功能，展现全脑思维。

因此，结合思维导图设计教学活动能够培养学生的创新思维，在教学过程中，教师通过问题的引导让学生进行自主探索，学生充分发挥自己的想象力，创造出符合自己思维逻辑的知识结构图，在学习的过程中充分享受思考的乐趣。从不同角度思考问题，突破原有解决问题的思维定式，学生可以更多从开放性的角度思考问题，多角度解决问题。同时，对已有信息进行重组产生新的信息，可以帮助学生灵活地解决各学科所遇到的问题。独立思考和自主探究是创新思维的重要组成部分，是学生有效学习和掌握核心知识的重要的思维品质。通过观察问题、发现问题，对问题进行自主探究，能够不断充实学生的思维，掌握解决问题的方法，灵活掌握相关知识之间的关系和知识的本质特征，形成自己的学习方式。

4.培养学生的发散思维能力

我国一直提倡素质教育，以单纯的知识讲授模式来培养未来的人才显然是不够的，作为教师，培养出具有综合素质的人才，就必须让学生学会创新，学会动手实践。创新思维能力、逻辑思维能力、发散思维能力是一个人所应具有的几种重要思维能力，其中以发散思维能力的培养为首要目标。创新思维能力和逻辑思维能力的高低都取决于发散思维能力的高低。教师在教学中适当使用思维导图，可以让学生在制作的过程中发散思维，在不断地训练中锻炼发散思维能力，培养学生发现问题、解决问题的信心，学会从不同的角度、不同的层次思考问题。

对于人才的培养不是一蹴而就的，这是一个长期的过程，在今后的教学工作中，教师还会面临更多的挑战。专家、学者为教师们提供的教学理论固然是科学合理的，但是选择适合自己学生的教学方式才是最好的。教师的工作不仅是教会学生知识，更多的是教会学生学会如何学习，如何在这个竞争激烈的社会中取得一席之地。

（三）思维导图的构成要素

1. 图像

思维导图自身就是一幅图像。图像比文字更具表现力，所谓一图胜千言，原因在于图像运用到了色彩、线条、视觉、维度等多种大脑技能。如果在表达或记忆同一事物时，能在文字的基础上加上图画这种手段，信息容量会比只用文字增加得多。所以，在制作思维导图时，能用图像表示的地方，尽量使用图像。

2. 关键词

所谓关键词，应该是具体的、有意义的、能够表达核心内容的词。每个关键词都是相对独立的，因为单个的词语使思维导图更具灵活性，也更有利于产生新颖的观点，而短语和句子却容易扼杀这种火花。因此，东尼·博赞反复强调，在制作思维导图时，应尽量避免大量文字的堆砌，最好使用关键词而不是句子，用最少的文字总结最大量的便于回忆的信息。

3. 分支

思维导图的每个分支就像大树的主要枝杈，然后逐渐蔓延出更多与自己相关的、错综复杂的次级树杈，每个分支都代表着与中心主题相关的一组内容。这种发散树状结构使呈现的事物更加立体化，分支的数量也显示了知识储备量的多少、认知能力的强弱以及想象力的强弱。

4. 颜色

思维导图强调运用颜色对不同的内容加以区别。不同颜色在视觉神经上所产生的信号是不同的，这有助于大脑区分不同的信息，单独处理这些信息，而不至于相互之间产生干扰。灵活地应用多种颜色比只用一种颜色更加令人印象深刻，避免单一色系造成的视觉疲劳。而且，红色、橘色等明度大的颜色会使思维导图具有生命力和跳跃感，极大地刺激大脑，从而提高创造力和记忆力。

第二节　思维导图与数学教学

一、思维导图在数学教学中的可行性分析

为提高教学质量和教学效率，教育者们在各种教育理论的指导下，对学生的认知方式、学习习惯和身心发展规律的研究从未停止过，以期寻求到最佳的教学方式。同时，多媒体技术已经成为现代教育技术中的主流技术，借助网络环境和可视化工具的教学方式逐渐兴起。本研究正是在这样的背景下，借助思维导图的特征和优势，在教学中同步实现知识传授和思维训练。

（一）学校具备实施思维导图教学的条件

思维导图教学对于教学条件的要求并不高，除一般需要的黑板和粉笔外，需要用到的教学工具包括计算机、思维导图软件、投影仪、交互式电子白板等。随着信息技术的发展、互联网的普及和信息技术在教学应用方面的不断探索，各学校都在积极地创造条件，推进信息技术与学科教学的整合，计算机多媒体等教学工具已经走进了每一间教室。当前，大多数学校的课堂教学设施完全具备应用思维导图的条件，至于少部分没有多媒体的教室，教师也可以使用手工制作的思维导图。

（二）思维导图教学过程具有可操作性

思维导图教学并没有完全颠覆传统课堂教学的步骤，只是在原有的基础上做改进，主要区别在于教学组织方式和教学内容的呈现。随着思维导图的用户越来越多，现已开发出各种专门制作思维导图的软件，而且这些软件操作简单，易于修改、更新和保存，对教师和学生需要掌握的计算机技能要求很低，还解决了手工制作思维导图耗时、不便修改等问题，不会为教学工作带来额外的负担。因此，教学中应用思维导图具有现实的可操作性。

（三）思维导图符合学生身心认知发展规律

在中职教育阶段的教材编制和课堂教学中，应该尽可能地应用直观的感性材料来呈现重要的知识。这与思维导图有很多共通之处，中职学生正处于以形象思维为主，

从形象思维逐渐过渡到抽象思维的发展阶段，所以学生需要借助一种能将形象思维与抽象思维有机结合的工具，平衡地发挥左、右脑功能。通过思维导图呈现教学内容更符合学生的认知、思维发展特点，灵活的教学方式也倾向于使学生在教学过程中由被动者变为主动者。

（四）思维导图有助于课程改革的落实

课程改革倡导学生做学习的践行者，要促进学生自主学习、合作学习和探究学习，扭转教师占主体地位的教学局面。思维导图既可以辅助教师开展教学、活跃课堂气氛、组织学生进行多层次思维交流，又能帮助学生合作和自主学习，更好地促进课程改革的落实。首先，思维导图能够反映个体差异性。尽管讲授的内容相同，但因每个学生的思维方式不同，对教学内容的理解和认知程度存在差异，所以每个学生的思维导图都不尽相同。教师可以根据每个学生的思维导图，判断知识掌握情况，体察学生的成长，针对不同学生存在的不同问题，灵活指导教学，发掘并鼓励个体的独特性，关注学生的个体差异，最大限度地实现因材施教。

同时，思维导图能够促进学习方式的变革。教师根据课堂上的动态生成情况，利用思维导图图文并茂的优势，激发学生的思维，不断产生新的想法和灵感，积极参与到课堂教学中来。而且，思维导图可以充分发挥集体的智慧与力量，弥补了学生个体在学习和思维方式上的局限性，从而鼓励学生进行自主学习、合作学习、探究学习。另外，思维导图能够激发学生的学习情意，产生主动学习的心向。

总之，思维导图会反映知识的生成过程，随着教学活动的进行，不断增长的思维导图会刺激学生对知识的渴求，学习热情和兴趣自然而然被激发了。

二、思维导图在数学教学中的应用措施

（一）在教学中对运用思维导图的整体构想

教师如何利用思维导图教学策略来完善学生的知识结构呢？在实施之前教师心里应有对设计的整体把控。

首先，对于教师教学来说，要突出学生的主体地位，让学生学会通过思维导图来思考问题，教师起主导作用，运用思维导图来引导学生完善自身知识体系。其次，运用思维导图教学策略的前提是教师要对所学的知识目标、能力目标和德育目标有清楚

的认识，然后以所学内容需要掌握的知识目标为中心，通过对知识的同化和顺应，实现对知识的意义建构。最后，在教学中还要注意监控目标，讲解过程中的目标意识和对思维的监控，润物细无声地把知识体系和思维方式教给学生，帮助学生学会分析和归纳，让学生对知识形成一个整体框架，对新遇到的问题能够有的放矢，使学生从"题海战术"中解脱出来。

（二）思维导图教学策略的实施构想

国内应用思维导图还在起步阶段，思维导图的训练，可以从课前预习、课中学习和课后复习中逐渐掌握。

1.课前预习，勾画思维导图

课前的思维导图为发现学习，而发现学习则是在学生内化之前，由他们自己去发现这些内容。

首先，学生通过预习，对新知识形成感性的认识，了解内容的重点和难点，学生可以通过借助教材的目录、各层级的标题先找到知识块。其次，找出知识块中的核心内容。这个可以通过章节内图标导引及黑体字来找到。再次，找出一级、二级内容，以及内容之间的内在联系，包含关系和并列关系等。这可能是比较困难的部分，当然也是教师教授的重点，这就要求学生课上认真听课，多多琢磨。最后，尝试画出各自的思维导图，小组内交流。利用思维导图预习，可以建构自己的思维体系，形成基本的认知结构，准备越充分，越有利于对知识的理解。同学们之间取长补短，相互启发，交流心得，从而了解个人对新知识理解情况，有针对性地学习，使知识结构不断完善。

2.课中研讨，完善思维导图

首先，教师从各小组课前画的思维导图中找出大家认可的知识中心节点。其次，找出核心点下并列的知识块，建立第一级知识层，然后延伸到第二级、第三级等。再次，找出内在逻辑关系进行连线，使知识网络化。

学生在预习时已经形成了新知识思维导图的雏形，在听课中，可以继续把它完善起来，学生在学习中经常出现笔记跟不上的情况，相对于传统的线性笔记，思维导图突出重点内容，思路清晰，学生在记笔记时，可以集中注意力，边听边想边记，有助于深入思考。思维导图便于记忆和理解。

3.课后复习，运用思维导图

学习仅仅用课堂上的时间是不够的，当学习了一段新内容后，需要及时复习，艾宾浩斯遗忘曲线告诉我们，学习的遗忘有规律，遗忘先快后慢，及时地复习，将新知纳入已有的知识体系里，根据现在的理解再次审视之前的思维导图，将知识点形成知识块，再将知识块织成知识网，仔细体悟知识之间的内在逻辑性，从而更好地吸收。

相较于一般的复习，思维导图通过可视的、立体的、直观的方式，帮助学习者迅速抓住关键点，掌握重难点，并能够及时补充知识网络。这样的复习是充满收获的。

（三）训练学生制作思维导图的过程

1.教师示范

教师选择较为浅显的章节开始思维导图教学，比如，以"有理数"的学习为题材，研究在中职数学教与学中怎样使用思维导图。

首先要了解本章内容，按照课标的要求，确定教学要达成的目标：①理解有理数的意义，能用数轴上的点表示有理数，能比较有理数的大小；②借助数轴理解相反数和绝对值的意义，掌握求有理数的相反数与绝对值的方法，知道绝对值的意义；③理解乘方的意义，掌握有理数的加减乘除及乘方和简单的混合运算（以三步以内为主）；④理解有理数的运算律简化运算；⑤能运用有理数的运算解决简单的问题；⑥了解整数指数幂的意义，会用科学计数法表示数（包括在计算器上表示）；⑦了解无理数的概念，能求无理数的相反数与绝对值。很明显，这一章的内容比较浅显，但知识点较多。

2.教师指导学生制作思维导图

遵循由易到难的认知规律，制作思维导图也从简单到复杂。

初级训练：给出知识点，拼图连线，形成思维导图。中级训练：从一堆概念中选出给定的核心概念，形成思维导图，考查学生对概念的甄别和概念间关系的理解。高级训练：教师在一段内容结束后，选择一个中心词，学生围绕这个核心词，通过联想有关内容，创造性地构造思维导图。另外，通过小组合作，激发兴趣，促进学生深度理解知识。

3.师生、生生相互评价思维导图，促进学生知识结构不断完善

教学过程中伴随着评价。学生独立完成后自我评价，小组讨论后组内评价，班级汇报中组间评价。另外，还有学生不同时期所做的思维导图的评价，制作方式丰富度

的评价。这些评价也是一种学习，会使学生不断理清知识脉络，不断熟练制作过程，不断接受新的理念，形成合作交流和质疑批判的精神。思维导图的应用使混乱的知识清晰化，离散的概念网络化，僵硬的思维灵活化，使学生知识迁移能力不断提高。

教师对学生绘制思维导图能力的评价测试，可以通过给出一系列概念，让学生利用这些概念构造思维导图。通过学生制作的导图，可以看出学生对概念的理解程度，教师对学生所做的思维导图给出有意义的反馈，以促进学生更好地学习。

三、基于思维导图的数学创新能力发展

（一）数学创新能力简介

进入 21 世纪之后，社会各个方面都在飞速发展，教育教学模式也在逐渐打破传统的格局，朝着更加人性化、多元化的方向前进，人们逐渐地意识到学生创新能力的强弱才是未来竞争的重点。在以往的数学教授过程中，以教师为主体的教学模式很大程度上影响了学生的思维活跃程度，甚至扼杀了许多学生在数学方面的特殊天赋。因此，在现代数学教育中引入创新思维显得尤其重要。

1.数学创新思维的相关理论

数学创新思维是数学创造性思维，它从属于创造性思维和数学思维，思维是人脑作为认识的一种形式的体现，思维是借助于人类语言、想法和行为实现的，是人类的基本能力，它是对客观事物本质的一种概括，间接反映了事物与事物之间的关系，是认识的最高阶段，通过多种方式对信息进行加工之后从中获取信息的本质。思维既是高级的神经活动，同时又是一种复杂的心理活动的体现，它们之间的微妙的耦合关系形成了一个体系，这就成了数学创新思维的理论依据。

数学思维是一种普遍思维，在学习数学的过程中进行数学思维训练，是人脑在接触数学问题时的一般反应和已有的数学模型相碰撞并在合理的认识归纳后进行有效解决的逻辑性较强的思维活动。数学思维是由发散思维、抽象思维、逻辑思维、直觉思维等思维构成的一个综合体，它具有一般思维的特点，同时具有数学特有操作方式的特点。

关于数学创新思维的概念有多种说法，广义上即是指人们在遇到问题时独立思考的脑力运转过程之后，产生了对人类生活或者对社会前进有帮助有效用的想法的一种

思维发散活动，之后又聚合成理论的一种抽象过程。数学作为一种注重思维的学科，在其教学过程中担任着重大意义的就是数学创新思维。能够在问题解决过程中领会并养成一种行为方法是思维创新的一种直接体现形式，这种方式是可以根本解决问题的前提条件，促使每个学生正确有效地去创新和建立对创新的认识。它是将所学到的数学内容在以往经验的指导下，进行系统知识点之间关系的搭建，这种网状的结构图促使学生继续沿着各个脉络的延伸方向去思考，以产生新的思维结果，这种结果是数学思维与创新思维相结合的产物。

2. 创新思维和智力的关系

智力通常称为智慧，一般是指人对外界的认识和理解能力，以及运用自身所掌握的知识和经验去解决问题的实际能力。它包括多个方面，例如对客观事物的观察能力，对一件事情的注意力程度，存储新事物时的记忆能力强弱，思考解决问题时的思维导向能力、发散的想象力，对待事物的判断能力等。它的高低通常用智商来表示，智商数值的高低显示了一个人的智力水平的高低。吉尔福特说："我们将智力定义为用各种不同的方式对各种信息加工的能力或者功能的系统组合。"思维力通常是指人对于外界事物总结分析的能力，人们学会对外界客观事物进行观察后，会把各种不同形态的事件进行分类整理，对所获得的知识进行归纳，将所看到所学到的不同类型概括为自己的思维，内化为自己的观点，思维力是智力的核心。学生的创新思维的能力与智力水平的高低有一定的关系，呈正相关趋势，学生的创新思维往往取决于不同年龄段对外界事物观察后所得出的经验转化程度。某人在智力水平上的强弱可以通过他对待新问题时所表现出的判断能力和想象力来全面细致地呈现，虽然存在许多未能彻底发挥但却拥有丰富的创造才能的人，但却基本上不存在创造能力可以超前表现的人的现象。拥有高智商的人才虽然不一定就是创新型人才，但是可以说，高智商是创新型人才的必要条件。

3. 数学创新思维的特点

数学创新思维中的创新在这里意指以思维为主题的先进独特的给人启发的思维思想活动，也就是说，一旦思维活动所产生的结果具备了创新的性质，我们就称之为创新思维。在数学的学习过程中，创新思维的阶段表现为：创造思维的诱导因素、必要信息的收集、合理化的呈现方式和产生创造性结果这四个阶段。而我们在这里又将它缩小范围至数学教学方面的创造性思维的开发以及其所特有的特征：新颖、突破常规和灵活变通。

新颖，思维通常表现为超出现有的传统模式，是一种新的思路、新的想法的产生，它往往是基于众多的理论基础与实践教学过程的整理研究中突发的一种灵感的外放表现。它具有明确的思维方向，这种新颖一般是在对创造性、个人或者社会需求以及个人对客观物有着强烈兴趣的前提下产生的，抑或是在旧的理论或方法的缺陷或矛盾的形势下必然产生的结果，即这种新颖思维的产生还具有主动性和被动性。

突破常规，要求我们不为标准所束缚，不仅是在教学领域，同样在社会中的各行各业都要求我们21世纪的人才应该具备的素质。当然，现在已有的各种标准渐渐控制了我们的大脑，甚至已经定式了我们的大脑思维，新东西的产生因此而止步不前，标准给我们的定义就是"对"或者"错"，然而真的是对的吗？抑或真的是错的吗？拘泥于所谓"标准"的人们应该摆脱这种思想上的束缚。说到这里就要提起小孩子，其实他们的思维才是最能打破常规的，因为他们不受外界已有的观点、模式的束缚，在这方面我们可以试着在我们要解决的问题的基础上以小孩子的思维方式去思考，真正打破陈规旧俗。

灵活变通，打破常规，并不是要我们去否定已有的东西，而是不让传统的模式去阻碍我们的发散思维，所以创新的数学思维应该是既能有效地解决问题又能承受住传统理论的试炼，这就要求数学创新思维要具有灵活变通的特点。

数学学习过程中的创新思维与一般的普通思维的本质区别在于它们的思维运转流程和步骤，创新时思维发散的不定向充满着未知，引发人们不断思考的是一个立体的空间模型，因此它与单调的线性思维不同。所以，创新型的数学思维更易获得全面的和宏观的成果。对学生数学创新思维的培养实质是对学生的多种思维进行开发引导，使得相关信息重新排列组合后产生新的效果。

4.数学创新思维培养的方法

学生数学创新思维的培养可以通过多种方式来体现，思维导图作为一个头脑风暴的工具，教师在为学生建立一个轻松活跃课堂的前提下，通过引导学生对零散知识的梳理和整合，能够培养学生思维的灵活性和流畅性，促进学生数学创新思维的提高。数学教学过程中创造性思维的产生和有效训练主要体现为：发散的联想思维、神秘的直觉思维、模糊的抽象思维和缜密的逻辑思维。在教学活动中主要通过对这四种思维的开发，促进学生数学创新意识的形成。

（1）联想思维

联想即扩散思维，它是指不拘泥于已有的方式，能够从一个客观事物联想到其他内容，继而将联想的内容整合，从多方面多角度思考解决问题。本质上联想思维就是指人们遇到问题大脑合理地思考时所呈现的一种思维模型，多以树枝状的发散形式来呈现。在数学创新思维的初级阶段，需要学生充分调动思维从多方面思考问题。思维导图恰恰为学生提供了一个能够从多方面思考问题的平台。联想思维的本质构架是从一个单位点延伸到众多的空间点之上，在学习中可以表现为不同学科点间的一种互动联系，而思维导图是从中心出发，通过思维的发散进行知识的联想；联想思维与思维导图共同的目标都是分析问题并且解决问题，而思维导图更多的是可以制订学习或者复习计划等。

在教育过程中学生最可贵的是丰富的想象力、对事物的好奇心以及对新知识的渴望。在利用思维导图进行学习的过程中，学生可以基于一个知识点进行相关的发散联想。在这个过程中不仅能够让学生对已学的知识进行巩固，而且能帮助学生对知识之间的联系进行一个统一的整理，从某点知识出发就可以联系到相关知识，能够灵活进行知识之间的迁移。

（2）逻辑思维

逻辑思维是指思维的自然的方式，它通常被称为抽象思维，是导出的思维，是人脑已有的回忆和经验。逻辑思维是一种确定的、有条理、有根据的思维，是思维的高级形式之一。在梳理知识的过程中学生依托思维导图为形式工具，掌握并运用逻辑思维的本质和方法来锻炼自身的逻辑思维能力，它是数学创新思维的核心。

（3）抽象思维

外部世界由抽象思维客观反映出来，是人们在认识事物客观规律的基础上对事物及现象的一种预见，是对事物的一种形象的概括。在数学创新思维中，抽象思维是创新的源泉，抽象思维是对事物的分析归纳和总结，思维导图正是要求学生学会分析问题，在通过对不同类型问题的分析、归纳和整合的同时锻炼自己的思维能力，提高自己的创新能力。

（4）直觉思维

直觉思维，从某种意义上来讲是每个人的灵感体现，它强调一瞬间的思路想法，它是自身在众多的经验和方法的积累下所产生的一种自动总结归纳出的一种，甚至是一套完整的规律体系。直觉思维在人们创新的奋斗过程中扮演着重要的角色，直觉思维的产生不是机遇到来的一种体现，更不是空想，而是大量丰富知识积累的前提下产生的。精神的合理安排再加上让人着迷的逻辑思维，足以让人们看到数学展示给人们的无穷魅力，正是这种魅力牵引着无数的数学教育家们努力地向前行进。判定数学思维能力的高低往往是由人们的直觉思维所决定的，数学的抽象性就要求人们在每接触一种新的数学知识时，为了能更快地接受理解而依靠直觉思维的帮助，通过思维导图将这种虚无的画面过程具体化地呈现在人们眼前，更快更准地抓住所研究事物的重点。

在数学创新过程中，不仅要求逻辑思维，更需要抽象思维、联想思维和直觉思维，四者有机地结合起来，才能在数学教学中成功地培养学生的创新能力，使学生对数学的学习能够形成有条理的梳理，增强学生培养自身数学创新思维的意识。

5. 思维导图应用于数学创新思维的培养

（1）思维导图应用于数学创新思维培养的优势

数学创新思维的关键在于激发学生对数学的学习兴趣，激发学生探索数学奥妙的欲望。数学创新思维区别于固有的数学思维方式，更注重在原有知识基础的平台上发散多层次思维，突破传统的固定思维模式和规则，跳出思维定式。在数学教学过程中，创新思维的应用如果被比较全面的审视和利用，然后推广到生活用来解决实际问题，可以使得创新思维的方法得到准确应用的同时增长学生学习的能力和效率。

①促使学习理念的转变

思维导图以头脑风暴的方式对学生的创新思维进行引导和开发，从而锻炼了思维的灵活性，思维导图按照大脑思考的方式进行放射性网状思维的过程不同于传统的直线性教育方式，通过合理有效地利用思维导图来培养学生在数学学习过程中的创新思维，可以使学生加深对知识点的认识，摆脱固有的学习套路，增强学习的兴趣。

②抽象思维具体化

数学是一门高度抽象、逻辑性强、符号化、形式化的学科，要想让学生明白，则必须通过一种具体的语言方法的形式来传达给学生，而这种过程就是在将抽象的东西具体化，使之成为一种可以被理解，可以被记载的形式，具体化后往往可以通过文字、图形的形式记录下来，这样抽象的数学思维在一定程度上更易被学生接受。

③逻辑思维与发散思维相结合

在数学学习过程中，枯燥的概念和数字对学生来说很难完全理解，难以将原有所学知识与现有知识联系起来，形成一个系统性的整体。通过思维导图的绘制，对学习者来说能够引导他们跳出思维定式，根据已有的知识发散出各种相关知识点，在无限联想的同时也有一定的逻辑性，将发散性与逻辑性很好地统一，为学生进行数学创新思维的培养提供了有利的帮助。思维导图的有效运用能够帮助学生加深对知识的理解，掌握对思维疏导过程的脉络，使学生对自我认知的过程有充分的了解。

（2）思维导图应用于数学创新思维培养的可行性分析

思维导图是一种非常有效的思维模式的具体呈现，它可以被广泛地应用于工作、学习等过程之中，非常有助于人们大脑思维的发散和展开。目前，思维导图在全世界范围已经被很多知名企业引进并重点应用。托尼·巴赞为人们提出问题和更好地解决问题提供了一条行之有效的途径。思维导图在中国的应用已经大约有 20 余年的历程，应该指出的是，思维导图不仅仅是按照模板去画图就能找出问题解决途径的简单过程。它所强调的是，灵活改变思考方式，通过运用这种工具从而更好地分析所遇到的问题并解决问题；它是一种教人更好、更全面思考的将事物具体化的图像工具。如果只是线性思维的话，有时可能会错过发现新东西的机会，而发散式的思考则会产生让人意想不到的结果。在使用思维导图时，你可以根据现有模板进行思考，也可以根据自己需要的内容进行填补或删除，直到达到满意的结果，然后完成一个周全的计划。此外，思维导图并没有什么级别可言，只是一个纯粹的工具，不用考虑哪种级别要用到对应的某种级别的思维导图。

在现行的《数学课程标准》中，数学作为人类生活中的一种工具，要从理论到实践对数学去理解、去领悟和体会。数学创新思维活动的过程才是数学学习过程的本质。创新思维并非空想，而是在已有的知识和经验的重组下描绘出的新提案和方法，而这种过程就是可能产生新思维成果的思维方式。创新思维在强调素质化教育的今天，极大地激发了学生的学习研究兴趣，创新思维的产生也不再那么神秘，这也是一种学习过程适应社会前进发展的体现。传统的固定教育方式已经渐渐被淘汰，更加注重人性化发展每个学生的个性，最大限度地开发每个学生的创造潜能和提升学生的创新素质已经成为教育发展的一种趋势。

综上所述，从数学注重逻辑推理的角度来分析，思维导图的理念和数学的研究过程不谋而合，思维导图的利用将会极大地促进在数学创新思维领域中的研究和开展。

（二）思维导图与数学创新思维

1.运用思维导图培养数学创新思维所要达到的教学目标

数学创新思维具有跳跃性、独立性、求异性等多种品质，在数学教学过程中，教师应当运用不同教学方法对学生上述品质进行训练，从而培养他们创新思维的能力。

数学科学注重逻辑推理，排除个人先天优势的因素外，几乎所有人的思考都要通过建立直观思维和形象思维去解决数学问题，而这正是思维导图所起的最大作用：建立思考模式、开发创造性思维。而且，数学学科具有很强的抽象性，因此，使数学教学质量更加完好的教学方式就是把抽象的数学知识具体化，以便学生更加清晰直接地理解其含义。将思维导图应用于数学教学中，开发学生的想象思维和创造性思维显得尤为重要。思维导图应用于数学教学，可以极大地激发学生的创新思维，在教师的指导下，学生逐渐学会通过自己的思考方式运用已有的知识经验水平去解决遇到的问题，培养学生思维的独立性和跳跃性。而运用思维导图在培养学生数学学习过程中的创新思维时，也要达到以下的教学目标和效果。

（1）激发学生的学习兴趣

通过思维导图培养学生创新思维的同时，使学生更深刻地理解数学基础概念，独立利用思维导图去更深刻地发掘、理解更深刻的意义。这个过程就是一个培养学生对数学产生极大兴趣的时机，要知道不管做什么，兴趣是最原始的动力，在学生自行利用思维导图学习、发散的过程中兴趣无疑得到了培养，然后就是相辅相成的互相促进，兴趣带动思维发散让学生自行探索学习。

（2）促使学生积极思考

运用思维导图培养学生的数学创新思维，能够使学生独立自主地思考数学问题，传统分小组讨论的学习行为表面上热热闹闹，实质上是以无序的方式进行学习，不能取得实质进展。相反，让学生先在个体独立的情况下完成思维导图的制作，依据自身的知识经验水平思考相应解决问题的方法,利用思维导图呈现出自我思考的过程。然后,在一人的带领下有序地进行讨论,通过相互之间的沟通交谈可以看到彼此之间的不同的思维思考方式。教师也可以成为"学生"的角色,成为讨论组的成员,一方面可以观察了解学生的思维状况,另一方面可以为如何有效给学生进行授课讲学提供参考依据,促使学生独立思考与相互合作学习的同时,使要学的知识真正落到实处。

（3）强化对知识结构的理解

思维导图工具的一个显著优势在于其具有清晰的知识脉络,使学生能够清晰地了解到各个知识点之间的关联和总体思路。此外,思维导图的图像形式也能在学生的脑海中形成较深刻的印象,强化学生对原有知识与新知识的迁移,从而培养学生理解、分析、解决问题的能力。

（4）协助学生总结阶段性知识

思维导图可以在数学学习过程中促进创新思维的萌发,从而产生知识间的连通性,每一堂数学课都是新的知识点的引入,利用思维导图工具记忆每一次的新知识,这样众多的思维导图单元合并后又成了内容更加丰富的涵盖更广的思维导图,这时给学生呈现出更加易于理解的知识脉络体系,因为某一章节的学习可能需要另一章节内容的辅助,在这种情况下联系就通过思维导图展现出来,学生们也更加容易理解,并且整个大脑的思维模式也有了较完善的空间性和发散性,数学创新思维也在这种学习模式的刺激下逐渐生成,学生独立学习和解决问题的能力也会逐渐增强。

（5）培养数学思维的逻辑性、完整性和流畅性

思维导图建立的过程是发散性的,可以极大地激发学生的想象力去拓展知识点,但数学是一门讲究逻辑性、完整性和流畅性的学科,所以基于思维导图开发学生创新思维的同时,必须要遵循数学的科学的严谨性,要正确适时地引导学生的思路,既不能阻碍学生的思维深入发展,又不能置学生远离数学科学严谨性和科学性的路线而不顾。

（6）培养自信心

思维导图应用的核心就是要以每个学生为主要对象,而教师只作为一个中间引导者,以这样的角色形式开展思维导图教学的实际应用。这种实际性活动的开展,能够极大地激发每一个学生的主观能动性和创造天赋。需要注意的是,教师在进行思维导

图的实践教学过程中要做到积极正面地引导学生的思维发散，这并不是一种抑制行为，同时也不违背思维导图的初衷，而是意在让学生正确地运用思维导图解决学习和生活中遇到的问题。这样，教师和学生之间就可以打破师生之间的无形障碍，从而自由欢快地沟通交流，学生也在这个过程中学会了和教师进行互动，自信心也会在不知不觉中建立起来。而教师在活动结束之后也可根据各个学生的表现情况为其制订合理的学习计划和安排。

2. 基于思维导图培养数学创新思维的教学过程设计

有效地利用思维导图工具来激发学生数学学习的兴趣和解决数学问题的思维方法是实践教学的根本目的。在教学过程中，教师是主导，学生是主体，教师通过创设一个自由的学习环境，引导学生从各种角度对问题进行具体分析，厘清知识间的脉络，内化为自己的观点，更好地激发学生的学习兴趣以及自主探索知识的主动性。

（1）选题原则

利用思维导图培养学生的数学创新思维的教学方法与传统教学方法不同，在开展教学活动前，要根据教学目标和教学特点来确定适合使用思维导图教学的教学内容和教学方法。

①教学过程结合实际教材

教师在运用思维导图培养学生数学创新思维的同时，应根据数学教材的知识结构来进行教学活动，不能脱离教材，教学活动要在教学教材的任务规定的前提下考虑数学自身特点，体现数学学科的本质特征。同时，教师可以根据这样的原则来增加相关内容，且有利于培养学生数学创新思维发展的教学活动，学生的思维方式能够得到有效指引，并逐步向多向思维结构转化，同时帮助学生发现并及时总结。

②教学过程结合学生实际情况

中职阶段学生思维方式最主要的特点在于新思维的出现。中职阶段学生的抽象逻辑思维由原来的经验型逐步转为理论型。学生在中职阶段思维的基本特征是以抽象的逻辑思维为主，但有时具体的形象的组成也发挥了作用。学生在这个阶段逻辑抽象思维占据大脑主要作用，可以用假设来进行判断，观察、记忆、想象等能力快速发展，并对事物有着强烈的好奇心与求知欲，但同时学生此时的自我控制能力较差，对事物的注意力较容易分散，因此教师在教学过程中应当全面了解学生已掌握的知识和所能达到的理解程度，再结合教学经验和此年龄阶段学生的特点进行教学设计和教学活动。

中职教育阶段的学生对未知知识领域有着强烈的好奇心，但他们的思维能力较差，不具有灵活运用思维的能力，在教学过程中通过切实掌握学生已经领会的知识点内容，引导学生利用思维导图对这些知识进行归纳总结，使所学知识被真正吸收，并以自己的思维方式重新组建成一个便于自己记忆和理解的较完善的知识体系。

③教学过程具有一定的主导主体性

教师通过选择合理的主讲教学内容来改变以往的固有观点和方式，以此来激发拓展学生内在的数学方面的创新思维。教师在这个过程中起主导作用，学生是学习的主体，在教师的主导作用下引导学生进行自主学习，主动探究问题并学会独立解决，学会与他人协作，最终的结果就是学生学会了新的知识，掌握了新的方法，拥有了一种新的思想，收获了丰富的学习经验，使得学生在无形中各方面都得到了升华。

教师在教学过程中作为主导，重视学生在课堂教学中的主体地位，激发学生的学习兴趣，鼓励学生发表自己的观点，为数学创新思维的培养创设良好的探索环境，达到预期的教学目标。

（2）教学评价

教学评价应该明确教学目标，然后遵循科学的规范标准对教学过程和内容进行有效的客观的测量，彰显出数学课程的思路方法，从思维逻辑、知识技能、协作能力、情感态度和价值观等各个方面来评价学生的表现。

对学生创新思维能力的评价是一个过程性评价，在这个评价过程中，学生既作为评价主体，也作为评价的客体。学生对自我的评价按照一定的准则为参照来衡量是否达到预期目标。这里的准则既可以是自我参照也可以是标准参照。自我参照标准以学习者对自己的目标和期望为参照进行评价，后者则依据公认的标准参照进行评价。学生通过自我评价有利于整体把握知识，加深对知识和自我的理解，培养从多角度解决问题的发散思维能力和对学习及活动的评价能力。通过对得到的评价信息进行分析，可以及时了解学生对教学内容的掌握程度和教学过程中存在的问题，在帮助教师进行总结和反思的同时，可以及时调整和改进教学过程和教学内容。

第三节 基于思维导图的数学教学

一、基于思维导图的中职数学教学分析

（一）中职学生数学课程学习的特点

对中职数学知识的学习要求不仅仅是"想学"，还要"会学"，要运用科学的学习方法进行有效的学习，这样才能提高学习成绩，起到事半功倍的作用。中职学生是在学习了中职的数学知识，并且已对生活中的数学有了进一步的认识之后，进行更高层次的数学知识的学习，所以对中职的数学学习有了更多的科学预见性和辩证的思维能力。

1. 数学学习的推理性

数学知识点之间的联系，使得数学的学习思维具有预见性。新课改下的课堂教学是一种探究性的教学模式，数学的教学也是引导探究的教学方式。中职数学的学习更是注重学生的探究式学习，敞开思维，发散学习，他们通过对数学知识的观察、分析，在发现各知识点之间的规律后，大胆猜想，提出假设，并进行一定的实例证明，以验证自己的猜想。因此，数学学习思维具有推理性。

2. 数学学习的辩证性

中职学生对学习的技巧和方法具有一定的判别能力，对数学知识的渴求也是用辩证的眼光来看的，所以在数学学习过程中也是在不断地进行辩证与论证，从特殊到一般、从整体到个体的学习过程，学习正确的方法与知识，并从中得出正确的结论。

3. 数学学习的完整性

中职的数学学习是一个循序渐进的过程，对知识结构的建构是逐步趋于完善的，对知识的学习和掌握是一个完整的过程。并且，在此过程中，大胆地提出自己的假设和猜想，并进行进一步的论证，是一个不断创新的过程。

4. 数学学习的发散性和创造性

中职阶段的学生正处于求知的旺盛阶段，对任何新知的认识和探索都充满好奇，

并在此基础上对数学知识产生发散思维，尝试创新和探究，以求得自己大胆假设的论断是否正确。正是在此基础上，体现出了探究式学习的发散思维和创新思维。

由此，在中职数学的教学中引入思维导图是非常有必要的，符合中职数学课程的特点以及中职学生学习数学课程的特点。中职的数学学习就是厘清各章节的知识点，并建构知识点的结构联系。要梳理各部分知识点的关键部分，即核心知识，以及知识结构之间的联系，思维导图就可以达到此目的。将各节课的关键知识点用一张图、文、色彩并茂的思维导图联系起来，然后再将各个小节的思维导图联系起来，成为一个完整的思维导图，这样整章的核心知识点和关键部分都可用一张思维导图高度地概括出来。思维导图的图形、线条、文字和鲜艳的颜色都刺激着学生的感官，给他们以新鲜的感觉，知识结构的联系、核心知识的呈现和知识的层次性都很清晰地展现出来，这样有利于学生理解和记忆。

（二）中职数学教师的教学分析

1. 中职数学教师的知识结构分析

数学教师的知识结构包括数学知识，教育学、心理学知识，教育技能知识，以及其他学科知识，除此之外，还应懂得一定的教育原理和教育规律。而数学知识包括数学基础文化知识、数学理论知识以及本专业的技能知识，数学教师还应该了解一定的数学史文化。教育技能包括掌握课堂技巧以及学生建构知识的思想，还要懂得教学管理。其他学科知识包括一些自然规律以及人文学科的知识。数学教师要具备将知识"取源于生活，用之于生活"的能力，即具有数学建模的能力。

教师利用思维导图进行教学，能够将自己的专业知识和教学技能融会贯通到教学中去。同时，通过思维导图的绘制，也可以展现自己的教学思维。

2. 中职数学教师的教学观分析

教学观是指教师对教学的本质和过程的基本看法。从狭义上讲，教学观就是教师在职业生涯中对教育教学产生的一种概念，这种概念影响着教师的教学方法以及学生的学习方式。

传统的教学观是以传授知识为主，以应试教育为目标的。课堂是由教师主导的，教师是课堂的主体，学生是教学内容的承受者，是客体。在新课程改革下，教师观发生了转变，由应试教育转向全面提高国民素质的轨道，面向全体学生，促进其全面发展，注重培养其创新精神和实践能力。课堂是学生的，教师在课堂上是引导者，在对待学生学习的问题上更注重学生的探究式学习以及师生合作的教学模式。教师在"教"的方面也开始重视数学思想方法的传授，以及德育教学观念的渗透。

思维导图作为教学中的一种思维工具，符合新课改下的核心理念和教学目标。比如，利用中心主题引出问题，进而进行问题式主题学习，师生互动，共同绘制思维导图，表现了师生合作的教学思想。

二、基于思维导图的中职数学教学模式

教学理论研究的目的在于有效地指导教学实践，而教学理论的抽象性使得其与教学实践之间存在鸿沟，因而教育研究者都在不断地探索教学理论与教学实践之间的中介桥梁。在研究中，教学模式被普遍选择充当这个连接桥梁的角色。因此，本书依据建构主义教学理论并结合教学实际，建构了一套基于思维导图的中职数学教学模式，以期帮助学生有效地建构数学知识。

（一）教学模式的设计

"模式"一词本意是指一种用实物做模的方法，引申后有模范、模仿之意。在《现代汉语词典》中，模式解释为"某种事物的标准形式或使人可以参照着做的标准样式"。"模式"一词在现代社会中经常可以见到，如我们经常听到的传播模式、经营模式、管理模式等。教学模式的研究始于 20 世纪 70 年代，乔以斯和韦尔出版了《教学模式》一书，该书被认为是教学模式理论研究开始的标志。但是，当时两人把"教学模式"的概念定义得过于具体、狭隘，认为教学模式就是"用于设计面对面的课堂教学情境或辅助情境，确定包括书籍、电影、磁带、计算机程序及课程在内的教学材料的范型或计划"。经过多年的研究与实践，多数人接受了教学模式是"在一定的教育思想、教学理论和学习理论指导下的，在一定环境中展开的教学活动进程的稳定结构形式圈"这一概念。

1. 教学模式的来源

教学模式是连接教学理论与教学实践的桥梁，其来源主要有两个：

第一，演绎法。可以理解为"顺推法"，即通过对教学理论的推演，提取、总结出教学理论的精华，进而提出新的教学模式的假设。这种方法需要在教学实践中进行

验证，并在"实践—修正"的循环中不断对教学模式进行完善。

第二，归纳法。可以理解为"逆推法"，即通过对教学实践过程、要素进行总结，归纳出新的教学模式，再选择相关的教学理论进行分析，用理论支撑对模式的不断调整与完善。这里采用演绎法进行教学模式的建构，在建构主义教学理论的指导下，通过分析当前中职数学的特点和教学现状，把思维导图整合到中职数学的教学过程中，从而提出新的教学模式。

2. "四次构图"教学模式的流程

经过一段时间的教学探索与实践，在建构主义教学理论的指导下，可以把思维导图与教学活动整合起来，设计出了思维导图在中职数学中的应用模式，本书称之为"四次构图"教学模式。

（二）"四次构图"教学模式的步骤

"四次构图"教学模式的教学活动安排分为课前、课中和课后三部分，其中把课堂教学过程分为"导入—探究—迁移—评价"四个环节。对"四次构图"教学模式的具体步骤阐述如下：

1. 课前预习——第一次构图

在教学活动开始之前，教师首先要对教学三维目标、教材和教学对象进行分析，确定本节课的教学知识"主题"，即与基本概念、原理、方法或过程相关的知识内容。在教师确定该课主题后，教师可以绘制引导学生预习的思维导图，把重点、难点标出来，以指导学生更有效地进行课前预习。

学生根据教师布置的预习任务，阅读教材并自主绘制思维导图，在绘制过程中把遇到的问题或疑惑标记出来，借此培养学生的自主学习能力。这是学生对本节课学习内容的第一次构图，本次构图可以探知学生对本节课知识的初步建构情况。需要注意的是，教师在课堂教学时要重点讲解学生在第一次构图过程中遇到的问题或疑惑。

2. 问题探究——第二次构图

建构主义指出，学习是在原有认知结构的基础上进行的。因此，在学习新知识之前，教师可以利用课前绘制（或在课堂上重新绘制）的思维导图对已学习的相关内容进行简单回顾，也可适当地延伸与扩展，目的是启动旧认知结构。这样，既可巩固旧图式结构，又有利于吸收新信息。然后，利用思维导图设置问题情境导入课题，以引导学生探究新知。根据大卫·澳苏贝尔的有意义学习理论，教师在教学过程中创设问题情境可以引发学生产生要学习的心理倾向。利用思维导图中的可视化元素进行情境创设，可有效地避免学习者受困于抽象的问题、深奥的原理和枯燥的知识，把这些内容变得更直观形象、富有启发性，从而促进学习者对知识意义的建构。学生经过问题探究，对本节知识有了进一步的了解，再结合教师的讲解进行第二次构图。本次构图主要是在第一次构图的基础上进行首次完善与修正，从而解决在第一构图中遇到的部分问题或疑惑。

3. 知识迁移——第三次构图

在学生已经完成本节主题的基本知识框架建构的基础上，教师接着分析、讲解例题，并引导学生参与课堂练习，运用所学知识去解决问题，以促进知识的迁移，把新知识纳入原有的认知结构中。当然，在知识运用的过程中，难免会遇到一些问题，教师要及时给予指导。学生从知识运用中对本课知识会有更深刻的理解，这时教师要引导学生通过小组合作交流与讨论，进行第三次构图。本次构图是在前两次构图的基础上进行的再次完善与修改。小组合作绘制思维导图，其实就是小组成员间的一次"头脑风暴"，大家把各自的第二次构图拿出来互相讨论与完善，把模糊的知识脉络理顺，找到未能理解的部分，共同寻找解决方案。这种合作学习的形式更能培养学生的团队合作意识，但又不会过分盲从，能批判性地看待问题。最后，每个小组把组员的共识以及教师的建议形成相应的小组思维导图作品，向其他小组汇报和展示，并对其展开评价与自我评价。

4. 课后反思——第四次构图

杜威曾经说过："反思使我们对经验进行批判性、多种的、公开的考查，使我们的经验与他人的经验联系起来，构建一种过去、现在和未来的经验相互联系的网络，而且这种经验具有回归性，即这种经验一旦形成，可以用于指导实践。"因此，课后教师与学生都应该进行总结与反思。教师应该总结本节课的教学成果，并对教学过程中有遗漏的部分或未能达成目标的地方进行反思与改善，以进一步改进教学。学生也应该总结自己的课堂收获，并反思自己在课堂上的表现以及应该改善的地方。然后，再进行第四次构图，把本节课所学的知识与已学的知识联系起来，将新知识纳入原来的知识体系中，形成新的知识体系，增长知识网络，从而真正实现有意义、有效和高效的学习。

（三）教学模式的可行性分析

一套新的教学模式要运用于课程教学中，首先要进行可行性分析。下面，本书将从教学需求、教学环境和教学可操作性三个方面分析"四次构图"教学模式的可行性。

1. 教学需求

新课程标准下的中职数学内容设置是层层递进，呈螺旋式上升的，各模块、各章节的知识点之间联系紧密，纵横交错，相互关联，通过"点一线一面一网"构成一个立体交叉的中职数学知识体系。但是，在传统教学模式下，学生普遍存在边学边忘的现象，所学到的只是一些零散的基本数学知识，没能有效地建构数学知识体系，也无法灵活地提取与应用数学知识，从而导致数学思维能力低下，并由此对数学学习缺乏兴趣。思维导图图文并茂，是一种可视化的思维工具，充分发挥了左、右脑的功能，将抽象思维与形象思维结合起来，既能快速增加知识的累积量，又能加强知识间的彼此联系。可见，思维导图可以激发学生的联想和创造力，促进知识网络体系的建构。因此，在中职数学教学中，教师需要运用思维导图这种有效的教学模式来建构知识体系。

2. 教学环境

"四次构图"教学模式对教学用具的要求是比较容易满足的。为方便教师在课堂上手绘思维导图，只需配备多彩粉笔和大面积的黑板即可；如果需要设计或展示通过计算机软件绘制的思维导图，则需要配备多媒体教学平台。目前，一般教师都拥有一定的计算机应用能力，会使用一定的多媒体教学软件，而制作思维导图的软件，如Mind Mapper、Mind Manager和X Mind都已经经过汉化，简单易学，一般不会存在技术障碍。另一方面，学生所需的工具就更容易准备了，只要彩色笔若干支，白纸若干张，用作个人手绘思维导图。在这些物质条件都备齐之后，只需要师生们带着清醒的大脑、丰富的想象力，怀着轻松愉快的心情走进课堂，就可以迎接一场"头脑风暴"的洗礼了。因此，"四次构图"教学模式对教学环境的要求不高，在当下的教学环境中是可行的。

3. 教学可操作性

"四次构图"教学模式中的教学目标和内容与现有的模式差异不大，只是采用不同的教学方式来呈现教学内容，所以在教学步骤上具有较强的可操作性。另外，对教师的绘画能力和计算机水平要求并不高，思维导图软件也是易学和方便使用的。对于学生而言，只需具备基本的绘画能力即可。本模式中知识内容的呈现方式更符合学生的认知特点，使其主动地参与到教学过程中，不再是知识的被动的接受者，而是学习的主体。

（四）"四次构图"教学模式的教学原则

教师要顺利地完成教学工作，不仅要明确教学特点、掌握教学规律，还必须根据教学目标制订对教学的基本要求，这就是所谓的教学原则。教学原则是指导教学活动的一般原理，是由教学实践经验概括总结而成的。

在运用"四次构图"教学模式进行教学时，应遵循民主性原则、主动性原则、互动性原则和探究性原则。

1. 民主性原则

虽然"闻道有先后"，每个人的基础知识、智力水平也不尽相同，但教师与学生、学生与学生在人格、精神上都是完全平等的。在教学过程中，我们要形成有利于创新的民主氛围，如融洽的师生关系、生生关系，避免产生对立情绪。对于勇于发表见解的学生，教师要少点批评、多点肯定，即使见解不正确，也可通过辩论的方式寻求共识。只有教师理解和尊重学生的学习行为，"四次构图"教学模式才能在和谐的教学环境中取得预想中的成效，从而最大地发挥学生的创造潜能。

2. 主动性原则

把思维导图应用于数学教学的目的，即让学生成为学习的主体。我们知道教是服务于学的，但并不能代替学，学习是学习者主动建构知识的过程，而不是被动地灌输或塑造的过程。在"四次构图"教学模式中，教师要把学习的主动权交给学生，自己只是引导学生提出问题、分析问题和解决问题，不替代学生制作思维导图。只有这样，学生主动学习的能力才能得到有效的提高。

3. 互动性原则

在建构主义的观点中，学习者与学习环境的交互是很重要的一环，单纯地依靠一位或者少数几位学习者完成知识意义的构建过程是不完善的。只有在互动协作的学习环境中，所有学习者都参与其中，才能集合整个群体的思维和智慧，对新旧知识进行同化和顺化，共同完成知识的建构，这样才是一次较完善的建构过程。在"四次构图"

教学模式的教学过程中，要注重师生之间、生生之间的互动，大家相互交流、相互启发、分享彼此的见解、知识与经验，共同建立起学习共同体并成为其中一员。

4. 探究性原则

中职数学课程应力求通过不同形式的探究活动，让学生体验数学发现和创造的历程。因此，"四次构图"教学模式要求教师在教学过程中遵循探究性原则，根据教学目标和内容，提出逻辑合理、难度合适的问题，让学生自觉、主动地探索，使其在探究过程中主动获取知识、应用知识和解决问题。

（五）"四次构图"教学模式的优越性

基于思维导图的"四次构图"教学模式具有以下优越性：

1. 体现了"以学生为中心"的教学理念

本模式的整个过程都是由学生自主建构知识意义的，以"学"为中心，以"教"为辅助。在"四次构图"教学模式中，确定目标、选取主体要素、构造图形、分层布局等环节都是由学生自主完成的，教师的角色不再是传统的内容灌输者，而是一个引导者、辅助者。学生是在教师的引导下运用思维导图对数学知识进行自主意义建构的，充分体现了"以学生为中心"的教学理念，从根本上促进了学生的"学"。

2. 有利于提高学习兴趣

布鲁纳曾说："按照理想，学习的最好刺激是对所学材料的兴趣，而不是诸如等级或往后的竞争便利等外来目标。"思维导图的绘制具有一定的游戏与娱乐性质，运用多重色彩制作生动灵活的图像，使信息形象化和具体化，顺应大脑的思考，能有助于学生形成认知冲突和求知欲望，从而激发学生的学习动机，调动学生的学习积极性，提高学生的学习兴趣，挖掘学生的学习潜能。

3. 有利于建构系统的知识体系

"四次构图"教学模式中的信息组织形式是结构性的，学生经历对知识的四次构图，由表及里、由浅入深、全方位地理解这些知识，进而形成对知识的意义建构。同时，思维导图逐级发散，层次化、网络化的图形，更有利于学生把具体的知识点与整个知识体系结合起来理解，将琐碎的数学知识进行有效的整合，从而有利于建构系统完整的知识体系。

4. 有利于提高学生的思维能力水平

思维导图图文并茂，强调左、右脑的协调，不仅调动了左脑处理语言、逻辑、顺序和数字的机能，还调动了右脑的处理图像、想象、节奏、颜色等机能，使人脑思维更加活跃。思维导图强调的是一种立体的思维方式，这有助于拓展学生思维的放射性，学生能有更好的发挥自我的空间，最大限度地提高思维能力水平。在"四次构图"教学模式中，第三、四次构图尤其体现了思维导图的这种优势。

第五章 数学教学情境与有效学习方式

第一节　数学教学情境创设

随着新一轮课程改革的不断深入，情境教学又有了新的发展，越来越受到人们的重视。我们就不能不思考在新的教学理念下教学情境有哪些作用，应该遵循什么原则，怎样创设教学情境。创设情境是希望学生能够从复杂的现实情景中去捕捉数学信息，能整理概括信息，发现并提出数学问题，然后自己试着去解决问题，是模拟解决现实数学问题的整个过程，是对学生综合能力的一种锻炼。让学生学习现实的、有价值的数学，感受数学在我们身边，生活处处有数学。因此，情境教学在教学中起到至关重要的作用。

一、教学情境的作用

教学情境是知识获得、理解及应用的文化背景，包含相应的教学活动，学生要学习的知识不但包含于其中，而且应用于其中，不仅可以促进学生的情感活动，也可以激发学生的认知活动和实践活动。

①适宜的情境可以帮助学生重温旧知识、获得新经验，可以提供丰富的学习素材和信息。有利于学生体验知识的发生发展过程，有利于学生认知能力的培养，有利于学生主动地探究、发散地思考，有利于学生思维能力的培养，使学生达到比较高的水平。

②适宜的教学情境不但可以提供生动、丰富的学习材料，还可以提供在实践中应用知识的机会，促进知识、技能与体验的联结，促进知识由课内向课外迁移，让学生在生动的应用活动中理解知识，了解问题的来龙去脉和前因后果，进一步认识知识的本质，灵活应用所学知识去解决简单的实际问题，发展应用能力，增长才干。

③适宜的教学情境不但可以激发学生学习的欲望，促进学生情感的发展，而且可以不断地维持、强化和调整学习的动力，促进学生自主探究，对教学过程起导引、定向、支持、调节和控制作用。创设生动的情境，是诱发学习兴趣最有效的手段。有了兴趣

就有了学习的动力，学生的探究活动就有了保证。例如把练习课设计成"智力闯关"等活动，学生都非常感兴趣，在他们眼里，数学学习不再是单调的数字、运算，在游戏和童话世界里，也可学到许多数学知识。

④教学情境是情感环境和认知环境的综合体，营造良好的学习氛围是一节课成功的基础，也是学生进行有效学习的保证。好的教学情境总是有丰富生动的内容，既有利于学生的个性发展，也有利于学生的全面发展。

⑤丰富生活体验。现代教学理论认为：数学教学从学习者的生活经验和已有的背景出发，提供给学生充分进行数学实践活动和交流的机会，使他们真正理解和掌握数学知识、思想方法，同时获得广泛的数学活动经验。

⑥激发探索的欲望。在人的心灵深处都有一种根深蒂固的需要，就是希望自己是发现者、研究者、探索者。而在儿童的精神世界中，这种需要特别强烈。学生的创造性思维，只有在积极主动的学习过程中才能得到最好的发展，因此，教师要善于创设一些特定的情境，激发学生的好奇心和解决问题的强烈欲望，诱发学生的创造动机，使学生投入积极的创造性的学习中。

⑦分散难点。数学知识的抽象性和逻辑严谨性，加大了某些数学内容教学的复杂性和难度，给学生的学习带来一些困难。但如果把它置于具体的情境中，难点就可以得到分散，然后各个击破。

⑧整合多学科的知识。新课程基本理念提出：要软化学科边缘，实现学科的整合。教育应"以人的发展为目标""关注学生的可持续发展"，培养全面发展的综合性人才。数学教学法不能再只局限于数学的内部，而应更多地联系相关的语文、社会、生活等其他学科；数学教育应该彻底消除先前只强调数学方面而忽视教育方面，只重视知识与技能而忽视情感、态度与价值观的弊病，而应该重视数学与教育两方面的渗透与融合。利用横向联系，整合多学科的知识，在为课堂增添生动、丰富现实题材的同时，也能促进学生全面发展。

⑨充分挖掘和利用教材提供的情境资源。因为数学与生活密不可分，丰富的生活给我们提供了无尽的教学题材，数学教学的素材可以说无处不在。特别是一线教师，要尽力去发掘和收集有用的情境素材，但是个人视野还是受到局限的，再说要每节课都这么做，精力上也会有困难。数学教学的情境创设策略多种多样，关键是要创设学

生参与事件的情境，并置身其中承担某种任务。孔子曰："不愤不启，不悱不发。"创造愤悱状态，引导学生进入特定的学习状态很重要。

二、教学情境创设的原则

数学教学实践告诉我们，并不是任何问题都能激起学生有意义心向的，也不是随便地把问题提出来，就算创设了问题情境，这是需要下功夫的。数学教学，其最直接的目的就是要发展和完善学生的数学认知结构，在此同时，为学生的良好个性品质的培养服务。

教师在创设问题情境时，要尽量准确地确定学生的现有发展水平和"最近发展区"，以现有发展水平为基础，以"最近发展区"为定向，利用新知识与学生认知结构中的有关知识之间的矛盾，提出学生力所能及但又富于挑战性的问题。

为了保证使教学情境充分发挥其作用，在创设教学情境时，应遵循以下原则。

①目的性原则。即所提出的问题要紧紧围绕当前的教学任务。一个好的教学情境是为一定的教学目标服务的。情境不是摆设，也不是为了赶时髦的点缀品。就相关内容的教学而言，特定情境的设置不应仅仅起到"敲门砖"的作用，情境的创设不仅仅是为了调动学生的学习积极性，还应当在后面的教学中发挥一定的导向作用。教师对为什么要设置情境、设置了情境后应该达到什么教学目标应做到心中有数。

②趣味性原则。兴趣是最好的老师，是学生获取知识、拓宽视野、积累生活经验的极其重要的动力，是人力求探究某种事物或从事某种活动的认识倾向，是鼓舞人从事活动的重要力量。只要培养并启发学生学习的兴趣，就可以促使他聚精会神地去获取知识，创造性地去完成学习任务。为激发兴趣，教师要通过设例或者提一些有趣的设问等方法来实现。问题情境的创设要针对学生的年龄特点和认知规律，以激发学生的学习兴趣为出发点。教师应根据当地的教学资源，将数学问题融于一些学生喜闻乐见的情境之中，激起学生探究的欲望。

③本质性原则。即问题要提在点子上，要能直接反映所学新知识的本质特征，否则，问题不但不能引导学生的思维指向教学任务，还会干扰学生的思路。

④简明易懂原则。即学生在理解问题时，不会因为问题的字面意思难懂而产生困难。这就要求在问题的表述上做到准确而不能含糊不清，无矛盾且有条理，以免引起学生思维混乱。要使语言具有启发性，从知识的联系与发展中提出能引起学生积极思考

的问题。

⑤系统连贯性原则。问题情境具有一定的连续性，可以组成一个问题系列。出现在问题系列中的问题应按数学知识点的发生发展过程，以相应的数学思想和数学方法为主线，组成一个循序渐进的、具有内在联系的问题体系。在这一体系中，开始提出的问题是基本的、贯穿教学过程的，它应能引起学生对掌握新知识的迫切需要。随后的一系列具体问题都要为继续揭示新知识的本质规律服务。这些具体问题应能帮助学生循序渐进地掌握开始时提出的问题中包含的那些新知识。

⑥全程性原则。情境创设往往在新课教学活动之前进行，因而有人误认为，创设情境就是在上新课之前利用有关的实验、故事、问题等来激发学生的学习兴趣，调动学生学习的积极性，引出新课。实际上，教学情境的功能不应仅仅是传统意义上的引入新课，情境不应仅在讲新课前发生作用，它在整个教学过程中都能激发、推动、维持、强化和调整学生的认知活动、情感活动和实践活动等，在教学的全过程中发挥作用。为此，教学情境可分阶段创设。

⑦发展性原则。教学情境的创设应该能促进学生产生继续学习的愿望，激发学生思维活动，有利于学生潜能的开发。不仅要针对学生的现有水平，更重要的是针对学生的"最近发展区"；既便于提出当前教学要解决的问题，又蕴含着与当前问题有关，能引发学生进步学习的问题，形成新的情境；利于学生自己去回味、思考、发散、积极主动地继续学习，达到新水平。创设得当的教学情境应该不仅有利于对知识的综合运用，有利于学习成果的巩固和发展，还应该有利于发展学生个性和特长，有利于学生间相互合作。思维在人的智力结构中居于核心地位，是整个智力活动的中枢。如果没有思维的积极参与，知觉、记忆、想象等其他智力活动都将停留在较低层次，会妨碍学生对知识的接受与再造。促使学生积极思维，就能提高学生对知识的理解能力和领悟能力，增加其创造性因素。因此，教师在课堂上进行情境创设时，应巧妙设疑，既增加了学生的求知欲，又激发了学生的思维兴趣，使学生对新学知识引起注意，学生心理活动的指向就会自然而然地集中于教师所教授的知识对象，能把学生的无意注意变为有意注意。

⑧全面性原则。一个良好的情境，不仅应该包含着促进学生智力发展的知识内容，帮助学生建构良好的认知结构，而且蕴含着促进学生非智力因素发展的情感内容和实

践内容，能营造促进学生全面发展的心理环境。教学情境的创设不应该仅仅满足某一方面的需要，要同时为情感教学、认知教学和行为教学服务。另外，局部的情境创设可以有所侧重，侧重于某些方面的内容，要根据具体情况灵活地变通处理。

⑨真实性原则。教学情境具有认知性、情感性和实践性，而真实性是认知性、情感性和实践性的保证，实践性乃是真实性的最重要内容。学习情境越真实，学习主体建构的知识越可靠，越容易在真实的情境中起作用，从而达到教学的预期效果。学习情境的性质决定着学习方式的有效性，决定着所学知识在其他情境中再应用的可能性。

数学来源于生活，又服务于生活。因此，情境的创设要注意结合学生实际，贴近学生生活，教师要将教材上的内容通过生活中熟悉的事例，以情境的方式在课堂上展示给学生，以此拉近数学和生活的距离，培养学生的数学意识。对于脱离真实情境并简化了的知识，学生只能达到呆板的、不完整的、肤浅的理解。许多学生在应用所学知识的技能时感到困难，其根源常常就在于他的学习经验脱离了学习内容赖以从中获得意义的真实情境。真实的情境有利于培养学生的观察、思维和应用能力，有利于培养学生的真实本领，有利于培养学生的真实情感和态度，有利于学生形成良好的习惯，正确的价值观和世界观。因此，建构主义十分主张情境的真实性，如果要求学生能应用所学知识去解决现实世界中的问题，就必须要求学习和应用的情境具有真实性。

⑩可接受性原则。情境的创设要考虑学生能不能接受，要设计合适的"路径"和"梯度"，便于学生将学过的知识和技能迁移到情境中来解决问题，由于个人能力差异，知识技能的迁移总受情境因素的影响，所以，教师提供的情境一定要精心选择和设计，由近及远、由浅入深、由表及里，使之适合学生，才能被学生理解和接受，发挥其应有的作用。在这样的情境中学习才能使学生的知识技能得到迁移，才能使学生解决问题的经验和策略日趋丰富，在新情境中解决实际问题的能力和创造能力逐步提高。

⑪思考性原则。问题情境要有一定的数学内涵，要有足够的数学信息，要有利于学生的思考。问题情境不要只是求一时热闹、好玩，只考虑到观赏性，而失去应有的"数学味"。要能够使学生通过教师创设的情境发现其中所蕴含的数学信息，进而提出相关的数学问题。

⑫时代性原则。时代在发展，社会在前进，我们周围的生活环境不断发生着变化。教师应该用动态、发展的眼光来看待学生，因为学生获取信息的渠道多种多样，因此

在教学中问题情境的创设要有现代气息，要将现实生活中发生的与数学学习有关的素材及时引入课堂，以增强教学的时代性。

三、教学情境创设的方法

创设情境要以培养学生的学习兴趣为前提，诱发学生学习的主动性；以观察、感受为基础，强化学生学习的探究性；以发展学生的思维为中心，着眼于培养学生的创造性；以陶冶学生的情感为动因，渗透教育性；以推动学生去解决问题为手段，贯穿实践性。下面结合实例，讨论数学教学中创设教学情境的一些方法。

（一）创设问题情境，引发学生认知冲突

问题情境是解决问题的前提，一个好的问题情境，往往能够激起学生强烈的问题意识和探求动机，引发学生积极思考，从而独立地解决问题，发展其思维能力和创造能力。问题情境就是一种具有一定的困难，需要学生努力去克服（寻找到完成任务的途径、方式），而又在学生能力范围内（经过努力可以克服）的学习情境。大量事实表明，学习的愿望，总是在一定情境中产生的，问题性的情境，常常对学生具有强大的吸引力，容易激发起学生强烈的学习愿望。

任务的难度是形成问题情境的重要因素之一。在教学过程中我们也往往会发现，若让学生重复学习已经学过的东西，或是学习难度过大，超出学生能力范围的东西，学生都是没有兴趣的。只有那些对学生而言"似懂非懂"的东西，才最能激发起学生的学习兴趣，并迫切地希望掌握它。

应把问题设置在学生的"最近发展区"，使学生"跳一跳就能够得着"，通过产生认知冲突，激发学生的求知欲。

①设计让学生用原有的经验和知识无法解决的现实问题。

②提供感性材料，创设问题情境。这是在概念教学中常用的一种方法。当学生的数学认知结构中只具备一些理解新概念所必需的具体知识，其数量贫乏而且抽象程度较低时，他们只能从一定的具体例子出发，从他们实际经验中产生的概念的肯定例证中，以归纳的方式抽取出一类事物的共同属性，从而获得准确的概念，这时教师应为学生提供具有典型意义的、数量丰富的直观背景材料。这里要强调的是背景材料的典型性，即所选事例应能够充分显示数学概念的本质属性，这样才有利于引导学生通过观察、

辨别、抽象、概括，从中分析出共同性质（在数与形两方面的），在这个基础上，舍弃它们的非本质属性，突出本质属性，引入新的概念。

③通过具体实验，创设问题情境。当学生的数学认知结构中已经具备学习某一新数学知识的有关知识，但这一新知识与旧知识之间在逻辑联系的必然性上不太容易被学生感觉到时，教师可以通过有目的地向学生提供一些研究素材来创设情境，让学生自己进行实验、思考，通过运算、实践以及观察、分析、类比、归纳、作图等步骤，探索规律、建立猜想、获得命题，在此基础上再进行逻辑上的论证，从而得到定理、法则或公式，等等。

④通过运算的实际意义，创设问题情境。教学数学公式、法则时，往往可以用先引导学生进行具有实际意义的运算，从具体运算中寻找规律，归纳出命题，然后再加以证明的方法来创设问题情境。

⑤通过具体演算，创设问题情境。新学习的知识与学生的认知结构中的知识联系非常紧密，在已有知识的基础上，通过演算、推理，就可归纳出命题，这时，可通过提供具体运算任务并要求由具体问题归纳出一般问题的方法，来创设问题情境。

⑥利用同一问题在不同的运算、推理中产生的（形式上的）不同结果引起矛盾冲突，设置问题情境。这是非常有效的激发学生思维活动的方法。我们知道，数学问题的解决方法往往可以多种多样，但无论用什么方法，殊途同归，所得最后结果应当是一致的，如果结果不一致了，就必须对解题过程进行考察，研究一下原因，也许是某一种解题过程出现错误，也许是运用某种解法没有彻底完成解题，也有可能只是形式上的不同，结果的实质是一样的。而每一种原因都有可能引发新的问题情境，导致新知识的学习。

⑦提出学生依靠现有知识不能正确完成的作业，让学生在发现自己的错误中，感受到矛盾冲突，产生问题情境。学生在学习过程中经常会出现这样的情况：新的问题出现以后，应该用新的知识、新的方法去解决它，但学生往往从过去的经验出发来看待新问题，解决新问题，这时肯定就要出现错误（或不全面）。我们认为，利用学生的这种错误来引发问题，是创设问题情境的最有效的方法之一。

⑧从具体问题的解决过程中，创设问题情境。学生在解决具体问题时，有时会出现下面的情况：一是如果不学习新知识，则问题将无法解决；二是解决了问题后，要他说明解题过程的正确性时，不用新知识便无法说明理由，这样的情况都可引发问题

情境。

⑨利用概念的产生和发展过程来创设问题情境。事物发生、发展过程为科学研究指明了道路。科学家经常是沿着这种发展进程逐步地认识事物，发现其发展的规律，进而获得对事物的全面、科学的认识，学生的学习也同样可以沿着概念的产生和发展进程来认识概念。因此，教师就可以利用这一过程来创设问题情境。

⑩通过引申、推广某一具体问题，创设问题情境。通过引申、推广某一问题来创设问题情境，既符合数学知识本身的发展规律，也符合学生个体心理发展的规律。数学在其发展过程中，总是在一定的理论基础上，通过运算、推理等方式尽量扩大自己的范围，以求形成一个完整的理论体系，而在扩展过程中就会产生一些新的、用已有概念和理论不能解决的问题。学生个体心理发展也是在学生发展现有水平的过程中实现的，而"最近发展区"也是现有发展水平的引申、推广，这种数学知识的发展与学生心理发展的结合，可以产生出最有利于学生发展的问题情境。

⑪ 以数学与生活的联系为出发点，创设情境。数学与生活联系密切，数学来源于生活，又服务于生活，从生活中的应用入手创设情境，既可以让学生体会到数学的重要性，又有助于应用数学知识解决实际问题。

中职学生学习的数学是现实数学，因此，中职学生的数学学习组织，应源于他们的数学现实。中职学生学习数学是以自己经验为基础的一种认识过程，数学对中职学生来说是自己对生活中的数学现象的"解读"，这是学生学习数学与成人不完全相同之处，这也是当前数学课程改革中特别强调要从学生已有的生活经验出发，亲身经历将实际问题抽象为数学模型从而应用的原因。

数学源于生活而高于生活。生活有多么广阔，学习的天地就多么广阔。当前数学教学改革的重要策略之一，就是把数学与学生原有的生活经验密切联系起来，使他们感到"数学就在身边""生活中到处有数学"。培养学生用数学的眼光，数学的头脑去观察生活，观察身边的事物，学会数学的思考方法。

⑫ 利用问题的探究创设情境。当今学校的数学课程，可能越来越将重心放在人类关于数学问题的提出和解决上，问题和探究已经开始占据学校数学课程的中心位置。重视问题解决是各国和各地区数学课程目标的一个显著特点。问题是数学的心脏，问题对数学学习起着决定性的作用，它决定了思维的方向，也是思维的动因。问题情境

是激发学生认识活动的有效方法，它造成学生心理和知识内容之间的不平衡。而学生要解决这种不平衡状态，就要通过认知活动，通过思考来解决。好的数学问题能够激发学生的学习积极性，促使学生能够主动地参与学习活动。适宜的教学情境总是跟动手实践联系在一起的，利用问题的探究设计教学情境，有利于开展探究、讨论、理解、动手实践等活动，是数学教学情境设置的有效方法。

（二）利用认知矛盾创设情境

新旧知识的矛盾、个人的日常概念与科学概念的矛盾，直觉、常识与客观事实的矛盾等，都可以引起学生的探究兴趣和学习欲望，形成积极的认知和情感氛围。因此，这都是用于创设情境的好素材。通过引导学生分析矛盾的原因，积极地进行思维、探究、讨论，不但可以达到新的认知水平，而且可以促进他们在情感、行为方面的发展。

（三）创设多种感官参与的活动情境

数学教学是数学活动的教学，数学学习不是单纯的知识的接受，而是以学生为主体的数学活动。现代认知科学，尤其是建构主义学习理论强调，"知识是不能被传递的，教师在课堂上传递的只是信息，知识必须通过学生主动建构才能获得"。也就是说，学习是学习者自己的事情，谁也不能代替。为此，在数学教学中要注意展示知识形成的过程，将静态的知识结论变为动态的探索对象，让学生付出一定的智力代价，引导学生开展多种形式的数学学习活动。美国华盛顿图书馆墙上贴有三句话："我听见了就忘记了，我看见了就记住了，我做了就理解了。"这话很富有哲理。荷兰数学家弗赖登达尔认为，数学学习是一种活动，这种活动与游泳、骑自行车一样，不经过亲身体验，仅仅看书本、听讲解、观察他人的演示是学不会的。因此，在数学课堂中，要改变传统的教师教与学生学的模式，在设计、安排和组织教学过程的每一个环节都应当有意识地体现探索的内容和方法。作为教师应该用好教材，用活教材，要根据优化课堂教学的需要对教材进行适当的加工处理，根据教学要求，从学生的实际出发，按照学生的年龄特点、认知规律，把课本中的例题、讲解、结论等书面东西，转化为学生能够亲自参加的活生生的数学活动。

第二节　数学教学探究性学习

　　随着新课程的实施和新课程理念的逐步深入，对中学数学课堂教学的研究越来越受到更多教育工作者的重视。时代呼唤创新能力，数学教学中如何培养学生的创新能力是数学教师需要回答的实践性问题。培养学生创新能力的途径是多种多样的，根据数学自身的学科特点，结合数学内在的联系和数学研究发展的轨迹，我们认为，在数学教学中有效地创设探究性问题情境来引导学生积极主动学习是培养学生创新能力的良好途径。

　　数学课堂教学中创设探究性问题，是为了探索符合新课程理念的数学课堂教学模式，也是对传统数学教学的扬弃和深刻的变革。回顾过去，传统的数学教学过于注重书本知识的传授，强调解题技巧的训练，注重接受学习、死记硬背、机械训练等学习方式。而新课程理念下的课堂教学则是强调通过"问题情境——建立模型——解释应用与拓展"的教学模式进行数学内容的学习。所有数学知识的学习都力求从学生熟悉或感兴趣的探究性问题引入，从而使学生积极主动地参与到知识的探索发现与形成的过程中，参与到数学知识的推广、应用与发展的过程中，从而使学生在获取知识的同时也培养了学生的主动精神、探究态度、科学方法和创造才能，并且也给数学教学增添了新的活力。

　　探究性问题的介入是为了改变传统数学课堂教学的封闭、僵化、单一的状态，它也是对封闭性数学问题的有益补充。在数学教材中大量出现的是封闭性问题，这类问题的四个要素，即题目的条件、解题的依据、解题的方法、题目的结论都是解题者已经知道的或者结论虽未指明，但它是完全确定的，只需利用题目给出的条件，运用已有的数学知识和方法，推出题目的结论即可。

一、探究性学习的含义

　　所谓探究性学习就是学生在教师的指导下，从学科领域或现实社会生活中主动选择和确定研究课题，以一种类似于学术或科学研究的方法，让学生自主、独立地发现问题，进行实验、操作、调查、信息搜集与处理、表达与交流等探究活动，从而在解决问题中获得知识与能力，实现知识与能力、过程与方法、情感、态度和价值观的发展，特别是探索精神和创新能力发展的一种学习活动和学习过程。从学习方式的层面来看，探究性学习也是一种可供学生选择的学习方式。

在课堂教学中实施探究学习必须具备以下条件：

（一）要有探究的欲望

探究就是探讨研究，探究是一种需要，探究欲实际上就是求知欲。探究欲是一种内在的东西，它解决的是"想不想"探究的问题。在课堂教学中，教师一个十分重要的任务就是培养和激发学生的探究欲望，使其经常处于一种探究的冲动之中。

（二）探究要有问题空间

不是什么事情、什么问题都需要探究。问题空间有多大，探究的空间就有多大，要想让学生真正地探究学习，问题设计是关键。问题从哪来，一方面是教师设计，一方面是学生提出。

二、探究性学习的主要特点

探究性学习作为一种学习活动和过程，作为一种特定的学习方式，主要有以下特点。

（一）自主性

相对于被动接受式学习来说，探究性学习是基于学生兴趣展开的主动学习活动。选择何种问题进行探究由学生自己决定。学生选择自己感兴趣的问题来实施探究，学习就成了一种内在的需求。由于是一种内在的需求，探究学习过程中，学生能主动承担学习的责任，积极克服学习中的困难，产生"我要学"的心理愿望，使学习成为一个自主的过程。

（二）实践性

探究性学习是以学生主体实践活动为主线展开的，学生在做中学，在学中做，学生的实践活动贯穿于整个学习过程的始终，具有极强的实践性。第一，强调亲身参与。要求学生不仅要用大脑去想，而且要用眼睛去看，用耳朵去听，用嘴巴去说，用双手去做，即用自己的身体去经历，用自己的心灵去感悟。第二，重视探究经验。把学生的个人知识、直接经验、生活世界看成重要的学习资源，鼓励学生经过探索，自己"发现"知识。

（三）创造性

创造性是人的主体性的最高表现，探究性学习过程能使人的创造性得到充分展示。首先，探究性学习给学生提供了广阔的创造空间，由于探究以现实问题为起点，涉及的是学生的未知领域，学生选择怎样的探究路径，得出怎样的探究结果，都没有固定的模式，他们是在一个完全自由的空间里完成学习活动。其次，探究性学习不以掌握系统知识为主要目的，它鼓励学生大胆质疑，进行多向思维，从多角度、多层次更全面地认识同一事物，并善于把它们综合为整体性认识，能创造性地运用所学的知识去对新情况做出价值判断、经验组合和改造，其结果不是现有知识的积累，而是在深刻的求知体验中不断培养自己的创新精神，不断提高自己的创造能力。

三、探究内容的选择

（一）选择探究内容的意义

我们在这里所说的探究内容，并非是探究活动所依据的学科知识体系，而是指探究的具体对象。为什么要对探究内容进行选择？这是因为：

①并非所有的内容都适合于探究。这里面又有两种情况：一是有些内容，特别是一些抽象言语信息是很难通过简单的探究活动所能概括出来的，不利于我们进行探究教学；二是有些内容，由于材料、设备或者由于学生学习准备情况的限制，不能进行探究。

②并非所有可探究内容都能符合探究教学的整体计划。有时也许是不符合学科知识、体系的要求，有时也许是不符合学生能力的逻辑发展。

当然，我们也不否认这种情况存在：有时我们所面对的内容是固定的，只是经过分析觉得这个内容适合于进行探究教学的方式，才展开探究教学。此时，教学内容的选择就只是确定突破点的问题了。

选择探究内容的意义主要体现在：

①探究内容是教学探究目标实现的载体。任何探究目标的达成都必须通过一定的探究对象而实现。因此，选择恰当的探究内容是实现探究目的的必要条件。

②探究内容是选择学习材料、安排学习环境和教学条件的依据。探究目标对此三者的决定作用不是直接实现的，而是通过探究内容对它们提出具体要求。因此，选择

探究内容为这三个方面设计确定了指向和依据，为三者的具体化，同时也为探究目标的具体化奠定了基础。

（二）探究内容选择的范围

虽然我们已经指出，探究的内容是从属于学科知识体系的，但是，探究内容选择的范围绝非简单地局限在学科知识体系之内。一方面，探究的内容一般非常具体，数学学科知识体系是经过抽象概括出来的，而探究的对象则是具体的事例。探究内容可能来自社会、科学知识乃至学生自身。我们提出的探究内容的选择范围包括：

①教科书。之所以把教科书列在第一位，是考虑到教科书是学科知识体系的精选，也是教师最方便的参考，具有一定的可操作性。

②社会生活问题。即选择社会生活中的现象、问题进行探究。

③学生自身的发现。

（三）探究内容选择的依据

①探究目标。探究目标从以下方面决定其内容的选择：一是知识目标决定探究内容选择的范围，即只能在这个知识体系内选择具有代表性的事例进行探究。二是技能目标决定探究内容选取的角度。三是态度目标决定探究内容的呈现方式。

②学生学习的准备情况和学习特征。学生学习的准备情况指明了学生已经具备的学习条件，而这种学习条件决定哪些内容可以进行探究。因此，学习准备情况决定了探究内容的难度系数。学生的学习特征则为探究内容的具体形式、抽象或是形象、概括程度或具体程度等提出了要求。

（四）探究内容选择的原则

1.适度的原则

这里的适度，一方面是指工作量上的适度。在探究教学中，探究内容既不能过于复杂，需要太长的时间进行探究，也不能太过简单，学生很容易就可以得出结果，从而失去探究的兴趣。在每一次探究中，一般要选择只含一个中心问题的内容，进行一次探究循环过程即可解决问题，通常不要求学生对证据做过多的探究。适度的原则更主要的是指难度上的适宜。探究内容难度确定的理论依据之一就是"最近发展区"理论。在一般情况下，探究问题的解决所需的能力应在学生的最近发展区之内，对这样的难度水平的问题，学生通过努力可以解决。适宜的难度要求探究的内容具有适度的不确定性，其变量的多少要以学生能够掌握和控制为限度，过多的变量使学生产生过多的疑惑。

2. 引起兴趣的原则

学生主体性得以发挥的前提条件之一便是他们具有了内在动机，因此，以学生发挥主体作用为特征的探究教学，必须能充分激发学生的内在动机，探究的内容即肩负着这样的使命。可以这样讲，学生对探究内容的兴趣是探究活动进行下去的动力源泉。什么样的内容才能引起学生的兴趣呢？首先，能够满足学生现实需要的内容才能引起学生兴趣。这也是当代科学教育把目光转向学生生活，选择切合学生实际内容的原因之一。其次，对于超越常规但也在情理之中的问题，学生也会感兴趣，因为这样的问题能够激发学生了解的欲望。再次，学生对于具有一定难度的问题感兴趣。学生有一种天生的好奇倾向，喜欢探索未知世界，喜欢探究问题的答案。随着问题的解决，学生的好奇心得到了满足，也同时感受到了成就感，这些成为他进一步探究的动力所在。

3. 可操作性的原则

探究教学的特征决定着探究内容应具有可操作性，即探究内容是可以通过有步骤的探究活动得到答案的问题。这里主要有两条标准：一是探究的结果与某些变量之间具有因果关系，而因果联系通过演绎推理是可以成立的。如果这种因果联系不成立，探究活动便没有结果；如果这种因果联系不能以演绎方式推得，就会使探究活动不严密，学生也难以把握。二是这种因果联系在现有条件下可以通过探究活动证明。所谓现有条件，一方面是指现有的物质条件，如学习材料、实验设备等。另一方面指学生已有的知识准备、技能准备等。不可否认的是虽然有些内容并不具有可操作性，但是利用探究的方法更有助于学生深刻理解，这时对这种内容要进行一定的转化，转化的策略之一便是对这一内容进行推演，然后通过对推论的证明来证实原有内容的正确。

（五）探究性学习的一般步骤

1. 选择问题

从问题情境中发现的问题可能很多，全部探究既没有必要也没有可能，因此要对问题进行选择，从而确定合适的问题进行探究。选择问题应遵循以下原则。

（1）因地制宜原则

选择问题要从学生的认知水平和所处的具体环境出发，不能脱离主客观条件盲目选题。也就是说，选择问题要充分考虑当地的人文环境、自然环境和现实的生产生活，从我们的身边发现需要研究和解决的问题；还要考虑学校的软件硬件、自己的家庭条件、个人的学习情况和动手能力等。只有做到因地制宜、因人而异，才能使探究性学习顺利地进行。

（2）可操作性原则

所选择的问题要具有可操作性，即选择问题要适合自己的实际，通过自己的努力能够解决。

（3）实效性原则

一是指学生所选择的问题应该尽可能与自己所学到的知识挂钩，也就是能够运用学科课程中学到的科学知识来解决问题，取得学习的实效；二是指学生选择问题应从自己的实际生活出发，去发现生活中需要解决的问题，通过探究活动取得实效。

（4）前瞻性原则

学生是未来的建设者，因此探究性学习要引导学生关注未来，促进学生关注科学技术的最新发展，触及科学的前沿问题。前瞻性原则并不是让学生脱离实际进行一些高新科技项目的探究，而是让学生关注未来，让探究专题成为新信息的载体。

2. 提出假说

提出假说是科学研究的重要环节。提出假说必须规范化，即要做到：第一，所建立的假说要具有解释性，假说不应该与已知的经检验的事实和科学理论相矛盾。第二，在假说中，应该有两个或更多的变量，对自变量和因变量的关系应做出明确的预测性表述。第三，假说必须是可操作、可检验的。第四，假说在表述上是简明、精确的。

3. 实施探究

实施探究是探究性学习的中心环节，在这一阶段学生开始着手收集与问题相关的信息，教师应该给予必要帮助和指导。一是在收集和筛选信息的方法上，指导学生多渠道收集信息，如：观察、试验、调查、测量和上网等途径；二是教师需要鼓励学生与他人合作，以获得他人的帮助。学生在完成各自信息收集工作之后，利用新信息重新审视问题，通过质疑、交流、研讨、合作来解决问题，教师要参与到他们的讨论中去，给予及时的指导。

4. 解释结论

学生在前一阶段实证的基础上，根据逻辑关系的推理，找到问题的症结，对其中的因果关系形成自己的解释。在解释阶段，学习重点是将新旧知识联结起来，在旧知识的基础上，将实证探究所得纳入原有的知识结构中，形成新的理解和解释。通过对探究中所得的数据处理、信息整合，即经过比较分析和抽象归纳，得出科学的解释和正确的结论。通过理性思维，进一步强化科学的学习方法和良好的学习习惯。

5. 评价反思

获得科学的解释后，师生还应对整个探究性学习过程进行全面总结评价。总结评价可采取口头或书面的形式，可采用自评和互评相结合的方式，取长补短，体验探究的乐趣，养成良好的学习习惯，形成科学的学习方法。总结评价阶段，师生间要重视以下问题：有关的证据是否支持提出的解释？这个解释是否足以回答提出的问题？从理论指导到解释的推理过程是否对解释的理由与结论进行修正？总结可以深化对问题的理解，还可以发现新的问题，启动新一轮探究，使探究性学习向纵深发展。

（六）探究性学习的基本方式

一般来说，相对于封闭性数学问题而言，探究性数学问题的形式是多种多样的。简单地加以描述，具有以下的一些特征：一是给出了条件，但没有明确的结论，或结论是不确定的；二是给出了结论，但没有给出或没有全部给出应具备的条件；三是先提出特殊情况进行研究，再要求归纳、猜测和确定一般结论。先对某一给定条件和结论的问题进行研究，再探讨改变条件时其结论相应发生的变化，或改变结论时其条件相应发生的变化。我们不难看出虽然封闭性数学问题对于帮助学生深入理解和巩固所学的数学知识，掌握学过的数学方法有十分积极和直接的作用，但是比照形式新颖，结构开放，灵活多变的探究性问题来说，探究性问题更具有问题的开放性、整合性、趣味性，知识的综合性、应用性、实践性，师生间的互动性、协作性、民主性，学生能力的展现性、发展性、创新性等特点。因此，通过探究性数学问题的解题活动，不仅可以促进数学知识和数学方法的巩固和掌握，而且更有利于各方面能力的整体发展。这也正体现了新课程理念下探究性问题与时俱进的时代特色。

1. 问题讨论式

问题讨论式探究学习，就是围绕问题的解决展开探究，其一般程序是：从特定的问题情境出发→学生自主发现、提出、选择问题→自主探究、解决问题→发现新问题→解决新问题→……得出多个结论。这样增强了学生数学学习的兴趣，让学生体验和感受数学与现实世界的密切联系，体会数学的应用价值，培养数学的应用意识，从而增强学生对数学的理解和应用数学的信心。另外，使学生在明确数学知识的发生、发展全过程的同时获得适应未来社会生活和进一步发展所必需的基本数学知识（包括数学事实和数学活动经验）以及基本的思想方法和必要的应用技能。再有以探究性问题的引入、探索和解决为载体，从中也使学生学会运用数学的思维方式去观察、分析现实社会，去解决日常生活中的实际问题，从而形成勇于探索、勇于创新的科学精神。

《数学课程标准》中指出数学教学要以"问题情境→建立数学模型→解释、应用与拓展"的模式展开，而日常生活是数学问题的源泉之一，在现实生活中有许多问题可以通过建立中职数学模型加以解决，北师大版中职数学新教材为我们提供了广泛而生动的现实素材，比如：从电视新闻报道、报纸中涉及的大数或小数引入讲解100万有多大、百万分之一有多小；从天气预报中气温的零上零下、知识竞赛中的加分扣分等引入正数和负数；从细胞分裂、折纸游戏、棋盘上的小故事等引入有理数的乘方；从台球桌面上的角引入讲解互余、互补定义；从掷硬币、玩转盘游戏等引入讲解概率知识……

在数学课堂教学中，我们既要牢牢把握新教材所提供的范例，更应该做生活的有心人，对于那些现实背景素材不够完整和丰富的数学知识和内容，我们更应适当地选取生活化的实例创设探究性问题情境，引入新知，从而激发学生学习和探究的兴趣。

2. 以教材中的数学问题为基础设计探究性问题，注重对课本创造性地开发使用

创造性地使用教材是新课程对教师提出的新要求，教材不再是教师工作的指挥棒，只要是有利于学生的学习，教师完全可以对教材的内容进行调整、增补或改编，这也是教师应具备的基本功。就目前的新教材而言，它为教师搭建了施展才华的平台，新教材的内涵的确十分丰富，但是相对于旧教材而言，内容显得不是很充足，尤其是习题部分略显单薄而且形式单一，这就需要教师结合学生接受的实际情况有针对性、有

计划性地增补、改编或选取一些有现实意义、有实际背景、有利于学生探究的问题。按照这种方式开展活动，可使学生受到如何将实际问题数学化、抽象为数学问题的训练。

3. 从社会热点问题出发设计探究性问题、培养学生的创新能力

市场经济、社会热点、国家大事中往往涉及许多诸如造价成本最低、产出最大、利润、风险决策、股市、期货、开源节流、扭亏为盈、最优化等现实问题，而这些问题恰恰也是设计探究性问题的好素材，所以身为数学教育工作者要有敏锐的洞察力，适当地加以选取和运用，将其融入教学活动中，要能够透过实际问题的背景，抓住本质，挖掘隐含的数量关系，抽象成不同种类的数学模型加以解决问题，从而使学生掌握相关问题的建模方法，这样做不仅可以使学生树立正确的商品经济观念，而且也为日后能主动、自觉地以数学的思维、方法和手段来处理各种现实问题提供了能力上的准备。

4. 借助实践探索活动设计探究性问题、培养学生的应用意识和数学建模能力

①实验探索式探究学习。此探究学习就是借助实验、调查等手段来解决"未知"问题，其一般程序是：针对要解决的问题→设计实验→实验操作（或不直接操作）→分析实验数据（或预设实验结果）→得出结论。

②数学实践活动又可分为课内和课外两部分。实践活动提倡"做中学"，也就是让学生在各种各样的操作探究、体验活动中去参与知识的生成过程、发展过程，主动地发现知识，体会数学知识的来龙去脉，从而培养学生主动获取知识的能力。《数学课程标准》要求要重视从学生的生活经验和情景中学习和理解数学。所以我们要充分利用好手中的教材开展好课堂内的数学实践、探究活动。

在这些实践、探究活动中，我们要让学生全员参与，人人动手，做好剪纸、拼图和各项活动，在教师的指导下，折一折、摆一摆、拼一拼，然后构图，建立模型，从而发现问题和解决问题。学生在实践探索中手脑并用，通过一折、一摆、一拼、一画，不但费时不多，而且还构造了各种模型，实践活动富于情趣，形象、直观、生动，不失为培养学生创新能力的重要途径，我们应予以重视、发掘，并向课外延伸。

通过教学告诉学生数学与周围的现实具有广泛的联系，要求他们在学习数学的同时主动去观察这些联系，培养自己的分析能力和创造性能力。所以另一方面，在课堂以外教师也要有计划、有组织地安排好数学实践探究活动。比如结合教材内容组织学生到商场、银行等公共场所中去体验打折、利息和利率，从而感受生活中的数学；或者进行调查和实际测量等活动，比如在学习相似三角形的知识时，教师结合教材内容设计实际测量活动，把学生带到学校的操场上让学生分组设计各自不同的方案来测量旗杆或树的高度。尽管类似这些问题学生用相应的数学知识在课堂内就能够得到解决，但是实际测量活动给学生提供一个广阔的活动空间，学生自己去观察，提出假设方案，测量建模、讨论解决，再返回到教材中去解决相应的问题，这样能将数学知识学以致用，能让"死"的数学知识"活"起来，能使学生充分感受到数学知识与实际生活紧密相连，数学来源于生活，生活中到处有数学，有利于培养学生用数学眼光看待现实问题的能力和意识。

5. 借助学科知识间的整合设计探究性问题，培养学生的综合能力和创新能力，提高学生的综合素质

随着现代科学技术的发展，数学敞开了自己沉睡于定性分析的科学大门，同时也促进了各学科的数学化趋势。

探索是数学发现的先导，培养创新精神和创造能力是素质教育的核心。所以重视探究性数学问题的研究和实践，是促进数学发展的需要，是创新型人才成长的需要。但是通过教学实践我们不难看出教材是内涵丰富外延广阔的知识海洋。身为教育工作者应有滴水见海的视野，全方位地去钻研开发教材并创造性地使用教材来设计探究性数学问题，做到遵循教材而又不迷信教材，立足教材而又不局限于教材，才能真正做到用教材而不是教教材，这样才能使固化而散见的知识熠熠生辉，使知识的源头活水奔腾不息，才能使学生由单一的学知识转变为因学习而会学习，进而使学生的创新之花常开不败，这样也就真正达到了我们的教育目的。

（七）探究性学习对教师的要求

实施探究性学习，对教师的观念系统和角色行为提出了新的要求，要求教师必须做到以下几方面。

1. 转变观念

要迎接探究性学习的挑战，教师必须转变观念，树立全新的教育教学理念。第一，转变学生观，探究性学习强调全员参与，按此要求必须面向全体学生，关注学生的整体发展。第二，转变师生关系观，在探究性学习中，教师作为一个指导者，必须从以

往那种"唯师是从"的师生关系观转变为相互尊重、相互信任的民主、平等的新型师生关系观。第三，树立理性的教师权威观，这一权威来自教师谦虚进取的精神特质、严谨务实的科学态度和不断创新的人格魅力。第四，树立新的教学观，探究性学习内容广泛，其教学过程不同于常规教学。教师应该在教学过程中，积极采取新的方法来指导学生完成学习任务，关注学生的自主探索和合作研究。

2.发展能力

教师在转变观念的同时，也要在自身的角色能力上有所突破。首先是在处理教材的能力上，教师应在更高的层次以更宽的视野来把握教材，并根据探究性学习和学生发展的需要，对教材所呈现的内容进行再构思和再处理。其次是在指导能力上，教师应该成为学生探究性学习活动富有艺术性的指导者，为学生提供探究和发现的真实情境，并指导学生进行科学加工。不断对自己的教学实践进行反思，在反思中提高和完善自己。最后是在信息处理能力上，教师要能熟练地在网络载体中获取信息，并有效地应用到教学实践中去，指导学生搞好探究性学习。

3.改进方法

教师要不断改进教法，善于引导学生发现问题和提出问题，结合学习内容开展专题讲座，探索新的评价方法；要始终贯彻学法指导，帮助学生树立正确的学习目标，在与学生合作中，指导学生积极地自我反思，不断提高其行为意识。

4.充实知识

教师首先要在自己的专业知识上下功夫，除了教科书所含知识之外，需要不断充电；教师还要有多元化的知识结构，当前学科综合化的趋势已经日显端倪，探究性学习涉及广泛的学科内容和知识，教师要能真正承担起指导者的身份，就必须有宽厚的知识基础，不能局限于所教专业，要拥有多元的知识背景；教师还要对探究的方法有一个系统且明了的把握，才能在帮助学生进行探究过程中把握正确的探究方向，引导学生不断深入。

教师只有在观念、能力、方法上实现全方位的转变，才能适应培养学生创新精神和实践能力的需要。

（八）探究性学习对学生的要求

探究性学习能否有序有效地进行，取决于学生主体参与的水平和精力投入的程度。

为此，教师必须指导学生学会观察提问，学会处理信息，学会交往合作，学会总结评价。

1. 学会观察提问

善于观察是探究性学习的前提条件。敏锐的观察力不是生来就有的，需要掌握一定的方法和技巧，才能在实践中逐渐形成。要明确任务、调准方向、厘清顺序、边看边想、随机记录，这样才能达到理想的观察效果。观察的策略有：重视设计观察步骤；重视全面观察；重视变换观察视角；重视分析观察信息；重视评价观察成果。在观察的基础上，要引导学生学会提问。遇到问题打破砂锅问到底，"设问—探究—释疑"，出现新问题，"再设问—再探究—再释疑"，这样多轮循环，就能给探究性学习提供强劲的动力。

2. 学会处理信息

实施探究性学习，学生必须学会处理信息。处理信息主要包括两方面的内容，一是收集和整理资料，二是采集和处理数据。

3. 学会交往合作

探究性学习是一个障碍重重的过程，在学习过程中必须与他人交往合作，获取他人的帮助。

（1）学会参与

在确定了探究的课题后，应指导学生积极投入到各项探究环节中，收集信息，整合处理，以期得出结论。参与了才有体验，参与了才能与他人交往，达成共识。

（2）学会协调

一个有序的组织，即使是几个人（哪怕是两个人）组成的探究性学习小组，要想有效地开展工作，就必须建立起稳定而科学的协调机制。合作的第一关键是建立共识，形成向心力，即大家为了同一个目标自愿组织在一起，立志为实现目标而付出自己的努力。合作的第二关键是合理分工，在小组内人人有事干，事事有人干。分工明确，责任到位，可以保证不推诿，各人体现出最优秀的一面，在小组内发挥特长。

（3）学会联络

人际交往有主动、被动、互动等形式。在探究性学习活动中，教师指导学生争取主动，对同学、对老师、对有关协作单位等都要主动联络。这需要热情，也需要技巧。

（4）学会理解

在交流与合作中，相互信任和理解是愉快合作的基础。要学会与多种性格的人打交道，要保证一种健康积极的心理状态，这样才能在合作中达到"双赢"的效果。

4. 学会总结评价

学会总结评价也是探究性学习过程中的一个重要环节。总结评价活动必须重视对过程的总结评价和在过程中进行总结评价，重视在学习过程中的自我总结评价和自我改进。

（1）总结评价学习态度

包括能否主动地提出研究设想和建议，能否积极合作，能否积极地征求、听取、采纳他人的合理建议等。

（2）总结评价研究能力和创新精神

探究活动中是否有怀疑的态度，能否及时地发现问题、提出问题；是否能对问题及时进行分析；是否能对问题的解决提出基本的设想和方案；是否能充分运用自己已有的技能来解决问题；是否能用多种方法来解决问题等。

（3）总结评价探究过程的规范性

在探究过程的开始是否善于观察，发现并提出问题；是否提出了尽可能多的假设；设计的方案是否相对科学且具有可操作性；是否能反映出这次研究的价值和意义等。

第三节　数学教学合作学习

随着新课程改革的逐步深入，课堂教学的组织形式也在悄然发生变化。原有的单一、被动的学习方式已被打破，出现了旨在充分调动、发挥学生主体性的多样化的学习方式，如自主学习、合作学习、探究学习等。其中，小组合作学习是新课程课堂教学中应用得最多的学习方式。它是一种以合作学习小组为基本形式，系统利用各因素之间的互动，以团体成绩为评价标准，共同达成教学目标的教学组织形式。其实质是提高学习效率，培养学生良好的合作品质和学习习惯。

一、合作学习的意义

合作学习作为新课程改革所倡导的学习方式之一，随着中职教育课程改革的推进，越来越被认为是一种有效的学习方式。合作学习有利于营造一个良好的探究氛围，使学生更加积极参与到同学之间的交流探究之中。合作学习可以培养学生的探索精神及合作竞争意识，又有利于学生养成良好的学习习惯，学生的学习能力，能使不同层次的学生得到相应的发展。学生在合作交流中互相帮助，实现学习的优势互补，增强学习意识，提高交流能力。

（一）强调学生的主体参与，强调同学之间的相互合作

在学习的过程中，学生不但要用自己的大脑思考，还要用自己的眼睛看，用自己的耳朵听，用自己的嘴巴说，用自己的双手做，也就是说，学生要用自己的身心经历、感悟和体验。因此，合作学习改变了传统课堂单一、被动、陈旧的学习方式，使教学过程真正建立在学生自主学习、相互沟通的基础上，从而有效开发了课堂教学效率的永恒资源。

（二）以"要求人人都能进步"为教学宗旨

合作学习努力为学生营造一个心理自由和安全的学习环境，学生在学习的过程中呼吸着自由的空气，体验着自我的价值，感悟着做人的尊严。良好的心理体验焕发着学生的学习兴趣，小组的学习方式实现了学生心理的互补，新型的评价制度激活了学生的学习潜能。因此，合作学习改变了传统课堂的社会心理气氛，突破了只能让少数人"成功"的教学现状，实现了教学真正意义上的全面丰收，从而真正实现了促进发展的功能。

（三）倡导"人人为我，我为人人"的学习理念

合作学习的过程是一种团队意识引导下的集体学习方式，学习过程中的分工与协作、学习结果以小组成绩作为评价依据的方法，使学生强烈地意识到"我们相互依存、荣辱与共"，"只有我尽力了，大家才能赢，也只有大家赢了，我才能赢"。因此，合作学习改变了传统教学独立打拼、个人竞争的学习现象，使学习过程建立在相互合作、群体竞争的基础上，有效地形成了学生的合作意识和个体责任感。

（四）培养学生的合作互助意识，形成学习与交往的合作技能

在合作学习过程中，学生对学习内容不但要自我解读，自我理解，而且要学会表述、学会倾听、学会询问、学会赞扬、学会支持、学会说服和学会采纳，等等。因此，

合作学习不仅能够满足学生学习和交往的需要，更有助于形成学生学习和交往的技能，促进学生学习能力和生活能力的发展。正因为这样，合作学习体现了教育的时代意义，实现了教育的享用功能，即为学生在未来社会中能自由地享受生活和建设生活奠定了基础。

合作学习不仅强调学生认知方面的发展，更强调学生学习过程中的情意发展，追求学生完整人格的全面形成，真正体现了教育的教育功能、发展功能和享用功能。

二、合作学习的类型和方式

合作学习作为一种行之有效的教育实践，备受关注，发展迅速。我们可以把合作学习主要分为两种类型：即相同内容的合作学习与不同内容的合作学习。

（一）相同内容的合作学习

①相同内容的合作学习是指全班学生以小组为单位，学习相同教学内容，共同完成学习任务的学习方式。它主要适用于学习任务比较单一的教学活动。其一般操作方式如下：

a. 学习前的准备。首先，让全体学生明确学习目标；其次，让学生分组；再次，为每个小组、每个学生准备并提供学习材料。

b. 进行合作学习。学生在进行合作学习时，教师应当参与学生的学习过程，这种参与主要表现为观察、倾听、介入和分享。

c. 进行学习总结与评价。

②相同内容合作学习的实施要求。这种类型的合作学习在实践中运用较多，但通常情况下，教师会为这样一个核心问题所困惑：在小组学习过程中，学习仍然只发生在少数学生身上，其他学生并没有真正介入学习过程。

（二）不同内容的合作学习

①不同内容的合作学习是指教师把某一内容的教学任务分解为几个子任务并设计与之对应的学习材料，学习小组的每个学生负责学习其中的一个材料以完成相应的任务，然后把各小组中学习相同材料的同学组合起来，进行合作学习以求熟练掌握。随后学生重新回到自己所属小组，分别将自己所掌握的内容与小组的其他同学交流。在第二次合作的基础上，学生全面完成教学任务。学习结束后组织评价，以检查学生对

学习任务的完成情况。

这种类型的合作学习适用于任何学科、任何学段的学习，它的显著优点是：小组内的每个学生都获得了一项独特的任务，产生相应的学习责任，他们将最大限度地投入到学习活动之中。

②不同内容合作学习的实施要求。

a. 采取措施，提升个人责任。在不同内容的合作学习过程中，学生的责任意识显得非常重要。因为学习任务的全面完成是通过"给予"和"索取"实现的，它首先需要学生尽责尽力。因此，采取措施，激发学生的学习责任感显然是必要的。如帮助学生形成学习心向，学习过程中的任务分工，让学生用教学语言整理思想，别人介绍时记笔记等，这些措施都能提升学生的学习责任。

b. 指导方法，形成合作技能。在不同内容的合作学习过程中，学生能否有效地完成学习任务，不仅取决于学生的个人责任，还取决于学生的合作技能。这种学习任务的完成需要依赖其他同学提供信息，因此学生是否善于传达信息，是否善于接收信息，是否善于求助、善于解释等，直接影响着学习的效果，教师应当加强这些方面的指导。在合作学习过程中，学生一般比较重视自己的介绍，通过记笔记的方式可以迫使学生关注别人的学习成果，从而有助于学习任务的全面完成。

c. 提供帮助，确保学习效果。在很多时候，学生的合作学习都会存在一定的困难和问题，所以合作学习效果的保证，离不开教师的帮助。这种帮助主要表现在两个时段：一是首轮合作学习时，为了确保每个学生都能形成某一方面的认知，并能有效表达，教师既要参与学生讨论，给予必要的启发引导，又应该关注基础和表达能力较差的同学，并采取有效措施，保证他们的学习所得和语言输出。二是在学习结束前，教师应该借助一些具体手段帮助学生形成这部分内容的知识结构，学生凭借他人介绍所得到的知识几乎都是零散的，只有对零散的知识进行系统化整理，才能保证学生学习的有效性。

③不同内容合作学习开展的一个重要条件。不同内容合作学习开展的一个重要条件是学习内容的选择。一般情况下，这种学习内容不是现成的书本知识，而是教师根据课程标准和教材规定所编写的具有"可学习"特征的材料。

三、科学划分合作小组

在合作学习过程中，我们期望所有学生都能进行有效的沟通，所有的学生（尤其是学习有困难的学生）都能有收获，所有的小组都能公平竞争，以此促进学生个体和集体的同步发展。因此，在分组的时候不能随意性太强，而采用"组内异质，组间同质"的方法，科学地划分合作学习小组，是十分可行的。所谓"组内异质"，就是把学习成绩、综合能力、性别甚至性格、家庭背景等方面不同的学生分在一个小组之内，使小组内学生之间在上述方面合理搭配，他们是不同却又是互补的。而由于异质分组，就使每一个小组之间在各方面都比较均衡，做到了"组间同质"。这样的分组，既便于学生之间的互相学习与帮助，也为每一个小组站在同一条起跑线上进行公平竞争打下了基础。同时，也必须注意，在分组的时候，原则上不允许学生自由选择本组成员，防止出现组内同质的现象。另外，小组的规模可根据学生的具体情况而决定，一般情况下不宜过大，否则，不可能做到每一个学生都能进行有效的沟通与交流。

四、明确合作学习的任务及内容

由于合作学习其实质是"以教学目标为导向"的学习形式，所以要紧紧地围绕教学目标选择合作学习内容。同时，也要优选合作学习内容，对活动内容的必要性和可行性进行周密的设计与思考，也必须选择适合多人进行合作的学习活动，内容的容量不能太小，其难度要适中，这样既有合作价值，又能激发学生的学习兴趣。

要想学生有效地合作学习，每个合作学习小组应当有明确的小组任务，合作学习小组内部应当根据小组任务进行适当的分工，让每个小组成员有明确的个人任务。另外，要想学生有效地合作学习，合作学习的任务一定要适合学生合作学习。合作学习的任务应当具有一定的难度，具有合作学习的价值，一般学生通过自主学习无法完成或无法较好地完成，而合作学习小组通过相互配合、相互帮助、相互讨论、相互交流能够完成或更好地完成。如果学习的任务太简单，或者学习的任务更适合学生自主学习，就完全没有合作学习的必要。

①教材的重点、难点内容。在每节数学课的教学中，总有需要重点解决的问题，这些问题都是值得合作讨论的。

②实践操作的内容。新课程数学教材中有些知识如果通过学生的参与实践动手操作、动口讨论，发表每个组员自己的看法，能充分体现组员在学习活动中的主体作用，学生能够主动地获取知识。通过操作探究，学生学会了学习方法，掌握了数学知识，也形成了动手操作能力。

③解决问题的关键处。它是数学教学中解决问题的"突破口"，如果组织学生通过合作学习，能够促进问题的顺利解决。

④寻找解决问题方法处。学生解决问题的速度和方法会因学生思维能力的差异或思考问题的角度不同而有所不同。如果在教学过程中组织学生在寻找解决问题方法处进行讨论，他们就能够在讨论中相互之间得到启发，就能够比较顺利地寻找出各种解决问题的方法，或进一步寻找出比较好的解决问题的方法。

⑤开放性的训练题。

a. 判断正误、加深理解的训练。数学基础知识，必须让学生在理解的基础上学好，而不是靠读上数遍去"死记硬背"。因此可进行一些判断的训练，通过小组合作学习，说明判断的理由，使学生在澄清认识上的模糊之处后，加深对知识的理解，达到逐步掌握知识的目的。

b. 对容易混淆的内容加强思辨的训练。数学知识中有一些容易混淆的内容，可以将它们编在一起，通过小组合作讨论，对其进行比较辨析，以形成正确清晰的认识。

c. 求异创新、发散思维的训练。小组学习建立在学生独立思考的基础上，又有提供共同学习的条件，对扩展学生思路，找到一题多种解法，多种解题策略，以及对培养学生创新思维十分有益。

五、把握合作学习的时机

一般说来，开展合作学习应当把握这样几个时机：

①当学生在自主学习的基础上产生了合作学习的愿望的时候。在数学教材中，有些知识是学生通过自主学习就能掌握的。在教学中经常指导学生自学，是一种有效的教学方法。但由于个性差异，在自主学习过程中，学生对于知识的理解是不一样的。因此，在学生自学完了以后，教师不要急于讲解，而是留一定的时间，让学生针对自学过程中所遇到的问题相互交流、互相切磋。

②当一定数量的学生在学习上遇到疑难问题，通过个人努力无法解决的时候。学生的积极思维往往是由问题开始，又在解决问题的过程中得到发展。当学生"心求通而未达，口欲言而未能"时，教师宜采用"抛锚式"教学策略，把问题放到小组内，让学生合作交流、相互启发。

③当需要把学生的自主学习引向深入的时候。

④当学生的思路不开阔，需要相互启发的时候。

⑤当学生的意见出现较大分歧，需要共同探讨的时候。学生争强好胜，都想尽力表现自己。出现意见不统一时，总认为自己的思考是正确的，别人的意见往往不会去仔细分析，这时采用小组合作学习，让他们在组内冷静地思考，理智地分析，有利于培养学生良好的思维品质。

⑥当学习任务较大，需要分工协作的时候。学生的思维往往是不够周密的，涉及知识点较多，或需从多方面说明问题，总表现得丢三落四，这时采用合作学习方式，让学生通过讨论得出完整答案，对学生思维的发展是有益的。

⑦突出重点、突破难点及揭示规律性知识时进行合作。教学内容有主次之分，课堂教学必须集中主要精力解决重要问题。围绕重点内容的得出展开合作交流，往往能使学生对知识产生"刻骨铭心"的记忆；针对一些抽象的概念、规律设计一些讨论题，可以使学生对问题的认识更为生动、具体，从而使知识成为思维的必然结果。

小组合作能有效地激发学生探究的兴趣，使学生最大限度地参与到知识的形成过程中，在学生交流中相互补充、相互配合，加深对知识的理解，并从中培养学生观察、抽象、概括的能力。

⑧出现易混淆的概念时合作。在数学教学中，经常会出现一些学生容易弄混、模糊的概念。它们有的相似、有的相近、有的则相反。当出现这类知识时，教师就应放手让学生充分地合作交流，自己去区别比较它们的不同。这样不仅有利于学生辨清知识的异同点，还能培养学生对知识的鉴别能力。

⑨新旧知识迁移时运用合作交流。不少知识在内容或形式上有相似之处，若能使学生将已经掌握的旧知识或思维方式迁移到新知识上去，学生更具有探究新知的欲望。此时，如果设置几个问题让学生去交流，可驱动学生的思维并锻炼思维的灵活性。

⑩解决探究型问题时运用合作交流。探究型问题的难度较大，不通过合作学习难以完成或者得不到比较完整的结果。这时候学生迫切希望得到协作，此时安排合作学习，学生定会全身心地投入。

⑪矫正错误时运用合作交流。教学中难免有学生对某些知识的理解产生偏差，此时，若能抓住这类具有普遍性的问题组织交流，然后有针对性地矫正错误，往往会收到事半功倍的效果。

⑫ 答案多样性时进行合作学习。教学中，常会遇到学生在解答习题时，出现多种答案且争执不下的情况，这时教师可以板书出各种答案，组织学生小组合作讨论，让每个学生在组内发表意见，对答案逐个分析，求得一致的结果。对一些开放性题目也可在组内合作讨论。

⑬ 操作实验、探索问题时进行合作学习。在操作实验、探索问题时进行合作学习，不仅能够帮助学生通过动手操作，亲知亲闻、亲自体验知识产生的过程，提高解决问题的能力，更重要的是在实验操作的分工合作中培养学生的协调能力、责任意识和合作精神，并且使他们懂得如何在群体中规范自我，最大限度地体现自身的价值。

合作学习的价值在于通过合作，实现学生间的优势互补，让学生有机会对事实做清晰、准确的表述，促进学生重新调整自己的思维方式，但这并不表示所有的问题都要让学生通过合作交流去解决。教师要根据教材的内容把握好合作的时机，这样才能收到事半功倍的效果。

六、加强合作学习的指导和监控

在合作学习的背景下，教师的角色是合作者。教师应当积极主动地参与到不同的合作学习小组的学习活动中去，指导学生的合作学习，监控学生的合作学习。这一点对中职学生来说显得尤为重要。教师的指导主要包括合作技巧的指导和学习困难的指导两个方面。合作技巧的指导，主要是指导合作学习小组如何分配学习任务，如何分配学习角色，指导小组成员如何向同伴提问，如何辅导同伴，指导小组成员学会倾听同伴的发言、学会共同讨论、学会相互交流，指导合作学习小组如何协调小组成员间的分歧，如何归纳小组成员的观点。学习困难的指导，是指当合作学习小组遇到学习困难时，教师适时地点拨、引导，提供必要的帮助。教师的监控主要体现在：纠正学生偏离主题的讨论，避免学生的合作学习步入误区，防止学生的讨论和交流出现冷场的局面，防止某些学生过度依赖同伴的帮助，根据学生学习的状况合理调节合作学习的时间。

（一）学生合作学习行为的产生

人的任何行为都是在特定环境中出现的，合作学习的行为也不例外。由于历史传统和现实的原因，我国中职学生在学习中很少有合作行为的发生。由此看来，诱发学生的合作行为对于教师而言是一项非常重要的工作。就一般情况而言，以下三个方面的工作是必须的。

1. 改变课堂的空间形式

在传统课堂上，学生很少有合作行为，其中一个很重要的原因在于课堂的空间形式。秧田式的座位方式，使学生彼此之间没有合作的可能，即使有合作行为的出现，充其量也只是一种师生之间的合作，是学生为了配合教师而采取的一种学习行为，学生基本上是被动的。在当前合作学习的实践中，人们强调学生学习行为的主动性，强调人与人之间的互动，同时把互动的中心更多地聚集于学生与学生之间，如此看来，改变课堂的空间形式非常必要。它改变了课堂空间的形式，形成学生之间的目光、语言交流，为合作行为的产生提供可能。根据实际教学需要，我们可以把课堂设计成以下几种形式。

①会晤形，即同学面对面而坐，用于2人或4人的学习小组。

②马蹄形，即在一马蹄形空间中，学生围坐三边，开口朝前，一般用于3～6人的学习小组。

③圆桌形，即在一椭圆形的空间中，学生围坐周围，一般用于10人左右（乃至更多人数）的学习小组。

2. 创建能够形成合作的学习小组

学生的合作行为是在小组合作学习的过程中出现的，小组内部的人际关系、合作氛围是制约个体合作行为的关键因素。因此，科学的分组对合作行为的产生是一个非常重要的问题。

①小组规模。社会心理学的研究表明，复杂的关系容易对人形成压力。所以一般情况下小组规模不宜过大，以4～6人为宜。

②小组构成。实践证明，小组构成应该遵循"组内异质、组间同质"的原则，这样建构小组至少有两个优点：一是同组同学之间能够相互帮助、相互支持；二是不同小组的学习可以比较，形成竞争。不过教师按此原则组合学生时，应充分了解和研究学生，既要努力做到组与组之间的平衡，又要兼顾组内同学彼此之间的可接受性。

③任务分配。合作学习需要全体成员的共同努力，在学习内容和学习结果上组员之间有着很强的相互依赖性。因此所分配的学习任务，使每个学生既要对自己所学的部分全力以赴，又要依靠小组其他同学的帮助完成自己未学部分的学习任务（如不同

内容的合作学习），这种做法保证了全班每个学生的积极投入，从而保证了学习资源的充分利用。

3. 精心设计合作行为教学活动

在改变了学生的座位形式和科学分组的前提下，教师对教学活动的精心设计是诱发学生合作学习行为的关键因素。它主要表现为教材加工、活动组织和学习评价三个方面。

①教材加工。教材加工是教师教育实践能力的一个重要内容。在传统教学中，教师对教材的加工主要是按照系统性的要求进行操作，而在合作学习中，教师对教材的加工主要表现为对教材现有知识的改造。这种改造工作说到底是一种知识的还原工作，也就是把教材中的结论性知识改造成能够得出这一结论的、具有"可学习"特征的材料，这种"可学习"特征的材料如果能引发学生好奇、贴近学生经验、落在学生"最近发展区"附近，那么学生学习的意识就能被唤醒，合作的需求就会被激发，合作行为的产生也就有了可能。

②活动组织。传统的备课活动通常要求教师备教学方法，但这样的要求只不过是一种形式，一般不能使课堂活动真正落实，而学生的合作行为离不开学生的合作心向和真实的学习活动。因此，在课前的教学设计中，教师的工作不只是加工教学内容，还应该把设计重点放在激发学生的合作心向和组织学生的学习活动上。

③学习评价。评价在教育过程中具有重要作用，运用适当的评价能产生积极的激励作用。传统教学中，评价主要是教师针对学生个体进行认可或否定，其功能主要表现为筛选和甄别，通常会严重地挫伤大多数学生的学习积极性，导致学生害怕、厌恶甚至逃避学习的现象。合作学习倡导"人人进步"的教学理念，所以教师在运用评价手段时，一定要注意变革传统的评价方法，把对个体的成绩评价改为对团体的积分评价，对一个人的孤立考评改为把学生个体置于同类人的背景中进行考评。我们也可以把教师对学生的评价改为学生互评和学生自评，同样可以把终结性评价改为过程性评价，等等。凭借这些评价方式，引发学生更有力的合作行为，使评价真正发挥其应有的教育功能。

（二）学生合作行为的指导

当学生有了合作意向，并且面对面地坐在一起时，合作学习的开展依然不一定能如愿以偿。究其原因，更多的在于学生缺乏必要的人际交往技能和小组合作技能。教师除了要诱导学生的合作意向，还要帮助学生形成良好的合作行为，尤其要做好下面几方面的工作。

1. 养成良好的"倾听"习惯

所谓倾听，是指细心地听取。合作学习要求学生能够非常专著而且有耐心地聆听其他同学的发言，所以教师要加强学生倾听行为的培养。良好倾听行为的养成，应注意抓好四个方面：

①指导学生专心地听别人发言。要求学生听别人发言时，眼睛注视对方，并且要用微笑、点头等方式给对方以积极的暗示。

②指导学生努力听懂别人的发言。要求学生边听边想，记住（笔录）要点，并考虑这个发言有没有道理。

③指导学生尊重别人的发言。要求学生不随便打断别人的发言，有不同意见必须等别人讲完后再提出来；听取别人发言时，如果有疑问需要请对方解释说明时，要使用礼貌用语。

④指导学生学会体察。逐步要求学生站在对方的角度思考问题，体会看法和感受。

2. 养成良好的"表达"习惯

表达即表示，主要依靠语言，也可以使用其他辅助形式。合作学习需要学生向别人发表意见、提供事实、解释问题等，学生能否很好地表达直接影响着别人能否有效地获取。教师主要从以下三方面给学生提供帮助。

①培养学生先准备后发言的习惯。要求学生在发言前认真思考，能够围绕中心有条理地表述，必要时可以做一些书面准备。

②培养学生"表白"的能力。要求学生在阐述自己的思想时，能借助解释的方式说明自己的意思。实践告诉我们，提供"解释"的效果远远超出简单告知。

③指导学生运用辅助手段强化口语效果。在很多时候，学生会有词不达意的现象，因此，教师应该指导学生运用面部表情、身体动作、图示或表演等手段来克服口语的乏力。

3. 养成良好的"支持"与"扩充"习惯

支持即鼓励和赞助，扩充也就是进一步补充。合作学习的一个显著特征就是合作伙伴之间相互帮助，相互支持，所以教师应当帮助学生学会对别人的意见表示支持，并能进一步扩充。

①运用口头语言表示支持。教师要指导学生运用能给人以鼓舞的口头语言，如"你的想法很好！""你很棒！""很有意思！""很好，继续往下说！"等等。

②运用肢体语言表示支持。教师要注意帮助学生学会运用头部语言、手势语言等对同伴进行鼓励，如点头、微笑、会意的眼神、竖大拇指和击掌等。

③在对别人的意见表示支持的基础上，能对别人的意见进行复述和补充。

4.养成良好的"求助"和"帮助"习惯

合作学习过程中，信息的交流主要是在学生之间发生的，学习任务的完成通常也是在同学间相互磋商的基础上达成的。因此，教师应该培养学生形成良好的"求助"和"帮助"的行为。

①要求学生学习上遇到困难时，要向同学请教，并要说清楚自己不懂或不会的地方。

②要求学生求助时要有礼貌，请教对方要用商量的口吻，要用"请"字，接受帮助后要表示感谢，等等。

③要求学生主动关心别人，学会对同学说"不懂找我，我会帮助你的"。

④要求学生向别人提供热情、耐心、有价值的帮助。

5.养成良好的"建议"和"接纳"习惯

在合作学习过程中，良好的建议和接纳行为是不可忽视的，教师要注意帮助学生克服"从众心理"，培养学生的批判意识。

①鼓励学生独立思考，大胆且有礼貌地向对方提出自己的不同看法。

②要求学生虚心听取别人意见，并且能够修正或完善自己的思想。

③鼓励学生能勇于承认自己的错误，并且能够支持与自己意见不同或相反的同学的正确认识。

七、教给学生合作学习的方法，形成良好的习惯

叶圣陶先生曾指出："什么是教育，简单一句话就是要培养良好的习惯。"合作学习既发挥个人的作用，更发挥集体的作用。学生要学会中心发言，语言流畅清楚，能说服其他组的同学；要学会倾听，听清他人与自己不同之处，听懂与众不同的见解，学会质疑、反驳，对别人的发言不能听而不想，善于提出自己的疑问，运用知识、经验反驳，学会更正、补充，学会求同存异，合作讨论的过程就是明辨是非的过程。

另外合作学习要留给学生充分自由的时间和空间，否则将会制约学生合作学习的深入开展，直接影响小组合作学习的质量，使小组合作仅仅是一种形式而已。

八、合理评价合作学习，调动参与学习的积极性

学生是学习的主体，如果教师适时合理地对合作学习进行评价，有利于调动学生学习的主动性、积极性。在合作学习中，如果一个学生提一个有质量的问题、一次精彩的发言、一次成功的操作，得到组内其他成员佩服，得到老师的赞许，将再次激起他探索求知的欲望，使学生体会到合作学习的快乐，给学生创造了主动发展的机会。一次认可也是一次成功，成功可使学生产生自信、自我肯定等一系列良好情绪情感体验。这种良好体验的不断实现，能激起学生强烈的内在学习动机。合作学习的教学评价有以下特征：

①学习过程评价与学习结果评价相结合，侧重于学习过程的评价。

②对合作小组集体的评价与对小组成员个人的评价相结合，侧重于对小组集体的评价。评价内容包括小组活动的秩序、组员参与情况、小组汇报水平、合作学习效果等方面。

第六章 基于学生数学学科能力的教学有效改进

第一节 基于学生数学学科核心能力的教学改进

一、基于数学学科核心能力教学改进的内涵

课堂教学的研究方法包括质和量的研究方法。前者包括课堂话语分析法、课堂观察法、教学案例分析法等其他研究方法。后者是借助信息技术以及数学统计学的方法进行研究，研究对象为教学过程中出现的问题和教师、学生的行为。

研究课堂教学目的之一是进行教学改进，其根本是促进学生素养和能力的发展。在西方常常采用工作坊培训、同伴互助、教学案例研究等方式帮助教师提高专业素养和教学技能。在国内，教研制度成为中国特色教育体系中的一部分，在这个制度下，磨课成为日常教师改进教学的核心活动之一。在多次的磨课活动中，教学研究团队常常关注的是教学的关键事件的处理，以此来提升教学效果。具体来讲，目前针对教学改进的研究主要有三种模式：

第一，以区域教研或学校听评课为主的教学改进活动。作为区域教研或学校的主要教研活动，听评课在促进教学改进，提高教师专业发展方面有着重要的作用，但听评课主要存在"走过场，流于形式""内容广泛，缺乏针对性""止步于听评课，缺乏教学改进环节"的弊端。

第二，优化"教—学—评—体"教学模式。运用这一模式可以将评价贯穿教学始终，无论是课堂前的测验还是课堂后的总结都能够与评价结合，教师能够通过评价了解学生的学习情况，进而改进教学内容和进度，学生也可以通过评价体系来了解自身的学习情况。

第三，优化视频自我分析教学模式。教师通过分析教学视频了解自己的教学情况，分析教学内容是否顺利传授给学生，学生是否能够接受，从而改进教学内容和教学进程，提高教师的教学技能。

无论是区域教研的听评课还是视频的自我分析，研究的着力点是抓住教学中的关键事件进行打磨，以此促进教师教学行为的改变，提高教师的专业素养和技能。教师的教学行为是影响学生学习的重要因素之一，但这些教学改进模式并没能很好地回答如何评价教学行为改进效果的问题，而教学行为的改变策略对学生学习的影响是值得深入研究的问题。尽管所有的教学改进最终的目的都是为了促进学生能力的提高，但这些教学改进模式并没有凸显出对学生数学学科能力发展的培养与评价。

对数学学科能力课堂教学进行优化的内涵是基于对学生的数学科学能力以及课堂教学进行科学评估，优化教师的课堂设计和课堂内容，凭借量化和质性分析的手段，对教师授课和学生学习的情况进行系统分析，从而使教师的课堂授课得到优化，能够有针对性和高效地提高学生的数学学科能力，最终达到提高学生数学学科能力的目的。通过了解学生数学能力的状况，判断学生数学学科能力以及发现教师在课堂授课过程中出现的问题，针对特定的问题来优化教师的课堂教学，对学生数学科学能力的水平进行有效评估。

二、基于学生数学核心学科能力教学改进的基本范式

课堂教学改进聚焦于学生数学学科能力的培养与发展，有两个关键点：第一，在前后测评中诊断和评估学生数学学科能力的状况。第二，分析教学中能够培养学生数学学科能力的关键事件，并进行打磨改进。因此，形成了基于学生数学学科能力评价的课堂教学改进的基本范式。

（一）基于数学学科能力的教学改进范式

1. 数学学科能力前测、准确定位改进班级学生能力改进点

在参与区域大数据测试的学校中，根据测试出现的问题和学校的意愿，选择几所学校参与课堂教学改进研究。组织课堂教学改进的学校和相关班级进行课堂前测验，这样能够充分了解学生当前数学学科能力水平以及学习过程中出现的问题，从而制定具有针对性的改进方案。教学改进研究团队由一线教师、区域教研员和大学教授组成，以学生数学学科能力存在的问题为基点，与区域聚焦的内容相结合，制定最终的改进课题。若通过课堂前测验和区域大数据了解到学生在猜想探究和推测解释两个方面存在问题，并具有很大的提升空间，那么改进点就可以选择这两个方面。通过重点讲授

等腰三角形问题研究和等腰三角形的性质等相关知识来解决学生在猜想探究和推测解释中存在的问题。

2. "研磨—讲—改进—评价"，有效提高教学改进的针对性

在定位数学学科能力改进点和课题之后，由一线教师及其所在学校教研组共同参与课题的设计和试讲。

第一，教学诊断发现存在问题。研究团队走进测试班级，通过课堂观察、分析教师教学行为、诊断教师的教学在数学学科能力培养方面出现的问题，为下一步的教学改进提供依据。

第二，教学设计文本分析聚焦学生数学学科能力发展。研究团队对教师教学设计文本进行分析，从教学目标到活动设计，聚焦到如何更好地培养和发展学生的数学学科能力，提出切实可行的教学设计改进策略。

第三，教学实施分析聚焦数学学科能力发展的落实。研究团队对教师的试讲进行研磨、分析，研究的方向聚焦在对学生学科能力发展的培养的教学策略上，为一线教师的教学改进提供具体的、有针对性的指导。在课堂中，观察两个方面：一是教师的教。教师在问题引导与活动组织、对学生思维的关注、对学生评价这三个方面是如何促进学生数学学科能力发展的。二是学生的学。学生如何提出问题，经历了怎样的思维过程，如何解决问题，遇到了怎样的困难。课后围绕促进学生数学学科能力发展的关键性活动进行分析、研磨和再设计，提升教学的针对性和有效性。

参加学生数学学科能力的教学改进时，一线授课教师要认真学习研究团队提出的教学改进方法和建议，根据学生的实际情况对教学计划进行适当调整，再运用到课堂教学中，同时研究团队也要分析改进后的教学计划。通过教师和研究团队对教学计划的多次改进和优化，教师能够发现自己的教学计划中的缺点和不足，这样教师在今后的教学中就能够有针对性地教学，有效提高学生的数学学科能力。

第四，"以点带面"，促进团队教学改进。对教师的课堂教学进行评价和研究的目的旨在诊断与改进，改进的方向聚焦在学生数学学科能力发展的培养。"研磨—试讲—改进—评价"环节的另外一个特点是选择两位教师及其教学为例，带动学校教研团队进行数学学科能力改进的研究，以点带面，提高学校教研团队在学生数学学科能力培养上的教学有效性。

3.数学学科能力后测、学生访谈、教师反思三方评价改进效果

为了能够检测基于学生数学学科能力发展的教学改进效果，对学生进行数学学科能力后测，后测试题严格按照命题规则进行命制，并设置锚题等与前测保持等值。对参与改进研究的学生和教师进行访谈，结合后测数据进行教学改进效果的评价。

综合以上教学改进的研究路径可以归纳为"前测定位—教学诊断—活动设计—关键事件—访谈反思—后测评估"六部曲。

（二）聚焦学生数学学科能力发展的关键事件分析

教师主要关注知识的重点和难点，带领学生抓住重点知识，反复推敲难点知识，最终实现掌握重点和突破难点。课堂中的关键因素（关键点或者关键事件）引导课堂教学深入发展，使学生们通过关键因素来掌握重点和难点，这些关键因素决定了学生们的课堂学习效果。

关键事件可以分为教学设计中的关键事件和教学中的关键事件。教学设计中的关键事件表现为关键的活动设计。比如，学生需要经历有理数的加法法则的形成过程，是有理数加法第一节课的重点，从中归纳、概括出有理数的加法法则是难点，设计如下的活动：在教师的引导下，学生列举出有理数加法的不同的算式，通过生活情境计算算式的结果并陈述计算路径是一个关键事件，在此基础上学生概括出有理数的加法法则是本节课的另外一个关键事件，这些是教师在进行教学设计时需要考虑的。在这两个关键事件中，学生可以锻炼概括理解能力、运算能力和数学交流表达能力。关键事件就是当学生被问题困扰时，教师如何合理地解决。

因此，对教学中的关键事件在培养学生数学学科能力发展方面的作用进行分析是本研究中教学改进的着力点。那么，围绕关键事件在促进数学学科能力发展的分析上，具体表现为以下三个方面：

①关键事件有助于提高学生数学学科能力的原因。首先找出教学设计和课堂教学中的关键事件具体是什么，以"余弦定理"为例，关键事件有余弦定理的定义、证明的方法和过程，证明方法之间的关系和授课过程中学生们的表现，将这些关键事件逐一分析，分析其中哪些能够培养学生们的数学学科能力，并分析这些关键事件中的内在逻辑关系。

②怎样做能够有利于学生思维的形成。第一，以关键事件为中心，通过一系列问

题驱动学生的思维。教师的提问是课堂教学中必不可少的部分，教师通过对问题的合理设计，由浅入深、循序渐进，积极引导学生思考。教师对待学生要更加包容，每个问题都是开放的，不能过于死板，每个学生思考的角度也不尽相同，学生们通过提出问题，回答问题来锻炼自己的数学学科思维。第二，教师和学生之间要多沟通交流，相互评价，要向学生传达"教师讲的内容不一定都是对的"的信息，让学生能够质疑权威。教师要认真分析学生提出的问题和回答问题的答案，引导学生思考，从而激发学生的思维。

③如何结合数学学科能力进行有效的教学反思。教师也要结合关键事件进行分析，关键事件中教师的处理方式是否得当，学生的行为表现和课后测试反映出的问题，下一次课该如何调整等。因此，根据关键事件可以形成更加具有针对性的、聚焦数学学科能力的教学改进量表来评估教与学的过程。

（三）基于学生数学学科核心能力评价教学改进具体实施流程

课堂教学改进的实践证明，在确立了课堂改进目标和基本范式之后，要制定一个完整的实施流程，明确每一步的目的、意义和时间安排，做好沟通协调，这样才有利于课堂教学改进的有序展开。

在具体的实施过程中要注意以下一些问题：

①制定鲜明的改进目标。课堂教学改进是通过专家调研和教师合作的方式进行系统改进的，从而更具有针对性和高效性地培养学生的数学能力，通过科学有效的教育理论和实践方法激发学生思维，专家通过调研指出教学设计中存在的问题和不足，实现有针对性地改进课堂教学设计，有利于教师在课堂中正确运用教学理念和方法引导学生培养数学学科思维能力。

②相互交流，加强合作。教学改进是以教师团队为单位进行改进的，每位教师都有相应的任务和充当的角色。教师要扬长避短，发挥自身优势，相互交流，加强合作，使每位教师能力都发挥到极致，通过这次改革使更多的教师了解一线教师的辛苦和理解一线教师的难处，与一线教师并肩作战，相互学习、相互指正，共同完成教学改进的任务。

③及时反馈与改进。教学改进不是一劳永逸的事情，一线教师要向教学改进团队积极反馈课堂教学中存在的问题和不足。通过对教师备课、集体研磨、教师试讲、教

学展示各环节的分析及时发现问题,更要积极改进。因此,对每一次的教学改进不能抱以完成任务的心态,要根据课堂观察、课堂反馈和课堂评估来进行适当的调整,实现培养学生数学学科思维的目标。

课堂教学改进没有终点,是反反复复的过程。发现课堂授课中的问题和不足,研究问题和不足背后深层次的原因,有针对性地进行教学改进,运用于教学实践,再次发现问题,再次改进。每次改进都可能出现新问题或者旧问题出现新表象,因此课堂教学改进团队要认真分析课堂授课情况,不断发现问题,解决问题,一步步完善课堂设计,从而培养学生数学学科能力。

三、基于数学学科核心能力评价的具体教学改进策略

数学学科教学过程的改进主要基于团队的共同努力,更改教学方法,完善教育内容,使教师和学生双方实现共同转变。不仅提高教师的教学质量,还要发展学生的数学研究思维。从以下几个方面入手,构成一套合理的改进策略。

(一)同课异构推动教学改进

"同课"代表的是相同的课程内容,"异构"代表的是不同的教学手段。因此,"同课异构"相当于因材施教,根据学生不同的情况用不同的方式教授相同的内容。然而,从广义上讲,"同课"不仅代表相同的教学内容,而且代表相同的教学目标。在教学前,教师应当做足功课,深入理解教学目标和培养数学学科教学核心能力的内涵。此外,教师还需对教材有总体性的把握,并能根据学生的现实情况采取不同的方式展开教学活动。教学活动团队要对教师的备课和教学设计能力进行考察,并对于多项设定提出改进建议,这一过程是对课程精细打磨的一个过程,所以又称之为"磨课",这一过程更体现了对于教学中关键事件的把握,且促进了教师对于教学过程中培养学生的学科能力的思考。在此情况下获得数学教学知识,也能使数学教师的教学观念更加专业。这种同课异构的方式不仅注重数学学科能力的培养,而且还能对课程引入方式、活动设计方式和问题反馈方式进行辨析和反馈。这个过程中,教师的不同教学风格和教学理念相互磨合,之后对于个人的教学进行反思,进一步改进自己的教学方式,从而达到取长补短的目的,提高教师的教学能力。

（二）注重数学学科核心能力改进的听评课策略

听评课是教师了解课堂教学的一种手段，这种方式不仅可以发现教师课堂教学中的亮点，也能帮助找到课堂教学中的一些问题并加以改进。因此，很多课堂教学改进案例中增加了听评课环节。听评课最重要的就是观察课堂状况，包括对学生听课情况的审查和对教师教学能力的审查。而课堂教学的改进主要在于改进听评课过程中反馈的一些问题。因此，更要求评课者在听评课的过程中拥有明确的关注点，收集整合课堂信息，并据此分析研究，使评课更加有针对性，从而提高评课效率。再将此融入教学实践之中，使教学活动的改进精准落实到教师和学生身上，使教学双方高度配合，实现数学课堂教学机制的转变。

前期的备课研讨，教学改进团队围绕概括理解能力和猜想探究能力的提高和授课教师一起打磨了教学活动设计。在试讲中，利用"教师提问有效性观察表"，发现这位两年教龄的新教师在数学课堂提问的设问与理答方面存在问题，其中明显的一点是缺乏启发性和引导，没有给学生留出发展数学核心能力的空间和机会。这节课中概括全等三角形的性质是一个核心教学目标，也是本节课的重点和难点。原来设计的是通过活动让学生观察PPT给出的若干组全等三角形，归纳猜想得出全等三角形有哪些性质。试讲时，教师展示出PPT后，直接提问："两个三角形全等时，对应边有什么数量关系？对应角呢？"这个问题剥夺了学生猜想探究的空间，直接把学生思维定位到对应边和对应角的数量关系上，学生失去了一次猜想探究的好机会，不利于学生猜想探究能力的培养。在课后研讨时，建议教师将提问改为："两个三角形全等时，通过仔细观察，你能发现它们具有哪些性质？"在正式讲课的时候，课堂观察发现这样更为开放的问题，使得学生积极踊跃地思考，给出了很多有价值的结论，教师通过引导学生对结论进行梳理，把学生对结论的关注点集中到边和角这两个方面，归纳得出性质。这个过程既培养和发展了学生猜想探究的能力，还渗透了数学研究的一般方法。

带着关注点来听评课，每位教学改进的成员在评课时都有话可说，所提改进建议具有很强的针对性，而且也令授课者信服，容易接受改进建议。这种详细的分析，让授师觉得这对改进教学设计和改变一些不良的教学习惯有很大的帮助。同时，这种方法也像给了教学改进团队的每位成员一面"镜子"，促进大家去积极反思自己的优点和不足。

（三）持续跟踪记录，完善成果策略

数学学科的课堂教学改进是一个长久的事情，其课程的理解主要在于教师的课堂教学。因此，想要改进还需从根本上改进教师的教学意识，形成一套完备的改进方式，并且长期运用在今后的课堂教学过程中。改进的成果可以通过周期排查的方式展现，将改进期间的每一份资料（包括教案、学案、PPT等）依次保存，并且记录改进的原因和每次改进后的收效，这样的跟踪记录可以提高教师改进课堂教学的积极性，同时也能提高改进的效率。利用这种方式，也能固化一些改进中的可取之处。学校实施持续跟踪记录改进成果策略具有两方面的教育价值：一方面，有些成果利于今后的课堂教学，可以固化处理。如习题课教学，研究专题问题就很适合校本教研的开展；另一方面，这些案例可以作为教师培训内容推广给更多的教师，使其向更专业的方向发展。

教学改进研究是教学研究中永恒的话题，培养学生的数学学科能力，进一步培养学生数学学科核心素养，是教学改进过程中更加关注的焦点。在这个过程中，学生数学学科能力前后测评是依据，教学关键事件的分析与改进是核心，教师数学专业素养的提升是根本保障。本书中提出的教学改进的模式为教师进行教学改进提供了切实可行的路径，为学校校本教研或区域教研提供了一种研究范式。

第二节　基于学生概括理解能力的教学改进

一、数学概括理解的含义、意义及过程

一般认为，数学是研究数量关系和空间形式的科学，在人们认识一类事物的数学本质或规律的过程中，需要把具体事物的特定数学属性或特征抽取出来，将这些事物的共同属性或本质特征结合起来进行思考，才能发现事物的数学本质或规律，人们一般把这个过程称为"抽象概括"过程。抽象是人们认识数学对象的基本途径，而在抽象的基础上对数学对象所具有的共同属性和本质特征的思维进行整合，体现了数学概括的能力。学者克鲁捷茨基认为："概括是数学头脑的特性，是人类智慧的重要指标。"在数学学习中容易获得成功的学生，往往因为他们具有较强的概括能力，肯定了数学概括能力在数学学习中的作用。

我国在新课程改革中也提倡对学生"数学概括能力"的培养。认同了概括在数学

学科发展中的地位，强调在教学中要引导学生进行观察、分析、抽象概括地理解数学的本质，认为培养学生的概括能力具有重要的数学教育价值。中职数学课程标准及考试大纲中，强调学生要具有概括理解数学本质的能力，在考试中也逐步渗透对学生概括能力的考核。

概括是学生学习数学知识、概念及数学思想方法的重要思维形式，是学生理解数学本质的基本活动。一般认为，概括是学生进行数学理解的重要途径，在概括的基础上对数学本质的理解更加符合数学知识的学习规律。因此，可以把概括理解作为学生的核心数学能力。然而，这里的概括理解并非割裂抽象和概括的联系。抽象是更基础性、更一般性的数学理解，是学生进行概括活动的前提，而概括理解能力更加突出了概括对于数学学习的价值。

（一）学生对数学概括理解的含义与意义

客观事物本身具有多重属性和特征，数学抽象是指抛弃事物的形象和感官特征，把事物所具有的数量关系和空间形式特征提取出来，形成的对客观事物的数学认识。这些客观事物既包含形象的、具体的自然事物，也包含数学内部产生的数学概念、定理、法则或数学思想方法等数学对象，对数学对象的抽象比对自然事物更加复杂。在抽象出客观事物的数学特征后，人们更关心这些特征所呈现的共同属性，概括即是将这些共同属性、特征在头脑中融合，提炼数学本质或规律的思维过程，进而获得新的数学认识。抽取出研究对象的共同属性，通过比较、联系形成初步的数学认识，再进一步推广到一般情况，使之得到验证，形成对数学本质或规律的认识。这是通过概括对数学对象进行理解的一般过程。

不但数学概念是抽象概括的结果，数学的逻辑推理法则、方法也是抽象概括的结果，数学的高度概括性决定了数学的高度抽象性、严谨性及广泛应用性。数学的形式化符号体系自身就是自然语言的概括，而数学思维方法就是在形式化数学语言的基础上的进一步概括，是高度抽象的概括。因此，数学知识是通过抽象概括的方法逐步得到的，数学概括的对象不仅是具体的、可见的客观事物，而且也包含已有的数学概括结果。相对于加工材料，人们每一次通过概括得到的数学认识更能体现事物的数学规律或本质，体现了数学学习的进阶性。可以认为，数学学习的过程也是不断进行数学概括的过程。

对具体对象的概括一般形成数学概念，而对若干数学对象的概括其结果是形成数学规律，学生对数学概念和数学规律的认识都是通过概括的过程形成的。同时，概括具有层次性，概括的方式分为再认型和发现型，概括的结果包括感性概括和理性概括，后者比前者具有更高的层次。学生在学习的过程中对新的数学对象的认识都经历过概括的过程，随着学习水平的提高，逐步由低层次的概括向高层次的概括转变。

因此，学生通过概括的过程理解数学的能力是学生数学学习能力的标杆，学生的概括理解能力较强，那么他理解新的数学概念，掌握新的数学规律的能力就越强，学生的概括理解能力是构成学生数学学习能力的核心要素。

（二）数学概括理解的一般过程

概括理解是学习者在已有的数学知识体系下，自主形成新的数学认识的过程。综合已有文献，一般认为概括理解数学知识的过程包括抽取、筛选、推广、确认四个阶段，这四个阶段相对独立，并且有相对的顺序性，但在实际的概括过程中，四个阶段并非简单地顺序排列，当在某一阶段出现矛盾或问题时，学习者会选择回到前面几个阶段重新思考。借鉴已有研究中对概括理解过程的阶段性描述，下面结合中学数学学习阐述在四个不同阶段学生的思维活动。

①抽取阶段。抽取是指从事物的复杂的属性或特征中抽离数学属性或特征的思维过程。学生根据学习的需要，舍弃对象的其他属性或特征，而关注对象的一种或一类数学属性或特征，并通过口语、文字、图形或符号表达出来。

②筛选阶段。筛选的过程是学习者对抽取的数学属性或特征进行逻辑思维加工的过程，思考这些特征或属性是否存在对立、包含、等价（不等价）、相容（相斥）、有序等关系，进行比较、区分、联系，并筛选出合理的关系。

③推广阶段。对于筛选得到的数学关系，是否具有一般意义呢？学生在这一阶段需要由特殊到一般进行推广，得到更加一般的结果。这种论断已经脱离了原有的具体的数学对象，而是更加一般的数学假设或猜想。例如，"三角形的三条边都不相等""三角形的任意两条边的和大于第三边"等推广性假设。这些结果是学生在筛选的基础上进行推广得到的结论，是否合理仍需要进一步验证。

④确认阶段。对于第三阶段得到的一般性结果，需要进一步验证或证明，论证是否能够反映数学对象的本质属性或共同特征。如果验证结果是错误的，则证明推广的

结论是不合理的，需要回到之前的阶段再进行分析；如果验证结果是正确的，就成为可以接受的新的数学结论。

通过上述数学知识的概括理解四个阶段的过程，可以看出课堂上学生的概括理解能力一般是通过学习新的数学概念、定理、数学思想方法的过程表现出来的，学生在已有的知识的基础上进行迁移，从本质上讲这就是一种概括的过程。然而，学生概括理解的思维活动常常隐藏在学生行为之中，不易被察觉，教师需要让学生表达自己的想法，通过细心观察分析学生概括的阶段性过程中的问题或障碍，分析学生在各个阶段存在的思维问题。同时，由于学生的概括理解能力水平差异较大，因此学生在概括中的表现差异较大，教师不可盲目追求教学进度的一致性，而忽略个别学生产生的思维问题。

（三）数学概括理解的学习行为表现特征

学生在学习数学的过程中，对数学知识进行概括理解的思维活动分为四个阶段，即抽取阶段、筛选阶段、推广阶段、确定阶段。在课堂上，教师较难直接分析学生在此过程中存在的思维问题，却较容易从学生的学习行为方面了解学生是否参与了概括理解的过程，以及在参与此过程中的学习策略、态度及遇到的困难。因此，结合已有研究，需要分析学生在概括理解的过程中表现的学习行为特征，作为学生是否通过概括理解的途径进行学习的参考依据。

在概括理解的不同阶段，学生存在的一些思维障碍，包括概括的意识不强、概括的言语表达不够流畅、概括的逻辑推理不够严谨、概括不能得到确定性的目标等。概括是学生主体自发地应对新的数学对象产生的心理过程，而不是对教师提出问题的反应，概括理解的学习主体是学生而非教师。已有研究从学生学习心理、师生关系及课堂环节等方面刻画了学生在概括理解数学知识的过程中的学习特征，然而较少直接针对学生的行为特征进行归类分析。借助于对学生数学学习行为的观察及分析，结合概括理解的过程性，学生概括理解数学知识的自主性表现、渐进性表现、外显性表现、互动性表现、严谨性表现等行为特征被提取并刻画学生的概括理解行为。

第一，学生概括理解的学习行为具有自主性。学生的概括理解是其自身的心理活动，不能被教师的讲解或总结替代，只有主动地思考问题才能形成概括能力。课堂上教师所描述或书写的数学概念、定义、定理，以及为学生构造知识关系图、对已有知识进行总结等，虽然形式上是一种概括理解的结果，但其产生结果的主体是教师而非学生，并不是学生概括理解的学习行为。同时，学生自主思考的概括意识非常重要，这种意识受学习兴趣、学习态度的影响，是学生进行概括的关键因素。学生对数学对象自主进行概括的意识是概括行为的重要特征，主动地进行概括的学习行为，相对于被引导而进行概括的学习行为，表现了学生具有更强的概括理解能力。

第二，学生概括理解的行为具有渐进性。概括是一种由显性到隐性，由简单到复杂的过程，学生更容易接受直观的、感性的、再认知的概括，而对高度抽象的、理性的、发现型的概括缺乏信心。数学学习中的概括具有层次性，学生的发现型概括比再认型概括层次要高，理性概括比感性概括层次要高。因此，学生的概括理解的行为也是从较低层次向较高层次渐进的。教师需要按照学生认知心理发展规律逐步提高概括理解能力。

第三，学生概括理解的行为具有外显性。数学是一种描述事物属性的语言和工具，学生概括理解事物的过程中，采用不同的数学语言表征数学对象的特征是概括理解数学知识的基本途径。学生的数学语言表达包括言语、符号、文字或图形等方面，即使用同一种语言表述数学对象，其表述方法及刻画对象的详细程度也不尽相同，这体现了学生概括理解数学对象的水平。学生对数学对象的概括理解的思维是通过其外显性数学语言呈现的，学生表达自己观点的水平体现了他的概括理解能力，教师也能通过学生学习过程中的外显性行为表现判断学生的概括理解层次。

第四，学生概括理解的学习行为具有互动性。概括理解数学对象的过程是一个人思考问题的过程，然而教师或其他学生的干扰或影响却不可忽略。教师对学生的指导能够帮助其梳理逻辑或思维问题，辅助学生进行正确的概念提取、属性归类、特征分析等活动。例如，在抽取阶段，如果学生从颜色、味道等非数学特征进行思考，或者抽取的关系没有逻辑联系，师生交流能有效引导学生进行正确的概括理解。同学之间的交流是教师不可替代的，学生更容易在与同伴的认识冲突中纠正认识上的错误。

第五，学生概括理解的学习行为具有严谨性。概括理解的严谨性是指学生能够依据数理逻辑合理地进行数学思考。学生概括某一类事物的共同特征时，对于合情推理方法、演绎推理方法的使用存在问题，不能严格地按照数学对象的逻辑性分析问题，猜测而不加以论证，用直观感受代替理性推理是学生常常出现的问题。学生即使有意识地进行理性推理，在推理过程中的严谨性仍存在较大问题。学生进行概括理解过程中的严谨性程度是其概括理解能力的重要表现，概括理解能力强的学生具有更加严谨的学习行为。

学生在概括理解数学知识过程中表现的行为特征，是由概括理解的阶段性、过程性和层次性所决定的。学生概括理解数学的学习行为特征，为教师在课堂上了解学生的概括理解过程提供了可操作的观察角度，便于从行为角度分析学生的学习心理特征。一般的课堂教学存在多个环节，如动手活动、例题讲解、习题练习等。尽管学生概括理解的行为普遍地蕴含其中，教师理应更加关注学生对本节课核心的数学概念或数学思想方法的概括理解过程。

为了使以上学习行为特征更加便于观察和记录，针对数学核心模块或环节设计了课堂教学的学习行为观察表，以五个行为表现特征为依据，呈现出能够描述概括理解过程的学习行为动词，用以记录学生的课堂核心模块的概括理解学习行为。

对于每一个学习行为特征，这些行为动词反映了学生是否进行具有该学习行为特征的活动，作为衡量学生进行概括理解学习行为的参考依据。值得注意的是，由于概括理解的四个阶段的相对有序关系，以及它们的非线性特征，可重复性等复杂情况，教师并不能将每个行为动词归类到某一个阶段内，同一个学习行为动词反映的内容可能贯穿一个或几个阶段。

二、教学改进的具体程序化步骤

学生概括理解能力的教学改进，是根据学生数学学科核心能力培养的教学改进的基本范式开展的，并结合所在学校的具体情况及选取内容合理调整教学改进步骤进行的。基于对学生的概括理解能力的理论梳理，在前期对学生概括理解能力进行了测评，并通过课堂观察发现教学问题，进而对教学采取相应的干预措施，使教学能够促进学生概括理解能力的发展。结合实际的教学情况，项目组研制了此次教学改进程序并依次开展教学改进活动。

第一阶段，对学生的概括理解能力进行评价，并根据实际课堂分析影响学生能力培养的教学因素。首先，对学生的概括理解能力进行测评工作。为了了解本校学生的概括理解能力发展状况，在区域大规模测试的基础上，项目组修订了测评工具，对研究对象重新进行能力测评。测评工作提高了教学改进的针对性，也为后期对教学改进效果的评价提供了参考依据。其次，根据学生的实际学习环境进行课堂教学问题诊断。通过课堂教学观察了解教师的实际教学情况，分析教学中不利于学生概括理解能力培养的因素，这些因素既包含教师的个性特质，也包含对课堂中的师生互动、教学方式、教学策略的考查，多层次、多角度分析教学中的问题。在此基础上，结合"课堂核心模块的概括理解学习行为观察表"，对该教师的课堂教学实际情况进行观察，分析学生在学习中对于核心内容的学习在概括理解方面的呈现情况。

第二阶段，根据发现的问题，对教师的教学行为进行干预，在反复备课的基础上进行教学改进。本次教学改进经历三轮"教学方案改进—实际授课及听评—教学反思及研讨"的过程，在逐步打磨的过程中形成了最终的教学策略和活动方案。

教学活动设计体现了教师的基本教学思路和策略，通过教学活动设计的改进，聚焦学生概括理解能力发展，使得课堂教学更具有针对性。在教学设计改进的过程中，应更关注教学环节如何与学生的概括理解能力培养有效结合，根据磨课过程中学生的表现，对课堂核心内容的教学制定相应的教学方案。

对于每一节课，项目组研究人员对课堂实施观察和评价。发现教学中出现的问题离不开对课堂实施过程的直接观察和评价，根据实际教学情况，实时对课堂产生的问题做记录。课堂实施的观察和评价表有利于项目组发现课堂教学中存在的问题并反馈给授课教师，深化教师对学生概括理解过程产生的学习问题的认识。通过教学研讨、教师反思和学生访谈等多种方式进一步分析课堂的实际效果。通过教学研讨，项目组与一线教师及授课教师共同评课，分析课堂对于学生概括理解能力提高的效果，提出改进的策略和具体方案；通过教师反思，了解其在教学实施中存在的困难，以及对学生学习情况的认识，分析教学改进的具体问题；通过对学生访谈，了解其在课堂的感受，以及对数学概念、定理或思想方法的认识程度，分析学习效果。

第三阶段，对整体的教学改进进行效果评价。在教学改进研究后期，对学生做了数学概括理解能力后测，以量化的手段分析教学改进的效果。教学改进后测与前测结果是分析教学改进效果的重要依据。最终基于教学改进的整个过程，分析学生在教学改进中的表现，提出促进学生概括理解能力提升的教学建议。

第三节 基于学生运算能力的教学改进

一、运算能力的意义与价值

（一）我国数学课程标准对运算能力的要求

在数学课程中，应当注重发展学生的数感、符号意识、空间观念、几何直观、数据分析观念、运算能力、推理能力和模型思想。运算能力主要是指能够根据法则和运算律正确地进行运算的能力。培养运算能力有助于学生理解运算的算理，寻求合理简洁的运算途径解决问题。特别强调的是算理和结果的正确性。运算能力主要包括能够理解运算，会根据运算法则、公式与运算定律正确地进行运算，同时能根据题目的条件寻求到简捷的、合理的运算途径，能够运算迅速、准确和熟练。对运算素养的考查不仅包括对数的运算，还包括对式的运算，兼顾对算理和逻辑推理的考查。对考生运算素养的考查主要是以含字母的式的运算为主，包括数字的计算、代数式和某些超越式的恒等变形、集合的运算、解方程与不等式、三角恒等变形、数列极限的计算、求导运算、概率计算、向量运算和几何图形中的计算等。

（二）数学运算能力的意义与价值

数学运算能力是数学三大能力之一，它是数学能力结构中非常重要的一个能力构成。数学运算能力形成的中心环节，是准确把握运算目标，学会根据问题特点及运算的条件选择适当运算途径的策略，形成合理、简洁运算的意识和习惯。

1.数学运算能力有利于其他数学能力的培养

由于数学运算能力具有综合性的特点，数学运算过程又是一个复杂的过程。那么，在进行数学运算能力培养时，首先，就要求学生对所学的数学知识的内涵、作用和用法熟练掌握。比如，学生要熟记数据和公式，这样才能正确、迅速地进行各种运算，要对数学概念或基础知识深入理解，这样运算时就会有理有据。其次，还要求学生具有较强的观察力。如果学生善于观察，能从问题特点入手，就能对问题进行有效的分解，组合变形，发现需要运用哪些数学知识来解决问题，才能获得运算结果的捷径，并能选择合理的运算方法和途径，也能觉察到运算中不合理的地方并及时改进。最后，培养学生的想象力。如果学生能够把数、式的运算与图形等其他数学表示形式联系起来，那么其运算过程就会灵活多变。运算中会涉及大量的、复杂的推理过程，这与数学思维能力紧密相关，体现了在深刻理解算理的基础上，能根据条件寻求合理、简捷的运算途径的水平。在培养发展学生数学运算能力的基础上，有益于培养学生其他的数学能力。

2. 促进学生理解数学符号化与形式化的特征

符号化与形式化是数学学科发展的重要特征，从数学发展的历史看数学学科的运算，从中可以看到数与运算的发展与数学的符号化与形式化进程相伴随，在发展过程中它们之间是互相推动和互相促进的。对于运算来说，运算对象和运算规律是其最基本的要素。数与运算的发展过程中，运算对象不断得到抽象和符号化，进而研究这些被符号表示的新的形式化对象的运算规律。在数学学习中，理解用字母表示数，是学会用符号表示数量关系和变化规律的基础。对符号表达的形式化的运算对象的意义的理解是掌握运算技能的基础。在运算能力培养的过程中应渗透这些思想，这有助于学生正确理解数学，树立正确的数学观，而不仅仅把数学理解为依据权威者规定的规则，对无意义的符号进行的形式化机械操作。

3. 有助于逻辑推理能力的培养

运算本身是代数研究的重要内容，代数问题就是运用运算和运算法则解决的问题，这样概括是有道理的。从某种意义上说，中学阶段，解方程问题、解不等式问题、对一些函数性质的研究等都是代数问题。代数问题的基本特点是不仅要证明在什么条件下解存在，而且要把解具体地构造出来。这是一种构造性的证明，运算和运算律是构成代数推理的基本要素。例如，讨论二元一次方程组时，不仅要证明在什么条件下二元一次方程组无解、有解，而且还会把解具体构造出来。在运算过程中，每一步运算都依据运算法则，运算法则的作用类似于几何证明中的公理，它是代数推理的前提和基本依据。运算过程本身就是代数推理的过程。因此，运算与推理有着紧密的联系。可以说，运算也是一种推理，运算可以证明问题，这是数学学习需要留给学生的重要的思想。因此，运算能力的培养对于学生的逻辑推理能力的培养同样具有重要作用。

4. 运算能力的培养促进了对相关数学概念的理解

运算在中学数学中具有基础性作用，运算主要是为推理、演绎、判断或证明服务的。从数量和数量关系的角度来看，数学是建立在概念和符号的基础之上的，为了研究数量，先从数量中抽象出自然数及自然数的运算法则，根据运算的需要逐渐进行数的扩充；自然数与加法、整数与减法、有理数与除法、实数与极限；为了研究数量关系，定义了方程，不等式、函数、导数、微分、积分、微分方程。认识运算是进一步理解相关数学概念的基础。例如，对函数性质中单调性、奇偶性、周期性等重要概念的理解，都离不开运算，这些概念本质上就是对函数运算的某些特性的反映。对于基本初等函数的性质的研究，就是对这些函数解析式所反映的运算特性的研究。例如，二次函数的对称性，其本质是由平方运算的特性决定的。因此，在中职阶段，对二次函数的再认识的教学，就需要从函数解析式的角度，从运算特性来阐述和解读二次函数的轴对称性。又比如，等差数列和等比数列这两个概念，是以相邻项的差运算和商运算规律来定义的，因此从运算的特性入手进行教学，能够更深刻地理解这两个基本数列模型的特点。因此，教师在数学课堂教学中可以通过运算能力的培养，促进学生对相关数学概念的理解和掌握。

二、基于学生运算能力培养的教学改进方法

（一）数学运算教学的现存问题

通过数学学科能力前测和课堂观察分析，当前的数学运算教学存在以下一些问题：

1. 教师缺乏对运算教学的正确认识

有些中职数学教师对运算的认识不够全面，教学力度不够，认为这是小学、初中数学的内容，中职课时紧、内容多，无暇顾及运算能力的训练，导致学生运算能力下降。实际上，运算能力不仅仅是算，数学运算能力的一个显著特点就是具有综合性。运算能力不可能独立存在和发展，而是与思维能力、空间想象能力以及观察力、记忆力、理解力、想象力等一般能力互相渗透，互相支持的。它是在有目的的数学运算活动中，能合理、灵活、正确地完成数学运算，包括分析运算条件、探究运算方向、选择运算公式，确定运算程序等一系列过程中的思维能力，也包括在实施运算过程中遇到障碍而调整运算的能力以及实施运算和计算的技能。

2. 对基础能力的培养还需加强

现实中，发现学生在数学学习中，并没有牢固掌握基础知识和基本技能，不注重

对数学思想方法的归纳、反思和总结，是造成运算能力低的又一重要原因。由于学生不注重知识储备，数学概念模糊不清，从而导致运算失误。数学中公式众多，学生在应用数学公式或者性质解决问题时，由于记忆不准，导致运算失误。此外，由于数学语言不过关，加之数字、文字、符号、逻辑和图形等语言形式，在各类数学问题中交替运用，如果在理解上出现失误，也将会导致运算上的错误。

3. 缺少学习方法和分析方法的指导

通过测试和课堂观察发现，学生在掌握了基本知识和技能之后，运算时面临的主要困难就是如何探究运算方向、如何选择运算方法。数学课堂中教师对学习方法和分析方法的指导欠缺。教师要重视培养学生分析问题的能力，要给学生恰当的学习方法和分析方法的指导，很多学生在课堂上没有学会如何分析题意，不会根据问题的不同条件与特点，合理选择运算途径，没有明确的解题思路，运算方法的选择也不恰当，进而导致运算步骤烦琐，而步骤越烦琐，运算出错的可能性也会越大，形成了一个恶性循环。这就要求教师在课堂上要有意识地多进行学习方法和分析方法的指导，帮助学生学会学习、学会分析。

（二）教学改进的具体策略

在对两位教师两轮的教学改进过程中，整个教学改进团队针对运算能力的教学培养集思广益，形成了一些具体的改进策略。

1. 重视基本数学问题的教学，积累数学活动经验和基本数学模型

运算能力的形成需要经历从知识、技能到能力的转化，是一个由简单到综合的过程。这就需要教师重视基本数学问题的教学，以相应的知识为依据，使得学生理解有关知识，熟悉相关运算的程序。在这个教学过程中教师要本着"先慢后快""先模仿后灵活"的原则，指导学生严格按步骤进行，并让学生做到步步有据，运算过程表述规范准确、条理清晰。教师在组织进行运算训练时，选择的题目既要达到一定的量，又要注意题目的典型性，要循序渐进地进行。接下来，让学生逐渐学会简化运算步骤，灵活运用公式、法则，以形成运算策略。通过这个过程，学生逐步积累了基本的数学活动经验和数学模型，并通过适当的综合训练，实现运算知识、技能的灵活迁移。教师要通过设计合理的教学环节帮助学生探究知识，教师由知识的传递者变为知识的引导者，从台前退到幕后，而学生冲上前，学生想、学生说、学生做，学生成为课堂的主要参与者，

充分体会知识的形成过程，加深对知识本质的理解，获得分析、解决问题的一般方法。

2. 精心选取教学内容，合理安排教学环节

一提到运算能力的培养，大家就会想到大量练习题目。在教学改进过程中，通过试讲和正式讲的比较，发现数学问题的选取非常关键。数学问题的难度要适当，适合学生的已有基础，学生拿到问题后入手角度较多，解题方法多样，有利于发展学生的分析运算能力。通过题目将不同的知识联系起来，达到完善知识结构，培养思维灵活性的作用。问题的选取重在培养学生产生想法，强调一题多解的重要性，通过启发和指导学生从不同的层面、不同的角度、用不同的途径和不同的运算过程去分析、解决同一道数学问题。在每一节课中，教师要帮助学生学会观察、思考问题的方法和思路，提高综合素质和学科能力，这就需要精心选取数学问题，合理安排教学环节，并在课堂中细心倾听，分析学生的思路，正确引导，帮助学生突破分析运算的难点。

3. 加强良好运算习惯和学习方法的培养

良好的运算习惯是提高运算能力的重要条件。这里特别要强调，在运算技能的形成阶段，要让学生养成明确运算目标、运算步骤和步步有据的习惯。事实上，学生进行运算时都是依据相应的基础知识来使用具体的运算技能。选用的每一个运算步骤，也都是以相应的基础知识为指导的。然而，学生理解了基础知识并不等于形成了运算技能，因为从知识到技能还需要一个练习过程。这里特别要强调目标、步骤和依据。在课堂教学中，要做好学习方法的指导。比如，教师在指导学生如何探究运算方向、选择运算方法、设计运算程序时，就需要强调审题的重要性，教会学生如何挖掘题目中的隐含条件。指导学生学会解决问题的一般步骤：①题目的分析；②解题策略的分析；③解题步骤的梳理；④学生动笔进行运算；⑤运算过程的分析和优化；⑥题目的小结反思。

在数学问题的分析中强调文字、图形、符号之间的转换，数学问题中数与式的表达，数学式的等价变形，数学问题的等价转化等。在数学问题的求解过程中强调解题策略和方法的择优，解题策略和方法的落实、运算求解过程中的算法指导、数学结论的问题解释。数学问题解决之后的反思，要强调基础知识的梳理、基本方法的提炼、基本技能的掌握、数学思想的凝练。

第四节 基于学生猜想探究能力的教学改进

一、数学猜想探究能力的含义、意义与方法

如何促进和评价学生数学素养和数学能力发展，已然成为当前理论研究和教学实践研究关注的热点问题之一。数学素养和数学能力密切相关，数学素养又表现为某些关键数学能力。数学素养测试和中美跨文化研究则表明，中国学生在非常规数学问题（如在较为复杂的问题情境中或开放性问题）中获取信息、提出问题和分析问题的能力有待提高。而发现问题、提出问题、分析问题是数学猜想探究能力的核心要素。

（一）学生数学猜想探究能力的含义与意义

猜想是个体通过观察、比较、分析事实和现象，根据已有的知识发现问题、提出问题，进而做出符合一定经验与事实的推测性想象的思维形式。猜想属于合情推理。数学猜想是指在数学学习或问题解决时展开的分析、尝试和探索，是对涉及数学问题的思想、方法以及结论的形式、范围、数值等的猜测，它是探究的核心。探究是在对猜想进行推理论证，反复与事实、现象进行验证而获得可靠的结论的过程。因此，猜想探究在数学发展过程中发挥了重要作用，数学家通过猜想探究发现新的结论，创造新的数学概念，进而推动了数学的发展。猜想探究是学生学习数学的主要方式之一，也是学生获得新的知识的必备的数学素养之一。

学生在经历相关的数学知识的猜想探究过程中，建立、培养和发展数学猜想探究能力。因此，数学猜想探究能力是学生独立根据已有的知识结构，提出新颖的值得论证的数学猜想并进行推理论证的能力，而新颖的数学猜想并不是严格意义上的数学新结论，而是相对于学生数学学习来说，是新的结论，学生在猜想探究的过程中，获得的不仅仅是新结论，更重要的是获得解决问题的思考方法。

学生数学猜想探究活动主要包含以下五个方面：发现问题，提出问题，提出猜想与假设，分析与推理，形成一般化的结论（符号化）。参与猜想探究活动的学生思维活动属于高层次思维，即是有意识的，围绕特定目标的，付出持续心理努力的，需要发散、研究判断和反思等认知活动的复杂思维，它包括问题解决、创造性思维、批判

性思维以及自我反思等思维活动。

（二）开展数学猜想探究教学的理论依据与教学模式

知识不是通过教师传授所得，而是学习者在一定的情境下，借助其他人的帮助，利用必要的学习资料，通过意义建构的方式自我获得的。它包含学习情境的创设、与他人的合作、建立新旧知识间的关联，形成对新意义的建构和对原有经验的改造与重组。学生要成为意义上的主动建构者，就要求学生利用探索法和发现法去建构知识的意义，对所要学习的问题提出各种假设并努力加以验证等。因此，建构主义学习论是在教学中开展数学猜想探究教学的理论基础和依据。与猜想探究能力培养相适应的是动态的数学观与数学教学观。所谓动态的数学观是指，把数学知识看作处于动态发展过程中的知识，从而一定包含猜想、尝试、错误、修正和再尝试的过程。相应的，动态的数学教学观则关注知识的形成过程，让学生经历知识的再创造的过程，所谓的再创造并不是学生真正提出新的结论，也不是重走数学家创造概念和结论的曲折过程，而是由学生像数学家那样，经历在问题解决过程中，猜想提出解决方案，不断地尝试和修正解决方案，对解决问题的过程进行反思，形成一般化的知识的过程。重视知识的形成过程，是数学教育界普遍达成的观点。在知识的形成过程中，如何培养和发展学生的猜想探究能力，也成为教育研究和教学实践关注的热点。

探究式教学是培养学生猜想探究能力的有效教学方法之一。探究式学习的基本模式有以下 8 种：①发现式学习；②学习环模式；③ 5E 学习环模式；④四个层次的探究教学；⑤基于问题的学习；⑥基于项目的学习；⑦基于案例的学习；⑧过程导向的指导探究性学习。

然而，在实际教学中，探究式教学并没有被一线教师很好地采纳和实践，概括起来有 4 个原因：①教师认为探究式教学比较浪费时间，不如讲授法承载知识量大，从考试成绩来看，还是讲授法好，如果再进一步追问，为什么教师会有这样的观念，或许这和很多教师持有的静态的、工具化的数学观有关系。②教师没有掌握探究式教学的本质特征，从而在一定程度上降低了探究式教学的有效性。③探究式教学对教师的数学专业素养要求较高，猜想探究之前，教师需要为学生准备恰当的素材，学生探究的过程需要教师恰当、适时地引导，而如何引导考量的是教师的专业素养。④学生的猜想探究能力难于评估，猜想探究能力不像数学知识那样显性化，易于评估，虽然很多教师意欲发展学生的猜想探究能力，但无奈不知如何测评，通过教学实践之后，也无从知道学生猜想探究能力是否得以发展，从而导致猜想探究能力的培养和发展这样的教学目标在教学中很难落实。

实际上，数学中的很多内容并不适合严格按照探究式教学的步骤去组织教学，这就提出了两个方面的问题；教师需要仔细考虑哪些素材适合开发成探究式学习资源，需要认真设计探究式教学的组织、引导及评价，这一类可以称为扩展性数学内容，比如，了解等腰三角形是学习解直角三角形之后的扩展性资源。哪些内容适合课堂上适度地开放，引导学生猜想探究。对于不能完整开发成探究式学习资源的数学学习内容，在某些环节适度地引导学生经历猜想探究的过程，发展猜想探究能力，这一类人们称之为常规性数学内容。比如，在等腰三角形的性质中如何发展学生猜想探究能力。可能第二个方面的设计能够帮助教学克服探究式教学时间、效率与课堂组织等问题。

因此，发展学生的猜想探究能力，教师不应该机械固守探究式教学的模式和程序，而应该力图反映猜想探究的本质，遵循"自主性、鼓励性、合作性、基础性、情境性和渗透性"等教学原则，通过鼓励等积极评价，激发猜想探究的欲望，暴露学生在探究过程中的智慧与错误，分析其思维过程的价值，引导其关注前概念与科学概念之间的关系，论证自己的发现，发展其合情推理和逻辑推理能力。

（三）中职学生数学猜想探究的主要方法

数学猜想也被称为合情推理，匈牙利数学家波利亚在《怎样解题》中提出特殊化、一般化、类比、归纳法等获得猜想的方法。更为具体的方法有不完全归纳法、相似类比法、强化或减弱定理的条件、逆向思维以及观察或经验概括等。数学猜想被看作数学探究活动的核心，表现为思维主体从一定依据出发，利用非逻辑手段，直接获得猜想性命题的创造性思维过程，这种思维过程表现为直觉判别、直觉想象和直觉推断三种表现形式，更加强调直觉在猜想中的重要作用。猜想不一定正确，或许是错误的，数学探究是对猜想进行验证或证明，主要方法有反例法、逐次逼近法、命题转化法和反证法。在中职数学教学中，教师要向学生渗透数学猜想探究的方法。

二、教学改进与策略

（一）数学猜想探究教学的现存问题

一方面国家课程标准等提出了明确的要求"要培养学生的创新意识和实践能力，学生应当有足够的时间和空间经历观察、实验、猜测、计算、推理、验证等活动过程"；另一方面是考试评价的导向作用，中考考查学生猜想探究的能力。同时也发现，部分数学教师在培养学生猜想探究方面仍然存在着以下三个方面的问题：

1. 借猜想探究之名而无其之实

有些数学活动尽管被教师称为猜想探究或探究，在教学目标中也确定了相应的探究目标，但仔细观察却发现，其教学根本未体现出猜想探究的基本要素。例如，在全等三角形的性质一课中，全等三角形的性质，也就是对应边和对应角的数量及位置关系，应该由学生去探究，但教师却直接给出答案，在这种情况下再让学生去猜想，就毫无意义可言了，学生的思维能力也没有得到锻炼，这种所谓的探究活动对学生的学习并无任何帮助，不能提高学生探究问题的能力。

2. 没有让学生进行猜想探究，学生进行猜想探究的权利没有得到保障

首先，学生缺乏进行猜想探究的积极性，学生对于教师提供的猜想材料没有进行探讨的欲望。其次，学生进行猜想探究活动的时间不够，探究活动通常是在教师的掌控下，没有完整的流程，学生没有思考的时间，教师就直接开始提问。最后，教师没有对学生在活动中提出的见解和看法提出客观评价，只是提出判断。比如，学生提出的想法从表面上看和教师的思路不一致，就被教师强行打断而转换思路。

3. 教师的不当引导干扰学生的猜想探究活动

教师在进行课堂教学前，都会根据自身的教学理念、专业知识与素养、学生情况等对猜想探究活动进行详细的设计与思考，这些都体现了教师的决策主动权。但在实际课堂教学中却发现，有时候教师的不当引导反而会对学生的猜想探究活动造成一种"强干扰"，教师力图引导学生向着自己预定的方向走，反而破坏了学生探究的思路。

（二）教学改进研究策略

针对以上教学中存在的问题，在教学改进过程中，主要采用了如下的教学策略：

1. 设置学习任务时要保证质量，注重学生猜想探究能力的培养

高认知水平学习任务指的是打破常规，设定情境，具有开放性，要求学生进行复杂的思维，在思考过程中注意把握认知的过程，进行仔细的思考。属于高水平认知学习任务的如一个三角形分割成两个等腰三角形的条件、路径最短问题，如何解等腰三角形等。这些任务需要学生调动很多所学知识，对于知识的整体把握以及联想能力要求较高，猜想探究的难度较大，推理论证的过程也很复杂，对于学生的整体能力要求比较高，也考验学生提出问题、批判和反思的能力。这些能力的培养，可以很好地帮助学生培养学科能力。

2. 教师要尊重学生猜想探究的权利

这就需要教师具有动态的教学观和数学观，主要有以下四个方面：

首先，要给学生留有充足的时间去思考和探究，在此过程中不要提问学生，让学生自主思考。还要让学生自己去进行交流合作，学生之间的交流可以帮助学生进行自我反思，找到解决困难的方法，在交流过程中，学生可以反思自己的思考方式，降低认知难度。

其次，要给学生留有充足的进行猜想探究的空间。在探究过程中，教师不要给学生任何的提示，否则猜想探究就失去了意义。例如，等腰三角形的性质一课中，教师原来的教学设计是："观察折叠的图形，找出重合的线段和角，填入下表，你能列出等腰三角形有什么性质吗？"平面几何中的线段和角重合就意味着数量关系相等。这样的提示就让探究的过程趋于简单化，可以让学生进行独立猜想的空间就变小了，不利于培养学生猜想探究的能力。因此，教学设计可以改为"根据制作的等腰三角形，你有什么问题？这个问题的结论是怎样的？试着猜想一下，该如何证明结论的合理性？"教师可以引导学生如何进行探究，再由学生自己进行论证。

再次，要尊重学生的思维过程，了解学生的观点和问题，对其中合理的部分表示认可，同时对于错误和不足的地方进行分析，切忌强行修正学生的答案。要对学生的猜想探究进行客观、全面的评价，而不能只做简单的对错评判。比如，在对等腰三角形的性质的试讲中，当学生提出"作 BC 的中垂线 AD"证明等腰对等角这一性质时，教师直接进行了否定，课后通过分析学生作法的合理性、存在的问题以及如何引导，建议应该尊重学生的思维，把它看作发展学生推理能力的机会。

最后，让学生经历完整的猜想探究的过程，不管课上还是课下，相信探究是学生认识世界的基本方式之一，尊重、激发、保护学生的探究欲望，发展其探究能力，而完整的猜想探究过程，需要独立思考、需要与他人交流、需要反思与修正。比如，在探究三角形中位线定理时，学生通过图形直观猜测到结论时，教师转而引向"中位线的定义""测量角度有什么数量关系，线段有什么位置关系，你有什么结论"等活动，看似教师在引导，实际上割裂了学生猜想探究过程的完整性，强行按照教师的设计走，不利于学生猜想探究能力的发展，不如放手让学生探索论证方法，引导学生交流想法、反思论证过程，抽象形成一般性的结论等。

因此，发展学生的猜想探究能力，教师不应该机械固守所谓探究式教学的模式和程序，而应该力图反映猜想探究的本质，通过鼓励等积极评价，激发猜想探究的欲望，暴露学生在探究过程中的智慧与错误，分析其思维过程的价值，引导其关注前概念与科学概念之间的关系，论证自己的发现，发展其合情推理和逻辑推理能力。

3.教师要激发学生之间的相互评价与自我反思

猜想探究能力的培养是在确定与否定、独立思考与合作交流、质疑与批判、反思与调整的过程中进行的。在课堂中，学生要独立思考，对他人的见解有自己的判断和看法，能够从不同的角度对猜想进行分析论证，和同学交流观点，对于自己的不足要及时弥补，反思问题的来源，教师要引导学生进行互评，锻炼学生的思维能力，这需要教师在日常教学中营造开放的、学生敢于质疑与批判的课堂氛围。

第七章 多视角下的数学教学有效评价

第一节 基于多元智能理论的数学教学评价探究

一、多元智能理论概述

（一）多元智能理论的产生及内涵

加德纳是美国哈佛大学教育研究院泽罗研究所的负责人，20 世纪 70 年代末开始致力于人类潜能及其发展方面的研究，80 年代中期出版《智能的结构》一书，正式提出多重智能理论，认为人类存在着好几种相互独立的智力方面的能力。所谓智能，就是人类在解决难题与创造产品过程中所表现出来的，又为一种或数种文化环境所珍视的那种能力。加德纳的多元智能理论是针对传统智能一元化理论提出的。他认为，智力是在某种社会和文化环境的价值标准下，个体以解决自己遇到真正难题或生产及创造有效产品所需要的能力。判断一个人的智力，要看这个人解决问题的能力，以及自然合理环境下的创造力。他还强调智力并非像我们以往认为的那样是以语言能力和数学逻辑能力为核心、以整合方式存在的一种智力，而是彼此相互独立、以多元方式存在的一组智力。

（二）加德纳多元智能理论的八方面依据

1. 对大脑损伤病人的研究

大脑生理学的研究表明，大脑皮层中有与多种不同智力相对应的专门的生理区域来负责不同的智力。如果大脑皮层的某一特定区域受到伤害，某种特定的智力就会消失，但这不会影响其他的各种智力。也就是说，某种特定的智力消失了，其他各种智力还能够继续正常发挥其各种功能。例如，大脑皮层左前叶的布罗卡区受到伤害，个体就会发生语言智力方面的障碍，但个体的数理能力和运动能力等仍会有正常的表现。再如，右脑颞叶特定区域受到伤害，个体就会发生音乐－节奏智力方面的障碍，唱歌、跳舞等能力就会缺乏或消失，而其他能力仍然正常。又如，大脑额叶的特定区域受到伤害，个体就会发生自知－自省智力和交往－交流智力方面的障碍，自我反省能力和人际交往能力就会缺乏或消失，而其他能力仍不受影响。由此，我们可以清楚地看到，个体身上确实存在着由特定大脑皮层主管的、相对独立的多种智力。

2. 对特殊儿童的研究

一般来说，"神童"是在某一或某几个智力领域中有突出表现的个体。然而，世界上也存在着一定数量的"低能奇才"，他们在某一方面有突出的表现，但在其他很多方面则根本低能或无能。

3. 对智力领域与符号系统关系的研究

加德纳认为，智力不是抽象之物，而是一个靠符号系统支持和反映出来的实在之物，多元智力中的每一种智力都是通过一种或几种特定符号系统的支持反映出来的。例如，言语－语言智力是靠语言符号支持和反映出来的，空间－视觉智力是靠图像符号支持和反映出来的，画家通过他们的画笔描绘出世界的百态，而我们也是通过他们的画作知道他们对世界的感悟。不同的智力领域有着自己的相对独立性，这种不同智力领域的相对独立性导致了不同符号系统的相对独立性，使得每一智力领域都有自己特定的接受和传达信息的方式以及解决问题的特点。

4. 对某种能力迁移性的研究

根据加德纳的研究，人存在多种智能，而这些智能很多时候是独立表现的或者他们之间的关联是很低的。各种智能之间虽然不排除有迁移的可能，但大多数情况下，在普通情境下，优势智能很少能迁移到弱势的智能。就算经过强化训练或者针对性的训练后某些优势智能要迁移或者影响弱势智能也是很难的。不同智能各有特点，不同智能之间的优势和特点难以相互迁移，这就从另外一个角度进一步说明了加德纳的多元智力中的每一种智力是相互独立的。

5. 对某种能力独特发展历程的研究

对各种能力发生、发展规律的研究可以使我们清楚地看到，每一个个体各种智力之间存在着不平衡的发展现象。研究表明，多元智力中每一种智力都有自己独立的发生、发展历程，发生的年龄是不一样的，发展的"平原时期"和"高峰时期"也不同。

6. 对多种智力学说的研究

长期以来，在关于智力及其性质和结构的问题上，心理学家们从各个不同的角度提出了不少不同的观点，形成了"单因素说"和"多因素说"两个阵营。最初，智力被解释为以语言能力和数理逻辑能力为核心的一种整合的能力，如"智商理论"和"认知发展理论"。这就是所谓的智力的"单因素说"。后来，提出了智力的"多因素说"，即智力是由不同因素构成的，是多元的。英国心理学家斯皮尔曼的二因素说（智力可以被分为一般因素和特殊因素），美国心理学家桑代克的三因素说（智力可以被分为心智能力、具体智力和社会智力），美国心理学家瑟斯顿的群因素说（智力可以被分为计算、语词理解、记忆、推理、空间知觉和知觉速度），美国心理学家吉尔福特的智力三维结构模型说（智力应该从操作、产物和内容三个维度考虑，共有150种智力因素），都提出智力是多元的。20世纪80年代以来，美国心理学家斯坦伯格提出了智力的三元理论，认为人的智力是由分析能力、创造能力和应用能力三个相对独立的能力方面组成的，绝大多数人在这三个智力方面的表现是不均衡的，个体智力上的差异主要表现在智力这三个方面的不同组合上。

与此同时，美国心理学家塞西提出了智力的领域独特性理论，认为每一学科领域或职业领域的活动都有其独特的内容和方式，因而从事不同学科领域研究的人或不同职业领域工作的人在智力的活动方式上存在着差异。他们都认为智力不是一种能力，而是多元的能力。加德纳从他们那里找到了对自己多元智力理论的支持。

7. 对不同智力领域需要不同神经机制或操作系统的研究

不同的智力领域需要不同的神经机制或操作系统。例如，音乐－节奏智力中的"最核心部分"是对声音高低的敏锐的区分能力，这种能力在大脑中有自己特定的神经部位，即有自己特定的神经机制或操作系统。现在的关键工作是通过"猜测"找到各种智力中的"最核心部分"，确定它们的神经部位，然后再去证明这些不同智力的"最核心部分"确实是分离的。

8. 对环境和教育影响的研究

智力的发展和表现会因社会文化环境和教育条件的差异而有所差异，这种现象可以使我们清楚地看到，尽管各种社会文化环境和教育条件下人们身上都存在着多种智力，但不同社会文化环境和教育条件下人们智力发展的方向和程度有着鲜明的区别，智力的发展方向和程度受到了环境和教育的极大影响。同时，环境和教育还深刻地影响着人自身的思维内容和方式，影响着人与人之间的交往的内容和方式、人与自然的交往内容和方式。

（三）多元智能理论的基本要素

在霍华德·加德纳的智能观中对于智能的社会文化性、实践性、可见性、可发展性以及对于创造能力是非常重视的，并以此为基础建立起一个比之前的智力一元论以及智力二元论更为宽泛的智能体系，并且还在不断完善中。在此智能体系中所包含的智能都是全人类能够使用的学习、解决问题和创造的工具。在他的多元智能体系的框架中，人的智能至少包括：

1.语言智能

就是诗人身上所表现出来的对语言文字的掌握能力。指人对语言的掌握和灵活运用的能力，表现为个人能顺利而有效地利用语言描述事件、表达思想并与他人交流。数学学科中的语言智能包括：数学概念、定理、符号、数学用语、教具、学具等等，都是发展学生语言智能的基本素材。比如：数字、等式、方程、函数、大于、小于、不大于、不小于、性质符号、运算符号、勾股定理、三垂线定理；三角板、量角器、圆规、坐标纸等等。数学学科中的语言智能的开发目标应体现在：理解各术语的含义；准确、恰当地应用，为各种智能的有效发展服务。在教学中，我们要在学生已有的认识的基础上有效引导，由浅入深，逐步形成。数学教学离不开语言智能，如数学应用问题。数学应用题基本上是社会实际问题通过一定加工，省略一些复杂因素，但也保留一些干扰因素编写的，一般文字繁多，叙述冗长，文字语言、符号语言、图形语言互相交织，应用题得分较低的一个原因是考生缺少对题意的理解，解决这一问题的关键是加强言语－语言智能的培养。仅仅依靠数学课堂教学难以达到理想的效果，要创设丰富的语言环境，丰富学生的词汇积累，发挥其他学科课堂教学的优势进行阅读和语言表达。

2.数学逻辑智能

数学逻辑智能是数学和逻辑推理的能力以及科学分析的能力。这种智能主要是指运算和推理的能力，表现为对事物间各种关系，如类比、对比、因果和逻辑等关系的敏感，以及通过数理进行运算和逻辑推理等进行思维的能力。数学是培养学生数理逻辑智能的优势学科，数理逻辑智能的核心就是思维能力。教师在教学中要根据学生的现有认识水平，挖掘教材的教育内涵，采用多元化的教学手段，培养学生的思维能力和创新精神。数学智能推动了人类历史的进程，历来受到人们的重视，数学教学对于培养学生的逻辑－数学智能有着其他学科无法比拟的优势。通过教学，培养学生的计算能力，逻辑推理能力，发现问题和解决问题的能力等，这些都是逻辑－数学智能的构成要素。问题是我们过去把逻辑－数学智能看得过于重要，忽视了其他智能的作用。如强调计算能力的培养，使学生掉入了烦琐的计算中。鉴于计算工具和电脑的长足进展，学生已没有必要进行繁复冗长的笔算和心算，计算器完全可以担当此任。数据收集、整理和分析等与我们的生活息息相关的概率与统计知识，应成为学生学习的重点。对数据的收集、整理和分析活动将调动起学生智能的参与。

3. 空间智能

指在脑中形成一个外部空间世界的模式并能够运用和操作这一模式的能力。表现为个人对线条、形状、色彩和空间关系的敏感，以及通过图形将它们表达出来的能力。数学学科中的空间智能包括：数学中的平几、立几、解几、视图及教学实践活动等，都是极有利于发展学生视觉空间智能的活动。发展学生的视觉空间智能要不断创设和变换，这不仅有利于他们正确理解数学知识，而且有利于学生提高分析和解决问题的能力。空间智能作为人们认识世界、感知世界的一种能力，它集中了其他一些相关技能。这些技能包括视觉辨别、再认知、心理图像、空间理解、复制内外心像等，每个人都可能拥有或表现出上述这些技能的部分或全部。数学教学中，拥有视觉智能强项的学生能够良好地反映电影、电视、投影片、海报、图解、图片、电脑和色彩化的材料。有些视觉化学习者可以通过独特的视野工具，突破传统框架，表达他们对空间图形和平面图形的独特见解，并得出精辟的结论。

4. 运动智能

指运用整个身体或身体的一部分解决问题或制造产品的能力，表现为用身体表达思想、情感的能力。模仿，是学生学习活动中的基本形式之一，也是身体运动智能的一种具体体现。根据学生的不同年龄段和生理、心理以及思维水平高低，他们可能模仿教师、家长或同学，模仿字如何写、图如何画、格式如何排，模仿动作、习惯或形态等。因此，教师板书要规范、字迹要端正、语言要准确、行为要得体。如：画图要认真用好教具，制作要注意示范，操作要符合程序，形体语言要生动形象。同时，在学习的过程中教师要充分调动学生的身体运动智能。比如在《有理数——数轴》课上，教师和学生可以边喊边做口令操"双臂伸直似直线，右手直伸似箭头，左手握拳似箭尾，点点头是原点。向右跑，我变大，往左跑，我缩小。我在街上来回跑，变大变小要记牢"。再比如让学生测自己的"步长""摸高纪录""奔跑速度"等都需要学生通过自己身体的协调运动和自我想象建立数的动态发展变化原型，从而对事物有感性认识。

5.音乐智能

指个人感受、辨别、记忆、表达音乐的能力，表现为个人对节奏、音调、音色和旋律的敏感，以及通过作曲、演奏、歌唱等形式来表达自己的思想或情感。数学学科似乎与听觉音乐智能难以挂钩，其实不然。所谓听觉音乐智能的核心是指对声音、节奏的敏感力。在课堂中，教师上课的语气、语调、节奏快慢无不刺激着学生们的感觉神经。在实践活动中，有时还需对噪音测分贝、对声源测距离、对旋律测节拍等。噪音曲线是杂乱无章的，优美旋律的曲线是连续光滑的。因此，背诵乘法口诀要求音乐节奏；叙述定义、定理需要抑扬顿挫；归纳知识编成口诀以便记忆需要朗朗上口。学概率时的抛硬币试验声，同表面积的柱、锥、台、球盛满水后的敲击声，多媒体教学的配音配乐声等，给学生强烈的听觉刺激，使人愉悦难以忘怀，其中声音、节奏的贡献不可抹灭。因此，重视数学学科的听觉音乐智能的开发和利用，也是教育的人文关怀的一种重要体现。

6.人际关系智能

指能够有效地理解别人和与别人交往的能力，表现为觉察、体验他人情绪、情感和意图并做出适当的反应。数学学科中的人际关系智能指的是能够有效地理解他人和与人交往的能力，表现在"合作与互助、交往与共享"，能善于听取他人的意见或观点。在数学教学活动中，这种能力是必不可少的，当前开展的"指导—自主"学习活动，就是培养学生这种能力的最好形式之一。教师在这种学习活动中既是组织者又是参与者，既是评判者又是引导者；学生在小组或同伴互助学习中，同样也充当着教师的上述角色，充分体现了教学活动中的角色多样性和灵活性，极大地活跃了教与学的氛围。让学生多经历这样的学习活动，久而久之，一能改善人际关系，二能培养学生的人际交往能力，为其走向社会打下良好的交往能力基础。教师除了利用课堂外，还应利用社会实践课、研究性学习课放手让学生锻炼,让他们体会人际交流的重要性和交往技巧,感受人际交往的可行性和共享的愉悦性。

7. 自我认识智能

指认识、洞察和反省自身的能力,表现为能够正确地意识和评价自身,并在此基础上有意识地调整自己适应生活的能力。自我认识是构建自我知觉的一种能力,体现在留心、反思、批判性思维与重建。数学知识的积累实际上就是自我否定、自我构建的思维过程。教师要帮助学生认识自己在知识理解和技能掌握方面存在的误区,并激励他们改进和创新;指导学生对所学知识举一反三,触类旁通;激活学生构建知识体系的生长点和衔接点,养成学生独立思考的良好习惯和锐意进取的优良品质。罗杰斯在《成为一个人》一书中描述了自我认识智能随着生命发展的一个方面。他写道:成为一个人,意味着个体朝着本真方向发展、认知和接纳。这是一个内向而实在的过程,他带着内疚的情感自我批判,聆听到心灵与情感最深层隐秘处的存在,发现自己更愿意成为的那个最真实的自我。

8. 自然观察者智能

指辨别生物以及对自然界的其他特征敏感的能力。表现为对物体进行辨认和分类,并能洞察自然或人造系统的能力。数学源于生活又用于生活;自然就是我们这个大千世界;观察就是用理性的目光,在千变万化、千姿百态的事物中去发现规律性的东西。学习者对研究的对象表征和特点的观察是最直接、最可贵的感性认识,是形成数学概念、掌握数学技能、进行科学推理、发展思维能力的源泉。比如:观察两圆的位置关系,发现了圆心距与两圆半径代数和的数量关系规律;观察圆锥曲线形状,发现了离心率的变化规律;观察"狗抢骨头",发现了"两点之间直线段最短"规律;观察若干人分别以大小不等水桶从一水龙头接水,发现了从小到大等候总用时最省规律等等。因此,教师要善于创设教学情景,变枯燥的记忆学习、模仿学习为生动的生活学习,让学生切实体会到正在学有用的数学,数学是有用的。

9. 存在智能

指的是在寻找生命的重要性、死亡的意义、身体和心理世界的最终命运以及沉浸在艺术领域内的种种深奥经验中给自己定位的能力等。

二、多元智能理论指导中学数学教学评价的可行性

（一）多元智能对评价的指导

九项智能是每个人都同时拥有的，但是在每个人身上可能这九项智能是以不同的方式、不同的程度组合存在的，每个人的智力之所以各具特色，都是因为这九项智能的存在以及不同的搭配。九项全能的人是存在的，某几项或某一项智能突出但其他智能有所缺乏的人也是存在的，某几项智能优异，某几项智能稍差，某几项智能更次之，这样的人占据了大多数。基于此原因，世界上并不存在哪些人聪明哪些人笨、有些人是天才有些人是蠢材的问题，而是存在着有些人哪一方面更加突出以及这些才能怎么样展示的问题。同样的道理，每个学生都应是独特的，也是出色的，只是所表现的方式不同或者表现的地方不同。因此，我们不应该以统一的评价模式、评价标准来用于任何一个学生。但是受到多方的制约，大部分的教师大多数时候都是用统一的评价模式或评价标准来评估自己的学生，这样的评价方式更倾向于语言智能和数理逻辑智能较好的学生，这种有很大的片面性和局限性的评价方式并不好，它使得一部分语言或数理逻辑智能表现不好的学生失去了学习的兴趣和自信，慢慢地我们也就人为地把他们归类为差生。

加德纳把传统的注重语言和数理逻辑智能的教育称为"唯一机会的教育"，他认为："儿童失去自信是因为唯一机会的教学方法造成的，认为自己不是读书的料。"为了能够让大部分学生甚至是每一个学生都能通过适合自己的智能特点和学习方式的途径展现自己的学习成果，我们可以以多元智能理论为指导，通过多种渠道、多种方式对学生进行评价。综合来看，我们在对学生评价的时候，应该涉及多个方面，引导每一个学生都能认识到自己的智能强项，并在其强项智能和弱项智能之间架起桥梁，这样做的目的是使得每一个学生都能树立起学习的自信心，激发他们的创造力。

加德纳在20世纪90年代指出多元智能评价的特色是：

①重视评价而不是测验：评价是获得个人技能和潜能资讯的工具，它是在正常表现过程中汲取资讯的技术。

②评价的发生应该是简单而且自然的：在教学中很重要的一环就是评价，评价应该成为自然学习情境的一部分，而不是教师为了评价而评价附加进来的，评价应该无时无刻存在着，"为评价而教学"应该是不应该的。

③具有生态效度：当评价是在和平常的学习状况下或者和平时的学习形态相似的状态下进行时，对学生的最终表现就能做出较好的预测。

④设计智能公平的工具：利用智能公平工具直接观察操作中的智慧，而不必透过某一种或者两种单一智能来评价学生。

⑤使用多元化的评价工具对学生学习中的各种形态进行评价。

⑥考虑个别学生学习不同问题的个别差异性、发展阶段及数学知识形成的多样化。

⑦为了学生的利益而实施评分：评分应该用来帮助学生发现自己学习中的不足之处，发现教师在引导学生学习的问题所在，而不是用来比高低、排名次。因此教师、家长有义务提供对学生有益的反馈。

（二）多元智能促进学生的智能发展

加德纳的多元智能关键的一点是：大多数人的各项智能都可能发展到一个很高的水平，可能有人认为自己天生不具备某项智能。加德纳指出，如果给予适当的鼓励、培养和指导，事实上每个人都有能力使七项智能达到相当高的水平。评价学生的目的是促进学生智能的发展还是进行鉴别、选拔，答案我想不言而喻。传统评价观受泰勒行为目标评价模式的影响，以预定教育目标为中心来设计、组织和实施评价（通常学校有期中、期末考试，有单元测试，甚至有月考），其常常使用成绩、用学生的排名来判断学生的优劣，其目的就是为了对学生进行鉴别和选拔。通过学生评价，让挑选出来的所谓好孩子进一步学习，而对学习基础不好的学生，则认为其基本功薄弱，进而剥夺其更上一层楼的权利。多元智能理论认为，评价学生的目的在于使得学生在智能上有所发展，评估的责任应该是使学生认识自己智能的优劣，为学生的后续学习提供有益的反馈，进而采取有针对性措施的学习方式，发展自己的优势智能，同时也要弥补自己的劣势智能。由于在解决特定问题时各种智能都起一定的作用，是靠整体智能水平完成的。因此，评价目的不仅要促进学生各种智能的全方面发展，更要促进学生各种智能组合的整体提高。

教师应该根据不同学生不同的特点来拓宽教学方法，在课上也要注意学生多种智能的体现。只要教师根据每项智能不断变换教学方法，抓住学生各种智能的体现，学生就可以在一堂数学课中某个时刻有机会利用他最发达的智能学到知识，更进一步。阿姆斯特朗根据七项智能提供了35种教学方法，例如，语言智能教学法，通过讲故事、出主意、录音、写日记、出版学生作品等。逻辑—数学教学法，通过计算、分类、分等、问答、启发，号召学生在学校的任何活动中都广泛运用逻辑—数学思维方式，使学生了解数字不仅仅限于数学课，而是我们整个生活。空间思维教学法，最容易的方法是帮助学生把书本和讲座的材料变成图画形象，让学生闭上眼睛想象他们学习的东西，让学生在他们脑子里创造他们自己的"内心黑板"，当被问到任何一部分特殊信息时，学生只需要调出他们的黑板"看看"上面的数据就行了。肢体运作教学方法，主要有肢体回答、表演话剧、编排木偶戏等，通过身体或手势动作来表达学生的观念，为学生提供动手操作的机会。自我省思智能教学法，通过给学生一分钟反应时间，给学生对新知识进行消化或联系生活实际的机会，同时也给学生一个缓冲机会，让他们随时保持注意力集中，为将要进行的活动做好准备。自我省思强的学生的一个特点是他们有能力为自己制定现实的目标，教育者应该给学生制定目标提供机会，想方设法帮助他们为一生做好准备。美国特殊教育学家汤玛斯·阿姆斯特提出三种人的智能发展的相关因素：个人天资（先天遗传基因）、个人成长经历、文化历史背景，这三种因素相互作用。

（三）多元智能观下的评价体系

传统的课程评价观是以学生掌握多少知识和考得多少成绩为核心的，新课程实施后对课程的评价应把形成性、发展性评价和终结性评价结合起来，在实践中应从以下几方面进行评价：

①在自主学习和合作学习过程中学生所表现出来的主动性、积极性、投入性、团结协作精神和创新能力。

②学习过程中情感态度和价值观的变化情况。

③在学习过程中学生对身边事物、社会现实体现出的关注度。

④在学习中各种能力的发展情况，其中比如：表达能力、想象能力、动手能力、思维能力、自学能力、创新能力等。

⑤在学习中以及课后自我学习中积累的资料成果，比如完成老师发的学案、制作的上课时需要用到的学具、绘制的图表（在统计中需要得更多）、完成的家庭作业、期中、期末考试等。

⑥从学生成绩的横向、纵向对比看学生的进步情况。

平时的课堂教学是学生学习过程中最重要的组成部分之一，融入多元智能理论的评价更重视在情境中真实的评价，这样评价就成为学生自然学习中的一部分。对学生数学学习活动进行科学评价，其根本功能在于它的可持续的发展性，即以评价促进学生学习、以评价促进学生改正、以评价促进教师修改教学过程，通过评价促进学生、教师的未来可持续发展，而这种发展应当是多方面、多角度、多元化的，更是可持续的发展。

三、对应用多元智能理论指导数学教学评价的反思

（一）存在的问题

①虽然加德纳多元智能理论的提出，得到了社会各界的广泛关注，在心理学界和教育学界都有着强烈的反应。近年来我国教育领域内，多元智能理论为教育学理论和教育实践拓展了研究的视野，打开了研究教育的新思路。但是，真正工作于教育前线的一线教师对此理论却知之甚少。所以在展开的工作中很难得到同事的配合。

②多元智能理论的发源地在美国，而美国的中学教育大都实行的是小班教学，人数在 18 人左右。而我国由于国情不同，大部分学校都达不到这一目标。在本书研究中运用多元智能理论于实际教学评价，教师要在一节课的时间里关注班级学生的多种智能的体现，受到班级人数的限制，很难顾及所有的学生。

③在利用多元智能理论进行数学课堂教学评价时，需要学生、教师、家长都能参与到整个过程中。因为学生的发展要受社会、家庭环境不同的影响，而学生的家庭情况更是天差地别。所以在整个过程中并没有太多的家长参与到教学评价中，所以这一环节被忽视了。

④由于要注意学生的"多元智能"的作品，所以在整个评价过程中并不是对学生所学知识非常准确地理解，甚至有些时候学生在学习的过程中会产生错误的理解，教师如果仍然采用正面或者说是片面的评价，容易造成学生所学基本知识不扎实的后果。

⑤在现行的教育体制下，很难依靠个人的力量改变现行的教育评价方式。所以研究结果并不会被应用于学生最终的评价中。虽然本人也在不断地尝试中，但是效果可能并不如预期的好。

（二）体会

因材施教是中华民族代代相传的教育瑰宝中一个颇具特色的教育理论。它是孔子

在春秋时期兴办私学、教授诸生的实践中创立的，以后又被我国历代的教育家所继承、发展。运用至今因材施教很多时候仍被奉为教育方面的典范，更多时候因材施教成为教师必须掌握的教学原则。在学习多元智能理论的过程中可以发现这两者有很多共同之处，多元智能理论的一个非常重要的价值在于，他告诉我们学生的智力在横向结构上的不同，我们既要纵向来看学生也要横向比较学生的进步，也可以说它不是说单纯水平上有差异，更重要的是我们看到不同的孩子是有不同的智能结构的差异的。正所谓：资源如果放错了地方那它就是垃圾，如果垃圾要是放对了地方那这就是我们所需要的资源。学生的智能很多时候也是这样的，就是如果你以平常的眼光来看，他可能是一无是处的，甚至你会觉得你完全没有必要去花费精力培养、发展这样的智能，但是只要你能调整心态，尝试换一种眼光去看，可能他就是非常有价值的。

老师想要对学生的个别差异做到扬长补短，我们可以通过因材施教。认识到孩子不同的学习方式可能代表着一种智能的体现，你要想办法，把学生的优势的智能引导到他的学习当中，促进他这些优势智能的发展带动他弱势的智能一起发展，从而达成更好的学业的进步。当你限制他这些方面的发展的时候，他那些弱势智能并不能自然变成强势。而是我们把这些长项介入他的短项学习当中去，使得学生能够拥有相同的一个机会运用他强势智能来学习，促进他弱势智能的发展。

综上所述，按照多元智能的理论，我们每一个人身上都有这样的一些智慧的潜能，我们每个人都有这九种智能（甚至更多），只不过不同智能的组合出现在不同的人身上，有的人可能是某些方面是长项，某些方面是弱项，某些事件有优势，有些方面又弱势。另外一些人是另一种不同的组合。我们大家可能都非常清楚人与人的智力是有差异的。而智能的不同并不代表智力的差异，我们每一个孩子的认知风格和学习风格也是有差异这一点可能大家关注的并不是特别多。在心理学上，认知风格的差异只是不同而已，并没有好坏之分。作为教师怎么样去利用这样的不同，帮助学生争取最大的进步，让学生能可持续、有效地发展才是最重要的。

从传统的一元智能、二元智能到加德纳提出的多元智能理论的发展无疑标志着人类智能研究领域的一场革命。用多元智能看教学秉持一种积极向上的学生观，每个教师不同的课程观，"量体裁衣"式、多元化的评价观。

第二节　发展性教学评价在数学教学中的展现

一、发展性教学评价的内涵界定

（一）发展性教学评价的含义

教学评价是依据一定的价值取向，对教学过程的各种现象和结果进行价值判断的过程。发展性教学评价是在以人为本的思想指导下的教学评价，是着力于促进人的完美和发展，并以人格建构和智慧生成作为评价的最终目的的教学评价。发展性教学评价是一种重视教学过程的形成性教学评价，它针对以分等奖惩为目的的终结性评价而提出来，主张面向未来，面向评价对象的发展，强调对评价对象人格的尊重。现代教育评价自从 20 世纪 30 年代被称为评价之父的美国泰勒奠定了它的理论基础以后，发展非常迅速。布卢姆"认知领域教育目标分类学说"的发表大大推进了现代教育评价理论的发展，特别是他把教育评价划分为形成性教育评价和终结性教育评价两大类的理论，已成为现代教育评价理论与实践研究的一个重要流派。发展性教学评价是形成性教学评价的深化和发展。20 世纪 90 年代前后，英国对发展性教学评价开展了广泛的实验与研究，取得了很好的社会效益。它由形成性教学评价发展而来，但比原始意义上的形成性评价更加强调以人的发展为本的思想。原始意义上的形成性评价强调对工作的改进，而发展性教学评价强调对评价对象人格的尊重，强调人的发展。发展性教学评价主张评价者必须改变高高在上的姿态，从对评价对象冷冰冰的审视和裁判转向协商和讨论式的沟通和交流，从被评价者被动接受检查转向多主体参与的互动过程。

（二）发展性教学评价的特征及原则

1. 发展性教学评价的特征

发展性教学评价是一种以促进学生全面发展为主要宗旨的教学评价，它针对以分等奖惩为目的的终结性评价的弊端而提出来，主张面向未来，面向评价对象的发展。发展性教学评价共有八个主要特征：

（1）发展性教学评价基于一定的培养目标，并在实施中制定明确的阶段性发展目标实施教学评价首先要有一个评价目标，只有有了评价目标，才能确定评价的内容和方法。学生的发展也需要目标，这个目标是学生发展的方向和依据。在传统教育评价中，这两个目标常常出现背离的情况。而发展性教学评价强调这两个目标的一致性，强调评价目标应基于一定的培养目标。

（2）发展性教学评价根本目的是促进学生达到目标，而不是检查和评比

发展性教学评价所追求的不是给学生下一个精确的结论，更不是给学生一个等级或分数并与他人比较、排名，而是要通过对学生过去和现在状态的了解，分析学生存在的优势和不足，并在此基础上提出具体的改进建议，促进学生在原有水平上的提高，逐步达到中职教育培养目标的要求。

（3）发展性教学评价更加注重过程

发展性教学评价强调在学生发展过程中对学生发展全过程的不断关注，而不只是在学生发展过程终了时对学生发展的结果进行评价。它既重视学生的现在，也要考虑学生的过去，更着眼于学生的未来。因此，发展性教学评价重视形成性评价的作用，强调通过在学生发展的各个环节具体关注学生的发展来促进学生的发展。比如，对课堂教学的评价，教学目标、教学结果和教案中规定的教学内容，按教案设计预先确定的教学程序、结构、教学方式方法等，都是按计划进行的教学行为，属于常态的静态的因素。而课堂教学面对的是有丰富情感和个性的人，是情感、经验的交流、合作和碰撞的过程，在这一过程中，不仅学生的认知、能力在动态变化和发展，而情感的交互作用更具有偶发性和动态性，恰恰这些动态生成因素对课堂效果的影响更大。比如对于教师提出的问题，学生的回答可能大大超出教师的预想，甚至比教师预想的更多更深刻更丰富，这就要求教师及时把握和利用这些动态生成因素，给予恰如其分的引导和评价。再如，由教师或学生本人自建档案袋进行评价的方式就是重视动态评价的典型案例。

（4）发展性教学评价关注学生发展的全面性

知识与技能、过程与方法、情感、态度、价值观等各个方面都是发展性教学评价的内容，并且受到同等的重视。在数学课程标准中规定，在评价学生掌握数学技能的程度和水平时，评价的重点不在于检查学生记忆的准确性和使用方法的熟练程度，而在于考查学生观测、调查、实验、讨论、解决问题等活动的质量，学生在活动中表现出来的兴趣、好奇心、投入程度、合作态度、意志、毅力和探索精神，学生在数学学

习中所形成的热爱祖国的情感和行为、关心和爱护人类的意识和行为、对社会的责任感，以及学生对数学学习与现实生活的密切联系和数学的应用价值的深刻体会。

（5）发展性教学评价倡导评价方法的多元化

发展性教学评价要改变单纯通过书面测验和考试检查学生对知识、技能掌握的情况，倡导运用多种评价方法、评价手段和评价工具综合评价学生在情感、态度、价值观、创新意识和实践能力等方面的进步和变化。这意味着，评价学生将不再只有一把"尺子"，而是多把"尺子"，教育评价"一卷定高低"的局面将被打破。实践证明，多一把"尺子"就多一批好学生。只有实现评价方式的多元化，才能使每个学生都有机会成为优秀者，才能促进学生综合素质的全面发展。

（6）发展性教学评价强调个性化和差异性评价

学生的差异不仅表现在学业成绩的差异上，还表现在生理特点、心理特点、动机兴趣、爱好特长等各个方面。这使得每一个学生的发展目标以及发展速度和轨迹都呈现出一定的独特性。发展性教学评价正是强调要关注学生的个别差异，建立"因材施教"的评价体系。每一位学生都是不同的个体，不同的人要用不同的方法来对待。承认学生的差异，相信孩子的潜能，找准原因，就能对症下药。只要下对了药，学生们就会生动活泼地发展。

（7）发展性教学评价强调用定性评价去统整和取代定量评价

发展性教学评价着力于对人的内在情感、意志、态度的激发，着力于促进人的完美和发展，是以人为本的思想指导下的教学评价。发展性教学评价更加强调个性化和差异性评价。发展性教学评价在重视指标量化的同时更加关注不能直接量化的指标在评价中的作用，强调用定性评价去统整和取代定量评价。发展性教学评价的观点认为：过于强调细化和量化指标，往往忽视了情感、态度和其他一些无法量化而对评价对象的发展影响较大的因素的作用。

（8）发展性教学评价注重学生本人在评价中的作用

传统的教育评价，片面强调和追求学业成绩的精确化和客观化，忽视了学生的主体性，往往使学生的自评变得无足轻重。发展性教学评价试图改变过去学生一味被动接受评判的状况，发挥学生在评价中的主体作用。具体说，在制定评价内容和评价标准时，教师应更多地听取学生的意见；在评价资料的收集中，学生应发挥更积极的作用；在得出评价结论时，教师也应鼓励学生积极开展自评和互评，通过"协商"达成评价结论；在反馈评价信息时，教师更要与学生密切合作，共同制定改进措施。总之，通过学生对评价过程的全面参与，使评价过程成为促进学生反思、加强评价与教学相结合的过程，成为学生自我认识、自我评价、自我激励、自我调整等自我教育能力不断提高的过程，成为学生与人合作的意识和技能不断增强的过程。

布鲁纳说："教师必须采取提供学习者最后能自行把矫正机能接过去的那种模式，否则，教学的结果势将造成学生跟着教师转的掌握方式。"发展性教学评价归根结底必须指向学生自我评价能力的培养。

2. 发展性教学评价的原则

教学评价的原则是实施教学评价活动的基本准则，是教学评价活动基本规律的反映，是人们对教学评价活动规律的认识与教学评估活动客观实际的统一，是教学评价活动顺利开展的根本保证。总的来说，发展性教学评价的原则主要分为以下几个方面：

（1）评价方式的多样化

形成性评价与终结性评价结合，形成全程评价；静态评价与动态评价结合，促使学生自我完善；定量评价与定性评价结合，全貌显示评价结果；师评、自评、家庭评、社区评结合，多元主体全方位参与评价。

（2）评价内容的全面性

在评价活动中，人们的价值标准是多元的，不应只从单一的标准去评价。对学生的评价应该包括对学生素质结构的各组成部分的评价及对其整体发展水平的评价。

（3）评价结果要有激励性

评价结果是否有激励性是衡量评价思想是否正确的根本标准。激励性评价是实施素质教育的突破口和重要手段。只有充分运用评价结果，使评价对象看到自己的差距和成绩，注重成败原因的全面分析，才能调动学生的积极性，帮助学生克服自身不足，促使素质教学目标的实现。

（4）在教学评价实践中，必须要有科学的理论为指导

坚持两点论、事物普遍联系、事物永恒发展等观点，来把握对学生的评价，全面广阔考察评价学生。从考察学生即时状态入手，着眼于今后的发展，相信学生发展的潜力。积极评价要多于消极评价，发展性评价要多于静止性评价，过程评价要多于终

结性评价。用发展的观点进行评价的最终目的是增强学生主动发展的内部动力，形成奋发向上的精神力量，达到素质教育的根本目标。

（三）发展性教学评价的方法

1. 知识技能的评价方法

（1）纸笔测验

测验是数学教育中应用最为广泛的评价方法，它是根据数学教育目标，通过编制试题、组成试卷对学生进行测试，引出学生的数学学习表现，然后按照一定的标准对测试结果加以衡量的一种评价方法。我们要充分发挥考试的教育、教养、发展和导向功能，以发展人的全面素质为出发点，把考试作为一种测量和教育的手段，真正促进素质教育的实施。

从纸笔测验内容来说，要全面考察学生的实际智力和能力水平。而我们的数学考试常常局限于考察学生的数理推力方面，只是偏重于反映学生掌握能够死记硬背的那部分知识的智力，而忽视了学生的创造力、想象力、动手能力、解决实际问题的能力、调节情感的能力等，这就难免出现了考试成绩与实际能力不相符的情况。所以要健全考试的内容，使之与素质教育相配合，实行多样化的、不同角度的、不同内容的考试，尽可能全面考察学生的综合素质。

从纸笔测验的方式来说，要灵活多变，富有针对性和实效性。一是考试与考察相结合。成绩评定除了期末考试之外，可以结合平时考察成绩。平时可以采用各种形式进行一些小型的测试，特别是能力测试，然后都记录在案，作为成绩评定的参考，并以期末考试成绩为主，这样的成绩比较科学和全面。二是闭卷与开卷相结合。闭卷考试偏重于对概念的理解，对理论、方法的掌握和对知识本身的综合应用。开卷考试则可偏重于对能力的考核，尤其是对综合素质水平的考核。三是独立完成与分组讨论完成相结合。分组讨论完成的试题应该是一些综合性的实际问题，有一定难度，也可以只提供一些背景材料，让学生自己提出问题，自己解决。四是考场上完成与考场外完成相结合。除考场上完成常规考试外，也可以布置一些问题和要求，由学生在考场外自己搜集和研究资料，完成任务。

（2）自编试题

让学生自编试题，用以检测学生对知识的理解、掌握和运用程度，这是教师在教学工作中常用的方法之一。自编试题是按一定的方法对知识重新组合的过程。因而是一种创造性学习活动，可以大大提高学生自我评价能力。学生可根据学习或生活经验产生问题，并通过推理或计算去验证它，这样不仅原有的知识得到巩固，激发了学生的学习兴趣，而且使学生学得活、学得扎实，从中也激发出许多创造性的火花。

（3）课堂提问

课堂提问一直都是教师用来检查学生知识技能常用的方法，也是课堂上师生交流最普通的方式。传统方式的课堂提问会影响学生学习的积极性，影响学生对数学的看法，因而也影响他们的学习。在发展性教学评价中，为了促进学生综合全面地发展，教师要尽量调动全体同学参与，以各种形式提问，以适合水平不同的学生回答。同时，老师应该多使用开放性问题，鼓励多种答案，或者有的问题要求多种解决的方法，以形成讨论的氛围，促进多元化思维，培养学生的创新意识，提高学生的学习兴趣。

2. 综合评价方法

（1）数学日记

数学日记不仅用于评价学生对知识的理解，而且用于评价学生思维的方式。通过日记的方式，学生可以对所学内容进行总结，可以像和自己谈心一样地写出他们在学习数学时的快乐与烦恼。数学日记提供了一个让学生用数学的语言或自己的语言表达数学思想、方法和情感的机会。通过数学日记，学生可以评价自己的能力或反思自己解决问题的策略。教师可以要求学生写一写他们是如何解决某一个问题或记录某一天的问题解决的活动，可以谈谈自己在数学课堂上的活动以及每天在学习过程中遇到的困难及解决方法等。

（2）成长记录袋

成长记录袋是一个收集了学生一学年或一学期作品样本的文件夹。成长记录袋中收集的学生作品样本展现了学生在某个或某些领域的学习产品、过程和进步。在评价学生的学习过程时，可以采取建立成长记录袋的方式，以反映学生学习数学的进步历程，增加他们学好数学的信心。通过记录袋的形式，不仅有助于我们收集到学生各方面的信息，保证评价的全面性和科学性，使更多的学生获得成功的体验。教师可以引导学生自己在成长记录袋中收录反映学习进步的重要资料，如自己特有的解题方法，最满意的作业，印象最深的学习体验，探究性活动的记录，发现的日常生活中的数学问题，对解决问题的反思，单元知识总结，最喜欢的一本数学书，自我评价与他人评价，等等。另外，成长记录袋还可以收集学期开始、学期中、学期末三个阶段的学习资料，材料要真实。这样可以使学生感受到自己的不断成长与进步，这有利于培养学生的自信心，也为教师全面了解学生的学习状况、改进教学提供重要依据。通过成长记录袋这样一个制作过程，学生能够认识到自己是学习的主人，从而以更强的责任感投入到自己的学习中。

发展性教学评价的三大领域：知识技能、过程方法及情感态度并不是截然分开的，而是交织在一起的。即认知目标中有过程及情感的部分；情感目标中总是带有认知的成分。有时，认知目标是达到情感目标的手段，有时情感目标是达到认知目标的手段，如学生对学习的动机和兴趣是学生达到认知目标的必备条件，而且在有些情况下，认知与情感目标是同时达到的。因此，我们不能把它们看作是互相独立的实体，而是相互促进、相互作用的。评价中应针对不同学段学生的特点和具体教学内容的特征，选择恰当有效的方法，促进学生的全面发展。

（四）发展性教学评价的工具

在教学实践中，我们可以利用量表对学生进行发展性综合评价。一个量表是一组包括 3 到 6 个分值点的测量向度，并列出了各测量向度的各分值点所对应的表现或成果的资料表，用于评定学生的某个表现出现的程度或表现行为的特质。评价量表可以帮助教师在评分时始终把握住一个统一的评分标准。

1. 评价量表的设计

在设计评价量表时，我们应设计出一定的指标体系，这样才能有的放矢地对学生进行评价。一般来说，教学评价的指标体系大致由指标系统、权重系统和评价标准系统构成。

（1）权重系统

权重是表示某一项指标在评价指标体系中重要程度的量数，是指标体系的重要组成部分。加重权数实际就是指指标等级标准值。如用大师、专家、典范、学徒和新手五个等级表示评价对象达到评价标准的程度，设大师的评价标准值为 5，其他等级依次为 4、3、2、1。

（2）评价标准系统

评价标准系统是衡量评价对象达到末级指标程度的量数。一般，在学习有关内容之前，学生就应清楚评价表的内容，尤其是其中的标准，有时学生还参与这些标准的开发。这里对评价量表的设计建议了 5 个步骤，分别是：

①决定评价的重点。

②描述与任务相连的知识、技能和过程。

③描述成功地完成任务的具体的、可观察的行动和过程。

④决定什么程度的表现对该任务来说是合适的。

⑤运用问题和评论来修改评价表。

在设计评价表时，一定要注意对标准的描述必须是具体的、清晰的，尽量避免使用模糊的词语。因为模糊的词语在不同的人看来有不同的含义。具体的标准能够使学生清楚知道对学习结果的期望，这样，在学习的过程中，他们便可以自觉地运用这些标准对自己的学习或活动进行评价，以不断调整自己的行为，从而达到标准的要求。

评价内容一般是根据目标来确定的，是目标的具体化。课程标准中数学学习评价的内容为以下四个方面：知识与技能、数学思考、解决问题、情感与态度。课程标准在总体目标中对这四个方面提出了学生数学学习的具体要求，这些具体要求既是学习目标，又是评价内容和标准。

2. 使用评价量表进行评价的原则

（1）引起学生的反思

评价不应该单独出现，它应该与教学过程与研究目标等紧密地结合在一起。评价量表评价应当努力表现出转变的作用，激励学生的作用，使学生在学习过程中明确自己的评价标准、明确自己的目标，对学习有重要的引导作用。

（2）评价量表要逐步转向学生自己制订评价量表进行自我评价

评价量表的制定主要依据于本次学习主题、活动目标、过程监控以及此次评价的主要方向等。评价者可以是教师，可以是学生，可以是一个学习小组，也可以是家长，等等。

（3）评价量表的使用应使评价内容丰富和灵活化

使用评价量表评价的内容通常要涉及参与研究活动的态度、在研究活动中所获得的体验情况、学习和研究的方法、技能掌握情况、学生创新精神和实践能力的发展情况等方面。

（4）评价量表的使用应使评价手段、方法多样化

评价量表的评价可以采取教师评价与学生的自评、互评相结合，对小组的评价与对组内个人的评价相结合，对书面材料的评价与对学生口头报告、活动、展示的评价相结合，定性评价与定量评价相结合、以定性评价为主等做法。

二、发展性教学评价的理论基础

（一）人的全面发展理论

马克思认为，人的全面发展理论表现在人与自然的物质交换过程中，是指人的劳动能力即"体力和智力获得充分的自由的发展和运用"。人的全面发展理论表现在人与社会的交往过程中，是对社会关系总和的全面占有，不仅包括智力和体力的发展，而且还包含精神上、道德上、情感上全面和谐发展。他还认为，人的全面发展，不只是个体的发展，而是"使社会全体成员的才能得到全面的发展"。

从马克思主义关于人的全面发展学说中可以看出，人的发展的最终归宿是使人得到尽可能的全面发展。马克思主义关于人的全面发展学说为对人的发展进行评价提供了科学的理论依据。同时，马克思主义经典作家在论述人的发展时，把个体发展放在整个社会中去考察，得出人的发展还包括促使全体社会成员的才能得到全面的发展。这种个人发展与社会发展相统一的观点为我们确立正确的教育价值取向指明了方向。

20 世纪 80 年代，我国教育学界逐渐重视了这个问题，个性的和谐发展作为教育教学目的被提了出来。科学家研究认为，从人的生理状况出发，一般健康的人只在运用着他潜能的极少一部分，往往仅占 10%。人本主义心理学家认为，任何个人都具有自我实现的倾向，这是人的一种心理需要，而教学的作用就在于充分实现人的潜能，促进人的自我实现。个性和谐发展的教学目的，包括两个层面，一是个性的全面发展，即学生在知识、智力、能力、创造力、思想品德、体力、劳动技能、情感意志等各个方面得到全面发展；二是个性的充分发展，通过因材施教，使学生的个性特长得到充分施展。

（二）人的动机理论

马斯洛的"人的动机理论"中指出人有五方面的基本需要，分别为：生理需要、安全需要、爱的需要、尊重的需要和自我实现的需要，当人的生理和安全的需要得到满足之后，就会特别关注爱的需要、尊重的需要和自我实现的需要。随着时代的进步，人们更多地希望获得尊重和自我实现的需要。而且人是有巨大潜力的，只要条件适宜，这种潜力就会极大地释放出来。因此，学生的劳动只要得以恰如其分的认可，得到尊重，他们学习的动机就会得到进一步强化；只要你的评价能够促进和满足他们自我实现的需要，他们就会以加倍的努力去实现更高的目标。

从上述理论出发，通过建立发展性教学评价的科学运行机制，能够有效发现和发展学生的潜能，促进全体学生全面主动发展，并对学生创新素质和实践能力的提高产生积极的显著效果。

三、发展性教学评价在中职数学中的应用

发展性教学评价是一项系统工作，必须具有综合设计的意识，要全面考虑评价的目的和功能、评价的内容和目标、评价的方式和方法、评价工具、评价的组织实施、评价的标准和指标以及评价结果的呈现、分析及反馈方式等方面。

任何一项评价工作都要明确为什么评，由谁来评，评什么，怎样评这四个问题。为什么评即评价的直接目的是什么，这是任何一次评价工作在开展之前必须首先明确的问题。不同目的决定的评价，显然在组织、内容及方法上都是不相同的。比如如果评价的主要目的是要挑选出成绩好的学生参加竞赛，那么评价的所有要素就要围绕着选拔，而如果评价的主要目的是要最终促进学生的全面发展，评价的内容就大大不同了，任何评价要素都要从促进学生发展的角度去考虑。接下来，就是要解决由谁来评的问题。在发展性教学评价中，强调评价主体的多元性。教师、学生、社团都是评价的主体，其中尤其强调被评对象的自我评价。这种多元化的评价主体，有利于形成教育的合力，使学生自己更能清楚地认识自己，从而不断调整学习方法，有利于最终促进学生的全面发展。然后是要确定评什么的问题。即是对被评对象做全面的评价，还是做某一方面的评价，是评这些因素还是那些因素的问题。在影响学生发展的诸因素当中，有些因素是至关重要的，不对这些因素做出评价，则评价就会失去实际意义；有些因素是次要的，忽略它们，对评价的结果不会有很大的影响。因而，不同目的的评价应主要

抓住不同的方面。这一问题不解决，评价就无法进行。确定了评价内容，最后还要解决怎样评的问题，也就是具体采用什么样的方法来进行评价，这也是评价的一个关键环节，这个问题不解决好，前面的工作就前功尽弃了。可见这些要素是一环扣一环的。要想加强评价工作的质量，我们就必须将这些要素加以有效整合，在不同时间、地点充分利用它们。

不同的评价方法在评价过程中起着不同的作用，不能希望一种评价方法会解决所有的问题。封闭式的问题、纸笔式的评价可以简捷、方便地了解学生对某些知识技能的掌握情况，而开放式问题，在丰富情境中的综合性的评价有助于了解学生的思考过程和学习过程。适应新课程的评价应当打破那种单一的、过多地注重知识技能的、更多地关注结果的评价方式。应当尝试采用不同的方法对学生的学习过程、学生多方面的表现以及教学过程中教师和学生的表现进行全面的评价。除传统的评价方式外，应尝试使用有助于全面评价学生和教师表现的多种评价方式。发展性评价对于传统的评价并不是简单的否定，而是一种批判与创新，是与传统教学评价的完美结合。

（一）对不同类型的数学学习目标的评价

课程标准中数学学习评价的内容为以下四个方面：知识与技能、数学思考、解决问题、情感与态度。课程标准在总体目标中对这四个方面提出了学生数学学习的具体要求，这些具体要求既是学习目标，又是评价内容和标准。根据相关要求，对学生数学学习的评价，既要关注学生知识与技能的理解和掌握，更要关注他们情感态度的形成和发展；既要关注学生数学学习的结果，更要关注他们在学习过程中的变化和发展。评价应注重学生发展的进程，强调学生个体过去与现在的比较，通过评价使学生真正体验到自己的进步。在具体实施对学生数学学习的评价中，要注意以下几个问题：

1. 注重对学生数学学习过程的评价

学生的数学知识与技能，发现问题、提出问题与解决问题的能力，积极的情感态度与价值观等都是在学生的数学学习过程中逐渐形成的。发展性教学评价要突出发展、变化的过程，关注学生的主观能动性，关注学生的发展与变化，不仅重视学生的探究结论，更要关注学生得出结论的过程。评价既是一种评估，也应是一种激励。通过我们的评价，应该使学生体验到成功的欢愉，从而促进每一个学生的发展。所以，发展性课堂教学过程应该具备如下特征：

（1）创设情境，激发学生主动参与

上课以后，教师要创设一个求知、探究的环境和氛围，激发学生探求真知的愿望和热情，激活学生主动参与的积极性。如在教学《简单的轴对称图形》一课时，利用照片呈现了一个折纸活动，使学生在实际操作中探索角的轴对称性质及其相关性质。这种情境创设新颖，适合学生的年龄特征，能够激活学生的探究兴趣，与教学内容联系紧密，学生能够主动地参与到后面的自主学习中去。教学中教师要做到：创设要有新意；情境要有趣味；内容要紧扣教学主题；形式要新颖、活泼，能激发学生主动参与。

（2）提出问题，引发学生主动探究

应当把学生自主学习作为一种主要策略。培养学生的自主探究能力，是我们数学课堂教学应承担的任务。所以提出问题，引发学生主动探究，是我们发展性课堂教学必须经过的重要环节，是学生亲历探究过程的中介和桥梁。提出问题应该有三种主要方式：一是教师提出问题；二是教师提出问题，由学生筛选和确定问题；三是学生提出问题。从研究性学习的角度讲，教师提出问题，是培养学生提出问题的第一阶段。通过教师提出问题的示范，指导和培养学生学会"提出什么样的问题"和"怎样提出问题"。教师提出问题，由学生筛选和确定问题是培养的第二阶段。一般是教师提出几个可供研究的问题，由学生从中筛选出自己能够研究的问题和确定自己研究的问题。由学生自行提出问题，完成问题的筛选和问题的确定是培养的第三阶段。

（3）生生互动，培养学生合作学习

合作学习是实施发展性课堂教学的基本策略，生生互动是合作学习的主要特征。生生互动主要是指小组内部、小组之间的学生间的相互合作、相互协调、相互交流、相互补充、相互学习。如在《游戏公平吗》一课中，可先让学生猜测游戏是否公平，再组织学生分组进行实验，然后分析讨论实验数据，验证自己的猜测。学生在合作学习的过程中，培养和发展了合作意识、合作精神。在合作学习的过程参与中，学会合作，学会倾听，学会分享，发展学生的多元智能，达成学习的目标。合作学习的实施中，应该注意以下策略：

①树立新型的课堂教学交往观。在传统的课堂教学中，只有师生间的交往，师生互动。对学生而言，同学之间由于年龄、阅历、知识水平、学习能力等大致在同一水平上，他们之间的交往不存在像师生交往那样的代沟，相对来讲是平等的、自然的、随意的，

更易于接近、交流和沟通。因此，在发展性课堂教学中，更加强调生生互动。

②采用多种形式进行合作学习。根据教学内容上的差异，在具体实施上有不同的方法，如讨论法、观察法、实验法、制作法、调查法、信息搜集法等，这些方法往往不是单一进行的，可以综合或穿插使用。

③与其他教学形式有效地配合。任何一种教学策略都是与特定的教学目标、教学内容、学生状况相联系的，不存在一种适合所有教学情境的万能方式。不是所有的教学内容都适宜合作学习的方式，合作学习不排斥必要的讲读、讲授，不排斥学生的独立思考、质疑和学生的个性发展。

2. 恰当地评价学生基础知识和基本技能的理解和掌握

实施新课程后，基础知识与基本技能仍是学生学习的重点。对基础知识和基本技能的评价，应遵循课程标准的新理念，考查学生对基础知识和基本技能的理解和掌握程度，更重要的是评价学生是否真正理解这些知识和技能背后所隐含的数学意义。评价时应将学段目标作为这一学段结束时学生应达到的目标来评价，应允许一部分学生经过一段时间的努力，随着知识与技能的积累逐步达到目标的要求。如对一些运算技能掌握情况的评价，多数学生可能在单元或学期结束时达到规定的程度，有些学生可能要经过一段时间的学习才能达到这一水平。评价方法要恰当，可采用纸笔测验、课堂提问、作业等方法进行评价，提倡在具体的情境中，在解决综合性的问题中，考察学生理解概念的水平和运用技能的程度。

（1）对数学知识理解的评价

对数学概念，以往的评价主要集中测验学生是否记住一个概念的定义，或从几个选项中选择出一个有关这个概念的正确例子，或者在几个概念之间区别出符合条件的某个概念。但是对概念的理解还不止这些，对概念的真正理解是学生能够自己举出有关这一概念的正例和反例，能够在几个概念之间比较他们的异同，学生还能够将概念从文字的表述转换成符号的、图像的或口头的描述。实际上，大多数学生学习概念的最好途径是通过动手操作、画图或应用，而不是从一个定义开始。因为概念的形成是需要经历一段时间的，它需要学生将这一概念与其他概念、事实和原理相联系，以形成一个复杂的彼此相连的概念网络。因此评价的题目必须设计得非常全面，以考查学生对基础知识的理解和掌握。

（2）对数学技能掌握的评价

传统的教学和考试都集中考察技能的特征，却很少评价学生是否理解了隐含在技能应用中的各概念之间复杂的关系，更少评价在数学思考过程中看不见的解题策略的使用情况。新课程强调，对技能的评价不只是考察学生对技能的熟练程度，还要考查学生对相关概念的理解和掌握以及不同的解题策略的运用。评价技能是否掌握的试题既要考察学生实际执行这些技能的情况，又要考察学生是否能正确思考在什么情况下应该使用哪个规则。比如，估算是一个与计算技能联系在一起的重要技能，学生必须知道各种估算的方法，知道什么时候应该用到估算，以及为什么估算能解决问题。

3. 重视对数学思考与解决问题能力的评价

数学学习过程和方法包括解决问题、数学思考和交流的能力。重视培养学生的数学思考和解决问题的能力，使学生在学习数、图形和统计等的过程中，发展数感、空间观念和统计能力，初步学会多角度提出问题、理解问题，并能综合运用所学知识和技能解决问题，体验解决问题策略的多样性。

对学生过程与方法的评价，我们可以用表现性评价。表现性评价对学生评定的任务应该解释学生是如何解决问题的，而不仅仅针对他们得出的结论，同时要注意利用观察法、问卷调查法来评价学生在学习过程中的表现，给予定性评价。通过表现性评价，可以反映学习的不同水平，分析学生解决问题的过程与策略，展示学生独特的方法与能力。

4. 关注学生数学学习中情感与态度的发展的评价

在学生的学习生活中，非智力因素的重要作用已被越来越多的数学教学工作者所认识。作为情感领域数学教学目标所涉及的需要、兴趣、动机、情感、意志、性格等非智力因素，虽然不直接参加对数学知识的认知过程，但它们作为学习的动力系统，却制约着学习的积极性。学生的学习成就，实际上是学生的智力因素与非智力因素相互作用的产物。因此，当学生数学学习发生困难时，并不一定是由于学习的知识基础或能力水平等方面的原因，而有可能是非智力因素方面的原因。所以在教育过程中，我们不能只关注学生的认知学习，而是要把学生知情行诸方面有机地结合起来，运用情感的力量，促进学生身心健康发展。情感态度是贯穿于学生整个学习过程中的，发展性教学评价强调在适当的机会和场合利用访谈法、观察法、调查问卷法以及个案调查法对学生进行这方面的评价。对学生进行评价时，应着重强调他每次学习的进步，进一步激发和巩固其兴趣。学生对数学的情感与态度的表现具体包括以下几个方面：

①能积极参与数学学习活动，对数学有好奇心与求知欲。

②在数学学习活动中获得成功的体验，锻炼克服困难的意志，建立自信心。

③初步认识数学与人类生活的密切联系及对人类历史发展的作用，体验数学活动充满着探索与创造，感受数学的严谨性以及数学结论的确定性。

④形成实事求是的态度以及进行质疑和独立思考的习惯。

显然，对学生这些方面的表现很难通过测验考查到，我们可以通过观察、调查问卷或借助一个态度评价表，让学生汇报自己在学习数学时的一些感受，考察他们在解决问题的过程中所具有的信心、坚持性和创造性。另外，我们还可以鼓励学生写数学日记，从学生的数学日记中会比较容易获得这方面的信息。

（二）发展性教学评价课时评价方案的设计

1. 学习专题

在学习每节课之前，学生必须明确这节课学习的主要专题是什么。学习专题可以以提问的形式提出来，以提高学生的学习兴趣。

2. 知识基础

知识基础主要是指在学习这节课之前，学生需要哪些知识作为基础。

3. 教学目标

教学目标是预期的学生学习的结果。教学是以教学目标为定向的活动，教学目标引导和制约着教学设计的方向。在教学设计开始时，教师必须明确学生学习结果的类型及其学习水平，并以清晰的语言陈述教学目标。

4. 评价方法

纸笔测验、表现性评价、课堂提问、观察法、数学日记、成长记录袋。

5. 评价方式

在课程内容结束时，我们采取自评和他评相结合的方式，分为自评、小组评和教师最后综合评定三个步骤。

每个学生首先根据评分标准，对自己的行为表现打出分数，并且提出所打分数的证据；然后每一小组根据该同学在完成课业过程中的实际表现对该同学进行等级考评；

最后教师综合评定和小组评定，根据该同学的综合表现给出该同学的最后成绩（成绩分为A、B、C、D四个等级）。在此过程中，如果三种方式评价结果较为接近，则可同时保留三个成绩；如果差距较大，则需要由小组、教师分别和学生协商，重新给出成绩。

第八章 中职数学有效教学的课程实践

第一节 中职数学校本课程的开发与实施

一、中职数学校本课程开发的特色

校本课程指的是学校在教学改革之后通过研究教学内容而开发出的教与学的素材，它能够弥补国家规划教材存在的不足，其根本目的在于更好地体现以人为本，并对国家规定的教育方针进行贯彻与落实，以实现教学质量的提升及促进学生个体的健康发展。中职学校数学校本课程开发过程中应当注意以下几个方面的特色：

（一）注重时代性与应用性

数学课程的发生发展与人类实际生产生活及科研工作密切相关，引入任何一个数学概念都是数学内部发展或现实生活的需要。所以，在中职学校数学教材当中，新概念尤其是重要概念的引入必须尽可能突出其背景，使教材更加亲切、自然，另外。在编写教材时可以邀请部分财经、计算机等数学知识应用比较多的专业教师参与到其中，并提供一些与本专业紧密相关的数学应用类例题，进而增加学生学习数学的兴趣。

（二）提升现代数学的含量

中职学校以往的数学教材内容较为陈旧，教材体系与课程内容不具备超前性与时代性。然而现代科学技术飞速发展，校本课程的编写也应当与时俱进，并在其中适当增加现代数学的含量，以培养学生现代化的观念及思维能力。

除此之外，中职学校数学教材开发还应当处理好以下几个方面的关系：

①难度与易度之间的关系：坚持易度优先，追求系统性、理论性与学科性；

②理论与应用之间的关系：重视数学知识的应用，并使其实际性、实用性及实践性得到较好的体现；

③广度与深度之间的关系：坚持广度优先，适当扩大知识面并使信息量得到增加；

④创新与传统之间的关系：重视创新，将新知识、新方法、新工艺、新技术应用在数学教学中；

⑤利学与利教之间的关系：重视利学，培养学生的自学能力及学习能力，将学生置于主体地位，为实现学生的个性健康成长起到促进作用；

⑥传授知识与培养技能之间的关系：将培养技能作为重点，使能力本位的职教思想得到较好的体现。

二、中职数学校本课程开发的原则

中职数学教材的教育功能主要有以下几点：①有助于学生树立科学的世界观，并使其形成较好的数学素养；②奠定学生进一步学习的基础；③为专业课提供一定的服务。中职数学校本课程在开发过程中应当遵循以下几点原则：

（一）实事求是原则

中职学校数学校本课程的开发必须坚持实事求是的原则，从中职学校数学教学的现状出发。在开发中职学校数学校本课程之前，必须广泛做好社会调查工作，了解中职学校教学的现状及其中存在的问题，制定出严格的数学教学大纲，使其与学生身心发展认知水平、学科发展趋势及社会发展需求相符合。

（二）学生发展为本的原则

目前，随着社会经济的快速发展，用人单位对中职学校教育提出了更为严格的要求，导致中职学校学生面临着相当大的升学与就业压力。因此，中职学校学生不仅需要具备扎实的专业技能，还要学会运用自身学习到的文化知识在工作与学习中实现可持续健康发展。数学是中职学校一门重要的文化课程，数学教学的效果直接影响着学生的理性思维能力。在开发中职学校数学校本课程时应当坚持以学生为主体，并与学校实际的教学状况为依据，尽可能实现学生的快速健康发展。

（三）教师发展的原则

中职学校数学校本课程开发还要坚持教师发展的原则，有助于教师认清课程的价值与作用，激发其对科研与教学的兴趣，提升其研究能力及课程开发能力，为实现教师专业化发展起到一定的促进作用，进而构建一支观念素质、知识素质、思想素质、知识素质与能力素质都比较高的高质量师资队伍。

三、中职数学校本课程开发的必要

（一）教育改革的需要

近些年来，用人单位对学历层次的要求明显提升，大部分中职学校学生的自控能力比较差、学习态度不端正、缺乏浓厚的学习兴趣，而且数学基础较差。当前，大多数中职学校学制为3年，学生在校学习理论知识的时间通常在 $2 \sim 2.5$ 年之间，其余的 $0.5 \sim 1$ 年的时间属于实习时间。在学校学习理论知识期间，大多数学生以自身的兴趣及专业的需要为依据对各学科的学习时间进行分配，他们往往在专业课程学习及技能培训上花费较多的时间与精力，而对数学则大都抱有可学、可不学的态度。而且数学不像计算机、英语等能够通过考试获取证书进而增加就业砝码，并且学习数学存在着一定程度的难度，导致大部分学生产生厌学或怠学等现象，进而导致中职学校学生的数学能力及解决问题能力无法得到提高。然而用人单位对中职学校学生解决问题能力的评价不高，将会使其对中职学生的选择产生一定程度的影响。数学学科与教材必须与当今时代发展的要求相适应，并将培养学生的思维能力及解决问题等能力作为重点，以实现中职学校学生数学能力与水平的显著提升。相关中职学校应当以当地经济发展状况、社会及用人单位的实际需要为依据，并综合学生的个性与专业特点，积极调整当前数学课程培养目标，尽可能开发出与学校专业特色相适应的数学校本课程，不仅能够充分调动中职学校学生学习数学的积极性、主动性，还能使数学教材在培养学生思维能力及解决问题等方面的能力得到充分发挥。总体而言，中职学校数学校本课程的开发是当前教育改革的需要。

（二）课程改革的需要

目前，数学已经成为中职学校学生必修的公共基础课程之一，在培养学生思维素质，构建中职知识、能力及素质结构，学习后续专业课程等方面均发挥着不可替代的重要作用。然而中职学校学生基础差、对学习数学缺乏兴趣，导致数学教育并不能达到理想的效果。因此数学教学不仅要让学生学会学习，还应当使学生具备一定的综合素质、思维能力、实践操作及解决问题的能力，尽可能培养出有个性的全面发展的人才。但是要想实现这一目标就必须以学校的实际情况为依据，对专业进行规划并对课程进行合理设置，数学教师也应当以学生的特长、兴趣爱好等为依据对课程进行设计，使学生能够在实际生活中掌握数学知识，并培养其解决实际问题的能力。数学教学与社会实际生活密切相关，脱离了实际生活，数学学习就犹如无本之木、无源之水。因此，课程改革要求必须进行中职学校数学校本课程开发。

（三）学生发展的需要

各个中职学校的专业存在着差异，每个专业针对数学知识的要求也有所不同，学生的基础也不同。中职学校校本课程开发，不仅有利于学生掌握专业发展所必需的数学知识，还能够使数学的工具性、实用性及其应用价值得到充分体现。在应用数学知识时，学生应当积极参与到社会实践当中逐渐发现问题，并在此基础上建立起合理的数学模型，并运用所学的数学知识解决问题。在此过程中，学生能够接触社会，并与他人合作与交流，既有助于培养学生探求知识、克服困难的毅力，还有利于减少学生厌学及对数学的恐惧心理，进而对数学学习产生浓厚的兴趣，并在此基础上培养自身的数学思维能力及解决问题能力。

（四）教师发展的要求

一直以来，中职学校专业教师的发展引起高度重视，然而却忽略了文化课教师的成长与发展，针对文化课的校本研究与开发相对较少，部分学校甚至还缩短了文化课课时，严重限制了文化课教师的发展，不仅挫伤了文化课教师的积极性，增强了教师的懒惰型，还导致教师教育模式僵化、教育观念陈旧，进而无法获取较好的教育效果，对学生的身心发展起到严重影响。自新课改之后，对教师也提出了严格的要求，要求教师既要促进学生的发展，还要积极研究与开发教育教学活动与资源，为自身的发展起到一定的推动作用。目前，人性发展在校本课程开发中受到重视，注重培养课程的灵活性、个性、开放性与多样性，并从根本上对教师角色进行重新定位。

四、中职数学校本课程实施与数学文化融入

（一）中职数学校本课程目标体现数学文化

1.课程目标体现终身学习的理念

终身学习是在终身教育理念下提出，强调一个人在社会的支持和引导下，个体在其一生中通过持续不断的学习，以求得意识、技能和行为的改善，从而不断提高其文化素养、社会经验和职业能力的活动过程。

随着现代社会物质文明的不断发展和极大丰富，谋生已不再是左右人类自身发展的根本问题，职业结构的不断丰富和变化、职业变动频率的加快，打破了传统的学校、职业对人类个体的封闭和限制，人们要求在更广阔的空间内进行学习、工作和生活。因此，职业教育仅仅把办学目标局限在传授学生谋求职业所需要的知识和技能方面，已经不能满足他们日后发展的需求，也不能满足时代发展的要求，只有从学习态度、学习方法、职业精神等更高的层面上为他们提供良好的帮助和支持，养成具有终身学习的能力和品质，才能使他们形成适应日后复杂多变的现代社会发展的职业能力和生存能力，实现个体生成的需求。

原芝加哥大学校长罗伯特·哈钦斯在其《学习社会》一书中强调，教育的根本目的并不仅仅是为了"国家的繁荣"，也不仅仅是为了个人获得谋取职业的能力，而是应该使每一个个人的自我能力能够得到最大限度的发展，并使个人的人格臻于完美。他说："教育必须从单纯的职业获得及人才的养成中解脱出来，而向人生真正价值的实现这一目标转换。"

在现实社会中职业教育的目的观应表现为以下三个方面：生存、生长、生成。培养学生的职业能力和职业素养，仅是一种生存和生长层面的目的因素。在中等职业学校的数学课程中渗透数学文化的成分，就是把数学从过去的知识传授向能力培养转变，向就业导向转变，不仅仅为学生目前的专业学习服务，而且为学生今后的终身学习服务，既满足学生生存的需要，也满足学生生长、生成的需求。

2. 课程目标体现大众教育的理念

"大众数学"（为所有人的数学）是 20 世纪 80 年代在澳大利亚举行的第五届国际数学教育大会上正式提出的。其后，联合国教科文组织委托达麦洛编辑了"Mathematics for All"的文集，"大众数学"的口号逐渐广为人知，流传至今，几乎已成为数学教育界广泛认同的行动纲领。既要使学生掌握未来生活、工作和进一步学习必备的基本数学素养，又要为学生留下充分的发展空间。在英美两国现有的数学课程设置已经充分顾及不同学生的不同学习需要，他们的工作重点是：一是从学校延伸到社会，充分利用各种媒体向公众普及数学，改变公众对数学的错误认识；二是培养学生积极的数学态度，借助于现代技术，把抽象的数学知识形象化，繁难的运算计算机器化，把数学学习与学生关心的实际问题联系起来，让学生形成数学与人们生活密切相关的印象。这意味着大众数学属于大众文化。中等职业教育是义务教育的延续，在中等职业学校数学课程开发中需要关注以下问题："我们不应仅仅着眼于各个具体的工作岗位是否要用到数学，而且应当考虑到数学的思维功能，包括数学对于人们积极参与社会生活的重要性；另外，我们也不应仅仅着眼于今天的社会现实，而还应当注意分析社会进步所必然造成新的变化和要求"。

大众数学思想意味着：我们不仅仅强调人人学有用的数学、人人掌握数学，更重要的是人人都要掌握数学的思维方法，参与到社会生活中去，能够适应不断变化的社会需求，而不是仅仅掌握某些具体的知识。在我们中等职业学校中，特别要消除"我的职业不需要数学"的观念，那只是把数学看成了形式的数学，即是一大堆冰冷的公理、定理、法则、符号的集合，而要从文化的角度理解数学，理解数学的作用。

3. 课程目标体现素质教育的理念

所谓素质教育，指的是全面提高受教育者（全体公民）素质的教育。素质是一个与文化有密切关系的概念，按照教育学理论对素质概念的理解，所强调的是人在先天素质即遗传素质的基础上通过教育和社会实践活动发展而来的人的主体性品质，是人的智慧、道德、审美的系统整合。可见，素质概念的实质在于各种品质的综合。记得一位国外学者的一段话，大体是说，所谓教育就是你把在学校里所学的东西全都忘记后还剩下的东西。就数学而言，某个人可能已记不起学过的某条几何定理，但几何学的严谨性、逻辑性和独特的美却给他留下终生的印象，这应该就是一种素质，而数学学科里的素质教育就是要培养学生数学素质。

什么是数学素质呢？孙宏安先生在《"数学素质"界定我见》一文中谈道：从21世纪中国公民的数学修养的角度看，它包括：数学知识、数学方法、数学思想和数学能力、数学意识、数学语言、科学精神和科学价值观以及使用计算机的技能和能力。黄秦安教授认为：数学素质乃是个体具有的数学文化各个层次的整体素养，包括数学的观念、知识技能、能力、思维、方法、数学的眼光、数学的态度、数学的精神、数学地交流、数学地思维、数学地判断、数学地评价、数学地鉴赏、数学化的价值取向、数学的认知领域与非认知领域、数学理解、数学悟性、数学应用等多方面的数学品质。

可以看出，数学素质不仅包含数学知识的成分，而且包含观点、理念的成分，数学素质的教育通过数学文化来实现，由数学素养来体现。然而长期以来，我们在数学教育中却有意无意地将其束缚在纯粹的"科学"的数学圈子里，数学教育仅仅只是"烧中段"，未能讲清它的来龙去脉，没有充分利用数学文化中的素材促进学生思维的发展，学会数学的处理问题、领略数学的精神，关注情感的培养和态度的养成。将数学教育等同于数学知识的教育，缺乏数学教育中的文化观念，这无疑是不利于培养学生的数学素质的。

因此，我们可以得出这样的结论：将数学看作一种文化教育，实际上就是在进行素质教育。素质教育的价值取向是"数学文化"提出和实施的前提条件及重要保证；数学文化教育是实现素质教育的有效途径，数学素质需要通过数学文化教育得以实现。

所以，中等职业学校的数学校本课程目标，可以这样描述：在中职学习的基础上，掌握必备的数学知识和一定的计算技能，养成科学素养，人文素养；提高数学素养，能够运用数学的思想、方法、语言解决实际问题；体会数学与社会之间的相互作用；具有一定的审美情趣和追求真、善、美的精神；养成终身学习的能力、创新的能力。

（二）中职数学校本课程组织彰显数学文化

教材是文化传播的载体，数学教材反映着数学文化发展的历史，渗透数学文化的价值。在进行校本课程开发时，内容的选择上要注意以下几个原则：

1. 注重数学知识对未来高素质劳动者科学素养的培养

数学知识体现数学的科学性，是数学文化的主要内容，依旧是中等职业学校数学教学的主要部分。在强调数学思想、方法、精神对人的作用的同时，不能忽视知识的作用，这里的数学知识是指各专业必修内容。在进行校本课程开发时，可对现行教材中的相关内容进行调整，删繁就简，降低难度，减少理论，增加运用；补充现代生活日益需求的数学知识（如指数函数、概率、统计、估算、微积分等内容），体现社会的进步，体现新知识、新内容、新方法。旨在培养未来高素质劳动者的科学素养，满足日常工作生活的需要。

在接受中等职业教育的群体中，普遍存有学习困难、自卑心理严重等人生观、价值观问题，对自己缺乏科学的认识。数学教育可以通过数学知识的产生、发展、应用等数学的科学性培养学生科学的态度，能客观地面对事实，勇于面对自己的人生，不断进取，吸收新知识、掌握新技能，为社会服务，实现自身价值。

2. 注重数学运用对未来高素质劳动者问题解决能力的培养

由于我国正处于从工业化社会向信息社会的转型时期，工作和生活中的问题也变化无常，中等职业学校的学生，将成为未来社会的生产力大军，他们的素质决定着我们社会的竞争力，我们国家不仅需要掌握熟练技能的高素质劳动者，而且需要具有创新能力的劳动者。这样，才能把我国从一个人口大国转为人力资源大国，这就需要我们培养大批具有创新意识、创新思维、创新能力和创新精神的劳动者，能够解决常规问题和非常规问题的劳动者。

注重运用，注重问题解决已成为数学教育的一个方向。在过去的教材中，已经注意数学运用的内容，但这部分内容一方面偏少，另一方面，问题的提出往往是为运用某一数学知识而编制，给出的问题都是可解的，问题中给出的条件是恰好的，答案、方法是唯一的，这样的案例给学生造成"数学是一种思维游戏，只有聪明的人才能学好""数学是无意义的，与日常生活毫无联系"等错误的思想。学生失去了对数学探究的欲望和好奇心，失去了学习数学的信心和兴趣，对学生解决问题能力的培养失去了最基本的前提条件。

在中等职业学校数学校本课程开发过程中，应该选择与学生生活实际、专业特点联系紧密的内容，让学生在解决这些"真实"的问题中，了解数学的运用，掌握运用的方法，树立解决问题的意识和信心，逐步提高解决问题的能力，形成热爱数学的情感，培养未来高素质劳动者解决问题的能力。

如职业学校的学生毕业后，岗位变化频率较高，经常面临择业，需要做出决策。日常生活中，做人寿保险，商人投资都会面临风险，需要做出决策。决策中机遇与风险始终并存，我们必须了解与掌握风险，并采取科学的方法对其进行量化评价，从而制定出有效的"决策"。为减少风险，我们决策时，必须平衡极大化期望和极小化风险这一矛盾的要求。在教材数学期望这一部分，有针对性地选择风险决策内容进行教学，想必对学生的生活有着直接的影响，也肯定会引起学生的兴趣。

3. 注重数学语言对未来高素质劳动者综合能力的培养

数学语言的理性力量可以培养学生的理性思维，有利于学生分析、应用知识的能力以及技能的形成；数学语言的艺术性，可以培养学生的审美情操，热爱数学的情感，追求真、善、美的愿望，促进学生创新能力的养成；数学语言运用的广泛性，让学生切身体会到数学运用的真实，培养学生运用数学语言进行思维、交流、表达的意识和能力以及国民意识，在校本课程中可以增加一些强调数据的政府报告、社会调查、一些图文并茂的工具使用说明书以及对数学语言艺术性介绍的文章等阅读材料。

4. 注重数学史对未来高素质劳动者人文精神的培养

数学史是数学文化融入数学课程的一种载体，而且就目前而言，还是一种较好的载体。数学史展示了数学产生和发展的过程，它是劳动人民（包括数学家们）勤劳智慧的集中体现，是数学知识、数学思想和数学方法的宝库。通过数学发展进程中的主要人物、事件及其背景的介绍，可以使学生掌握数学的脉络，懂得数学发展的客观规律，以及数学与人类社会发展之间的相互作用；通过了解古今中外数学家的生平以及基本数学思想方法，从中吸取丰富的营养和经验教训，有助于学生形成正确的数学思想观念，树立独立思考、勇于探索的进取精神。

（三）中职数学校本课程评价关注数学文化

在数学文化观下，中等职业学校的数学课程评价更应关注学生的情感目标，而不仅仅关注学生的知识目标。即在数学学习过程中学生的学习态度的变化，所以，在评价时要注意以下几个方面：

1. 评价方式从单一转向多元，培养学生数学学习的兴趣

改变以往单一的用一张试卷评价学生一学期的学习成绩的方式，这样的方式最直接的后果是，迫于学校和社会的压力，教师采用尽可能的方式让学生顺利通过考试，可最终还是"漫山遍野皆红叶"。在数学文化观下，我们可以采用多种方式，如数学小作文、数学故事会、数学运用交流会等形式，促使学生去了解数学史、了解数学家的故事、发现数学的作用，进而激发学生的学习兴趣，使他们在研究性学习中学会合作、学会学习、学会交流，培养学生的合作能力、交流能力。

2. 评价内容由单一转向多元，建立正确的数学观

在评价的内容上，从过去单一的知识考核中解脱出来，注重学生态度、能力的评价。数学文化告诉我们，数学教育不仅仅是数学知识的教育，更应关注数学思想、方法、态度、精神对学生思维品质的影响。通过上述评价方式的改变，考察学生收集信息的能力，团结合作的能力，表达交流的能力，问题解决的能力，在评价内容的引导下，改变学生的学习态度，树立正确的数学观，在内心深处产生学习的欲望、热爱数学的情感。

3. 评价主体由单一转向多元，实现学生主体地位

评价主体突破以往只是老师评价学生的单一局面，实现师生互评、学生自评、学生互评。在评价主客体的换位中让学生自己成为评价的主体，在评价过程中，提高自己的数学水平，在评价他人的同时，自身得到启示，在被同学评价的时候能够看到自己的优势和不足，让学生真正成为学习的主人，最大限度地激发学生的学习潜能，实现学生的主体地位。

4. 评价的类型由终结性转向过程性与终结性相结合，注重数学素养的提高

在普通教育中，数学常常成为学生升学和就业的选拔工具，随之对学生的数学学习的评价多采用结果判断，也就是终结性评价。直接的后果是学生把数学学习看成是对冰冷的符号、公式、定理等结论性的知识的记忆，影响学生对思维过程的重视。在评价时如果不仅仅重视对结果的评价，而且重视对结论形成的过程的评价，可以使学生养成探究的思维习惯，灵活地、创造性地运用数学知识解决问题的能力。建立过程性评价与终结性评价结合的动态的评价体系，引导和改变学生对数学的认识，不仅是知识，而且是思想、方法、精神。在学习时不仅重视结论，而且重视过程。

最后，在评价标准上改变"一刀切"的模式，体现以人为本理念。对不同专业、不同层次的学生制定多样化、多层次的评价标准，使学生在评价的过程中不断积累信心和成就感，在原有水平上不断提高。实现评价"不在于证明，而在于改进"的功效。

第二节　中职数学精品课程建设实践

一、中职精品课程的内涵与特点

精品课程是具有一流教师队伍、一流教学内容、一流教学方法、一流教材、一流教学管理等特点的示范性课程，是聚集优质的教育资源，提高课程教学质量，用优质资源解决某门课程教与学的整体解决方案和教学创建活动。精品课程具有以下特点：

（一）先进性

精品课程教学理念先进，教学内容先进，教学模式先进，教学方法与手段先进，教学评价先进，教学效果先进。

（二）互动性

精品课程能及时反馈校内外、行业、企业、同行、学生的有效信息，强化精品课程建设者和使用者的联系、沟通与合作建设。

（三）整体性

精品课程具有完整的课程建设环节，有课程设计与安排、教学团队的配置与建设、教学模式与教学方法的改革与创新等等。

（四）示范性

在教学改革、人才培养模式、实训基地建设、师资队伍建设、课程体系与教学内容改革等方面，精品课程是同类课程发展的模范、改革的模范、教学的模范、管理的模范。

二、中职精品课程建设的内容

中职精品课程建设的内容包括师资队伍建设、课程设置与规划建设、教学内容建设、教学方法与手段建设、实习实践基地建设、课程特色与创新、教学效果、学校的支持与措施等方面。

三、精品课程建设的意义

（一）发掘、培育优质教学资源

在精品课程创建过程中，从课程的申报、建设、评审到使用，都实现了优质教学资源的发掘和培育。

（二）教师和学生成为最大的受益者

精品课程建设为中职学校的课程建设提供了样板。好的课程内容、教案、课件以及颇有分量的教师的教学录像等呈现在网上，不同学校间可共享优质教学资源，互相学习，取长补短，教学相长，协同提高教学质量。

（三）推进中职信息化建设进程

精品课程的效益是通过信息技术手段的使用来实现教学资源的共享的，学校要从事精品课程的建设或使用精品课程教学资源，就必须提高其使用信息技术的能力。这将进一步推进中职教学和管理信息化建设的进程以及教育教学现代化的进程。

四、中职数学精品课程建设

（一）精品课程的建设目标和步骤

我们的目标是力争把中职数学课程在最短的时间内建成具有一流教学队伍、一流教学内容、一流教学方法、一流教学管理等特点的示范性课程。首先，完善课程体系，丰富课程内容。理论教学与实践教学做到真正的统一，使课程更加形象生动。其次，借助网络资源优势，完善现代教学手段。通过网络资源共享，教学可以在传统教学手段的基础上得到延伸和升华，对课堂教学做到有益的补充。再次，加强师资队伍建设，不断提高业务水平。加强师资队伍建设，使之在年龄结构、职称、学历等方面更合理、更完善，确保本课程建设更完美，建立稳定的课程小组，积极开展教研活动，不断提升科研能力，以科研促进教学，提升教师的业务水平。最后，理论联系实际，创设实践平台。为了加强理论联系实际，应培养学生的感性认识和操作能力，为实践教学环节和科研搭建新的平台。

为实现中职数学课程建设目标，本书决心在已有建设的基础上，采取下述步骤，稳扎稳打，不断推进。首先，要加强教师队伍建设，使中、青年教师明确自己的科研方向，积极开展课题研究工作，努力培养"双师型"教学骨干。通过教学研讨和教学实践活动，教师不断提高教研、教学水平。其次，为适应计算机应用技术的快速发展，注重教学内容的改革，以及教材和教辅的建设、不断完善与更新，以保证本课程的教学内容处于先进水平。再次，进一步加强和规范课程实践环节的教学，以提高学生的综合理解能力、动手能力和应用能力。本书继续加强教学法的研究，力争有所突破，尝试教学方法与教学手段改革，确定"八步"教学模式为中职数学课程的具体教学形式。

（二）精品课程教学内容的针对性与适用性

精品课程教学内容以应用能力为主线，以职业能力为本位，突出"能力、应用"的特色。教师可根据不同专业，调整数学课程的教学内容，使得教学具有针对性，体现适度和够用原则。一是调整教学内容。根据学生实际数学水平和不同层次学生的需求，调整教学内容，设计相应的课程学习计划，允许数学水平不同、专业背景不同的学生根据需要达到相应的标准。二是利用第二课堂，开展实践教学活动。课堂教学安排的时间有限，课堂教学更注重教材上的内容，积极开展第二课堂的数学教学活动，为学生提供丰富的数学学习资源和运用数学的舞台。第二课堂充分调动了学生学习和使用数学的积极性,提高了学生的数学综合应用能力。

(三)精品课程教学内容的组织与安排

教学内容的组织要符合数学课程体系和人才培养目标要求,根据岗位设置和要求情况,进行内容的组织安排。

课程内容的组织方式遵循以职业技术应用能力培养为主线,兼顾一般能力培养的原则,从而构建各专业所必需的综合应用能力。注重职业教育与课程内容相互渗透、相互融合;课程内容中提出了明确的知识点和能力目标,以及形成能力目标所需的实践性教学环节;在学生掌握基本理论与基本技能的基础上,重点训练学生的岗位职业能力。

(四)精品课程教学内容的具体表现形式

本课程已经完成了课件、习题集、电子教案、实践指导、实施性教学大纲等的制作,各种资料均按照课程设计思路组织,种类齐全,符合课程设计要求,满足网络课程教学需要。

①制作电子教学课件:课程组教师精心编制了各教学单元的 PPT 课件,课件凸显了教学的模式与流程,并且与板书进行有机结合,做到图文并茂、提纲挈领,便于学生理解和自学。

②编制习题集:习题集中包含知识要点、选择题、填空题,为学生在课上实施工作任务、课下自学、课后自主学习提供学习指导。

③编制电子教案:课程组教师分课时精心编制了电子教案,电子教案采用统一格式,课堂流程明显,师生操作简单,实用性强。

④编制实践指导:课程组教师分章节精心编制了实践指导,突出了职业教育的特点。

⑤编制实施性教学大纲:课程组教师精心编制了实施性教学大纲,突出了课程的教学特点,提出了实施性建议。

(五)精品课程教学模式的设计与创新

中职学生绝大多数都是中考的落榜生。他们数学基础知识薄弱,动手操作能力不强,对数学学习失去兴趣和信心。要改变这一现状,教师应彻底摆脱学问式的思路,采用"教、学、做"为一体的教学模式,突出教学过程的实践性、应用性和职业性,强化实训和练习等实践环节，注重理论与实践相联系，将理论环节与实践环节相融合。本书为此设计了"引入、预读、思议、导学、探究、实训、练习与评价、课堂总结"的"八步"教学模式。

所谓引入，就是教师开始上课时，创设情境引入课题。

所谓预读，就是在上新课前学生带着问题预习与阅读有关教材内容，并完成预读题。

所谓思议，就是思悟与议论。教师在学生预读的基础上提出较深层次的问题，让学生去思考、去领悟。

所谓导学，就是教师根据学生预读与思议的实际情况，针对学生仍没有弄懂的重点或难点问题进行点拨与引导。

所谓探究，就是教师在导学的基础上提出更深层次的问题，让学生去思考、去讨论、去交流，以达到对新学知识的更深理解。

所谓实训，就是模拟实训教学，即学生利用新学的知识解决生活实际或专业特色问题。

所谓练习与评价，就是教师对学生的学习情况进行评价，其目的是促进学生的发展。

所谓课堂总结，就是教师将一节课所学的内容做一个简单的总结。课堂总结的目的是把学生所学的知识、思维方法条理化。

（六）精品课程多种教学方法的运用

精品课程教学应改变传统的灌输式的教学方法，探索运用案例式、启发式、讨论式、引导式的教学方法，充分运用多媒体、小组讨论、合作交流等多种教学形式，创造有利于师生双向交流、教学相长的教学气氛，注重调动学生的课内外学习积极性和主动性，改变学生被动听课的现状，引导学生积极参与到教学过程中。在精品课程建设实践中，课程组教师积极探讨教学方法的创新，在继承传统教学方法优点的同时，借鉴国内外优秀的教学方法，把自主学习、合作学习、自主探究、小组讨论、引导点拨、网络课堂、网上答疑、课外沟通等多种教学方式协调整合，以培养学生独立分析问题、解决问题和实际操作等多方面的能力，并形成理论联系实际的习惯，使之成为学生的一种自觉行为。

（七）精品课程现代教学技术手段的应用

为了建设好精品课程，提高课堂教学效率，教师在已有的多媒体课件、电子讲稿的基础上，必须合理地使用现代化教学手段，以激发学生的学习兴趣，培养学生运用所学知识解决实际问题的能力。此外，教师继续改进并逐步完善课件和电子讲稿。课余时间教师的直接辅导和网络交流相结合，提高了学生对知识掌握的牢固程度。教师讲授与教师辅导下的学生自学相结合，提高了学生运用知识的实践能力。教师充分运用现代化教学条件，建立并完善网络助学系统。助学系统主要包括学习方法指导、章节自测题和阅读资料等内容。

另外，为了建设好精品课程，中职不但建立健全了课程建设的组织领导机构，而且完善了课程建设的规章制度，同时加大了教学设备的投入，补充了多媒体教学等现代化教学手段所需的硬件设备。

回顾课程改革已走过的道路，目标是明确的，措施是得力的，效果也是明显的。中职数学课程逐步形成了具有自己特色的、较为完整的教学、教研体系。中职在教师队伍、教学环境、教材建设、教学手段、教学方法、教学实践、教学研究等方面进行改革与创新，在教学水平和教学质量上取得了很大成效和出色的成绩。课程建设的好坏，直接影响到学科的发展和建设。在课程建设中，本书虽然做了一些工作，但仍需要进一步努力，不断改革，使数学课程建设更加完善。

第三节　校本微课程资源建设与应用模式研究

一、微课程的缘起

微课程又名微课，这一概念是由美国新墨西哥州圣胡安学院的高级教学设计师大卫·彭罗斯提出的，他认为微型的知识脉冲只要在相应的作业与讨论的支持下，能够与传统的长时间授课取得相同的效果。相比彭罗斯提出的微课程，胡铁生从教育信息资源的角度深化了微课程的概念，他认为：微课程是针对某个学科知识点或教学环节而设计开发的长度为 5～10 分钟的微型教学视频片段，此外还包含与该学习视频内容相对应的教学设计、练习测试、教学反思等辅助性教与学的资源。它们以一定的组织关系和呈现方式共同"营造"了一个半结构化、主题式的资源单元应用"小环境"，随着教学需求、资源应用、学生反馈的变化而处于不断的动态发展之中。

二、精确把握微课程在中职数学教学中应用的原则

（一）在教学设计上，要贯彻符合教学目标的原则

教学设计是教师为实现教学目的而进行的计划性、设计性活动，既要符合课程标准的相关要求，也应切合教学对象的具体特点。目前，"信息技术进入教学"的类型有四种：第一种是"塞入式"，即信息技术的使用与教学实施的关联性不高，貌合神离；第二种是"加入式"，即教学中少部分环节使用了一定的信息技术，关联度低；第三种是"嵌入式"，即信息技术与教学内容结合得较为紧密，差不多可以支撑教学，形同一体；第四种是"融入式"，即灵活运用信息技术，将其合理地渗透到教学实施过程中，浑然一体。

要想达到"融入式"的浑然一体的效果，使信息技术很好地服务于教学，必须在教学设计上精准地将其与数学课程教学相结合，把握好信息技术手段的使用时机、使用方法等问题。使用信息技术是为了使教学更为有效地实施，是为了最终课程目标的实现，并不代表信息技术手段在任意教学环节、任意具体的知识点上都要用，也就是不能滥用。因此，教师应用信息技术的方法来帮助教学时，首先要搞好教学设计，要贯彻符合教学目标的原则。在教学设计上，要精心研究如何借助信息技术手段和方法来有效提升教学效果，而不能违背课程教学目标，更不能为了使用信息技术而"乱用""滥用"。

首先，要摸清、摸透学生目前的知识基础、各方面的综合能力，预先判断在教学实施过程中可能出现哪些问题。其次，要分析各章节的教学重点与难点，了解信息技术在对解决重点、难点问题上能起到哪些辅助作用。最后，要研究目前掌握的信息技术手段和资源，看其能不能帮助学生解决学习过程中可能遇到的问题，能不能帮助学生突破教学难点。

（二）在教学实施上，要坚持学生主体地位的原则

使用信息技术，不是简单地把利用粉笔、黑板变为利用多媒体课件和投影仪，不是把知识从黑板上挪到屏幕上。这样做，学生的主体地位没有得到贯彻，也没有真正地以学生为中心。在教学过程中，学生才是最根本的核心。而现代信息技术最为显著的特点就是人机交互，即通过编程生成图文并茂的、有很强感染力的人机交互模式，且反馈的即时性比较强，这对于在教学中突出学生的主体地位有着很好的支撑作用。

在中职院校的数学教学中，信息技术手段的运用改变了教师只是在黑板上用粉笔板书，或者是仅仅利用简单的课件教学的形式，有效地激发了学生学习数学的兴趣，使学生产生了比较强烈的学习数学的愿望，学习的动机得到了很大的提升。因此，在教育教学过程中，信息技术的创新应用也使得教学过程的交互性变得更强，有利于教师和学生之间的交互学习。在教育教学过程中，课堂训练依旧是一个关键的环节，可以借助于信息技术的交互性，效果会更加明显。在传统的教学过程中，教师在讲完各种知识点之后，一般都会给出一个相关的用于巩固练习的题目，让学生对这些题目进行练习，并且还会找学生到黑板上对解题的过程进行作业演示，等到学生完成练习题之后，教师会给出正确的答案，让学生进行对比，根据学生练习的情况进行讲评，并强调其中应该注意的重点，其中的互动性并不是很明显。当在教学中借助现代信息技术手段，制作出人机交互的课件、动画后，学生会感到自己的主体地位得到了充分的尊重和体现。利用信息技术的交互性，就产生了大不一样的效果。

（三）在教学效果上，要着眼于激发学生内在动力的原则

随着校园网的不断建设与发展，学校的网络环境变得越来越好，而且在信息化教学过程中，学生的选择也越来越多，很多学生喜欢使用网络进行学习，无论是在教学过程中的学习还是课后的自主学习，越来越多的学生都喜欢使用网络的方式开展。在信息化时代背景下，学生的教育目标变得越来越高，学生的学习目标不仅仅是掌握知识，更重要的是掌握学习知识的技能，掌握思维方式，掌握与人进行合作的方式。同时，学生应该要具备良好的信息素养。但是，传统的教学方式已经不能满足现代化教学的要求。在现代化教学过程中，合作教学、探究教学更符合时代的潮流，也是现代化教育的最终选择。相对于传统的数学教学方式，在信息技术下，让学生获得学习的内在动力是自主性学习课堂的最大价值。自主性的学习课堂给学生提供了进行自由学习的条件，在课堂上，学生不会受到更多的限制，学生可以根据自己的兴趣与爱好、根据学习任务进行学习。

学习也是一个不断建构思维的过程。当设置一定的情景之后，学生通过相互合作与协同，可以共同完成知识的建构。在整个知识建构过程中，学生之间的相互讨论、学生和教师之间的相互交流是必不可少的，只有经过相互交流与合作学习，学生才能提高学习水平，在交流过程中也能掌握表达、倾听、沟通的能力。教师在信息技术的

应用过程中可以有效地培养学生的信息意识，引导他们学会发现问题、观察问题，然后对这些问题进行处理。

三、校本微课程平台的建设

微课程平台应当是一个提供知识挖掘的平台，能告诉学生如何根据学习所需搜索相应的资源；允许学生对自己的学习有更多的主动权，自主地挖掘所需的知识点，有针对性地开展学习。它的设计与选择应考虑到以下几个方面的功能：

（一）便捷的导航与人性化的个人空间

在线学习者的核心需求首先是发现自己感兴趣的课程。在海量资源中能利用多样化的导航，引导学习者方便快捷地找到自己所需要的资源，可以极大地提升学习者的积极性。功能齐全、布局合理的个人空间对于学习者同样很重要，学习者可以实现对课程信息的保存、对学习过程的记录、对交流互动的记录。个性化的空间页面设置还可以在方便学习者使用的同时增强学习者的存在感。

（二）设置建立学习计划的服务

网络学习环境中，学习享有极高的自由度。为此微课程平台设置学习计划模块可以更好地帮助学习者养成为自己的学习做整体规划的良好学习习惯。此外，还可以利用平台中对信息的推送功能，向学习者推送由易到难的课程，为学习者的学习提供循序渐进的课程选择建议。

（三）设置随时记录的服务

网络学习过程中，学习者也有随时随地记录课程学习过程中萌发的想法或知识碎片的需求，平台需要设置相关功能，可以通过提供标注与记录功能，实现精确标注与记录。

（四）设置问答服务

网络学习环境中，学习者也有社交的需求。学习者不仅有分享和表达的需要，更常见的是在课程学习各个阶段针对学习过程中疑难问题的问与答。"答"可以是预设的解答直接推送，也可以是教师及时针对性的答疑，还可以是其他学习者的解答。提问者在提问前还可以在课程问答网页上先搜索。对于所有的"问"与"答"，都保留有记录，方便整理与回放，也便于教师收集相关反馈信息。

（五）设置练习与测试服务功能

根据需要，练习题可以设置成封闭式与开放式两种不同层次的练习题，使得学习者既可掌握基础知识，又能锻炼思维。测试尽量以客观题的形式出现，可以方便地利用教师事先设置的答案实现自动批改。

（六）设置评价功能

引入游戏中的通关与积分功能。随时提示学习者在群体中目前的排名，针对学习者总积分累计给其提供不同身份，系统中为不同身份增开部分功能权限。平台中设置评价不是为了甄别而是激励，是为了进一步激发学习者的积极性。

（七）设置对回馈的自动分析功能

对于学生的练习以及学生设置的标注情况，平台自动给出分析，学生可以根据分析找到自己在学习中的薄弱环节，教师可根据分析来了解学习者的学习情况，进一步优化微课程或者有针对性地提供解释信息。

四、校本微课程资源库的形成

微课程资源建设需要加强信息技术与教学的深度融合，关注教师的"教"，更要关注学生的"学"；支持"线性"教与学，更要支持"非线性"教与学。建设校本微课程资源库，可从以下几个方面入手：

（一）全员初级培训，为微课程推行营造良好的校内环境

通过对微课程的概念、应用的介绍让大家了解微课程；通过微课程应用的展示让大家感受到微课程对于学生的学习以及实际教学可能产生的影响，从而对微课程产生兴趣；通过对录制软件的学习，让大家体验微课程制作的过程，对录制软件的学习除了可以录制微课程之外，还可以解决实际应用中某些视频无法下载的问题，这点让培训的普及性得到保证。

（二）深入培训，为微课程资源建设与应用组建一支高素质的队伍

优质的系列微课程也不可能通过强制分配任务来实现，它的制作者必须是一批对微课程怀有兴趣、有激情的人。为此，需要在全员初级培训的基础上通过双向选择组建队伍，再对这支队伍有针对性地进行深入、全面的培训，这是进行微课程资源建设

与应用实践的前提。

1. 培训内容梳理的方法

系列微课程一般以实际教学时序为主线，总结性的专题以知识体系为主线。目前中职教育阶段的微课程定位重点是解惑，为此，首先要提炼出适合制作成微课程形式的教学内容，如知识点中的重点、难点、疑点、考点等或教学环节中的学习活动、主题、实验、任务等。这些点与环节的梳理需要教师对教学内容有深入的研究与整体的把握。培训时大家共同观看典型的微课程，分析作用，学习提炼的方法，然后集中分学科组讨论，分工梳理，再集中对各自梳理的微课程制作目录进行审核，确保微课程内容的针对性。

2. 规范化微课程的设计

微课程的结构：要求有鲜明的主题和清晰的讲述线索。用清晰的话题引入课题、评价方法和考试方法，保证时效的同时力求新颖。课中的讲解要求线索清晰，重点突出。收尾快捷的同时应注意对关键概念的总结。系列课程要注意风格的统一及前后内容的衔接。

讲解的设计：新颖的课堂结构、精确的语言表达有助于形成自己独特的微课程风格。为此，讲解人要充分准备，力求语言准确、简明、流畅。

配套资料的设计：配套资料包括课程说明、学习目标、所讲知识的背景信息，以及分层练习、教学案例、教学反思等教学辅助资源，所有资料的编辑格式力求统一，符合规范。这有助于微课程被更广泛地应用。

3. 培训微课程平台的使用

无论是微课程视频、相关资料的上传还是作为在线学习的一个角色都需要熟悉平台的使用，不光是熟悉作为教师角色的空间功能，还要熟悉作为学生的空间功能，只有同时熟悉课程提供者与学习者两种角色的空间环境才能够更有针对性地为学习者提供资料与服务。

（三）分工协作，完成系列化微课程资源制作

校本微课程资源的建设可以根据成员特点分工协作，各人做自己擅长的专题。制作可以利用平时教学时间，与教学同步完成相关内容，对于某些专题也可以利用假期完成。在学校层面，对那些在微课程资源建设方面做出贡献的教师们也要给予相应的

奖励与肯定。

（四）多管齐下，实现优秀微课程资源的推广

通过各种教研活动、评比让优秀的微课程走出去，为更多的教育者所用，提高微课程资源的利用率。在这个过程中，制作者能受到激励，进一步增强微课程制作与应用的动力。毋庸置疑，优秀校本微课程资源的最终流向是更大型的在线学习平台。

五、微课程资源的应用模式探索

人们最为熟知的微课程应用方式就是非正式在线学习形式，微课程能够为学生提供"自助餐式"的资源，能帮助学生理解一些关键概念和难以理解却要求掌握的技能。微课程的开放性及后续补充与开发的潜力也为教学应用带来了巨大的灵活性。

微课程资源在假期在线学习中的应用：微课程非常适合学生的"主动"学习，是学生开展自主学习、协作学习、探究学习的有效学习资源。目前中职教育阶段的学生仅仅寒、暑假就有接近3个月的时间，现实情况是，对于大部分学生来说，所谓的假期只是从大课换成小课，针对目前愈演愈烈的各种补课班，疲于奔命的学生、家长，焦头烂额的各级领导部门堵、疏无门。学生在老师的指导下根据自己的实际需求有针对性地制订在线学习计划，在微视频和相关资源以及其他学习者、老师所组成的环境下进行在线学习，这样的举措应当是培养学生自主学习能力的有利探索与解决目前假期小课热的可行途径。

在线学习存在的问题：这种高自由度的网络在线学习面临的问题是，在网络这个嘈杂的环境下，静心学习需要有强烈的目的性、积极性、主动性，而中职教育阶段的学生自控能力比较差，这会严重影响学习的效率。另外，很多家长谈网色变，也很难在思想上认同这种网络学习方式。

微课程资源在日常教学中的应用：微课程可以结合多种教学方式进行使用。微课程可以作为颠倒课堂的课前预习环节的重要载体，学生在课堂之外观看在线的课程，在课堂上进行回顾和课堂活动。微课程为观看者提供的一对一的临场感是大规模班级授课、拥挤的教室所没有的。由于微课程小而精的特点，微课程能够很容易地被整合于课堂教学上，以便学生能容易地理解所呈现的内容。此外，课后，它可以提供重点、难点、疑点以及技巧与操作的讲解，支持分层学习，学生们可以按照自己的需求重新

访问教学资源，以加强学习效果。

微课程的缺点：微课程所要求的这种特别的授课方式并不是所有教师都能习惯的，尽管它有助于增强课堂讨论效果，然而教师使用时必须能够动态地适应新情况；此外，它在广度、深度和复杂度方面存在不足，同时因为它是提前录好的，也不能支持临时性的问题。

微课程的未来：有专家预计，作为在线课程以及未来教学资源发展的新形式与新趋势，微课程将成为最有前景的教育技术之一，正受到教育研究者与实践者的关注。微课程资源建设与应用探索对教师的信息化教学设计能力、资源开发能力提出了更高的要求，同时也成为提升教师专业发展水平的重要途径。

第九章 数学有效教学改革中教师专业发展方略

第一节 数学教师在学习中发展

数学教师的专业成长作为教师专业成长的一部分，当然不能游离于教师专业成长之外。也就是说，要研究数学教师专业成长，必定要谈及其上位概念——教师专业成长。教师专业成长是指教师作为专业人员不断完善自身专业素养的过程，专业素养包括专业知识、专业技能、专业情意以及自我反思与改进四方面，其中以教师的自我反思与改进最为重要。教师专业成长的已有认识是研究数学教师专业成长的基础。

一个人要实现自身的发展，学习是必需的。同样，一个数学教师想要实现自己的专业成长，学习必不可少。学习可以帮助数学教师获得专业成长必要的知识，如教师专业发展理论，可以帮助数学教师对自身的专业成长做出合理的规划；如教育学、心理学知识可以对数学教师的实践活动做出合理的调控。数学教师的学习可以大致通过实践积累、观课和研讨、人际网络、传统媒介、信息技术等途径获得。

数学教师的学习是一种"成人学习"。近年来成人学习的研究取得的一些新进展表明：成人学习是基于情境的；情绪和想象是成人学习过程中的重要组成部分；可以运用关于头脑和意识的新知识来理解成人学习；叙事学习提供了一种很自然的模式，也正在被应用到教育环境中。这些都为数学教师的学习提供了很好的理论基础与功能导向。

首先，数学教师学习的动机与目的非常明确，即解决数学教学实践中出现的问题，更好地实现自身的专业成长。数学教师在成为教师之前的学生时代，其学习有关数学知识的动机可能仅仅是解决某一个或某一类的数学问题，从而提高自己的数学成绩。但是，当他成为数学教师之后，学习的目标就不能再仅仅局限在解题方面，还必须考虑如何使自己的知识更加全面、更加精深，从而提高自己的数学教育教学水平。而且一旦数学教师清楚某类知识对自己的专业成长有帮助，他一定会持续不断地去钻研，其学习动机来自内部，并且能够持久。

其次，数学教师学习的方式往往是基于具体的情境，通过人境互动、人与人的对话与交流而进行的。"闭门造车"与"关起门来做学问"的学习对身处时代变革中的数学教师，已经不是最好的方式。事实上，知识不过是社群就某一问题所达成的一致而已，并不存在普遍性的基础。因此，每个数学教师作为一个独立的个体，他总是处在一个特定的情境中，如特定教室、特定课程、特定学生等。这些特定的对象生成了具体的情境知识，它作为案例知识以境脉（context）的方式积累着、传承着，数学教师的学习便不能脱离这样的特定情境。

最后，由于数学教师的学习源于实践中的问题，所以他们往往会在进行学习的同时进行自我深刻的反思，并把反思的成果更进一步地应用和体现在数学教育教学实践中。如舍恩就认为：尽管教师通过接受传统的教育理论与技能训练能够学到一些专业知识，但他们大量的知识仍然是来自自身的教学实践和自我反思。所以数学教师的学习不仅指学习内容本身，更重要的是对自身学习的反思。这样的反思能够让数学教师自愿地思考自身行为的产生原因与结果以及各种环境和条件的限制，准确地、批判地、有组织地思考数学教育实践，可以更好地促进数学教师自身更快地成长。

一、知识——数学教师专业成长必需之源

一项活动之所以成为专业活动，是因为有其自身独特的理论知识作为支撑，这些知识不但是判定专业标准的依据，而且是区分和鉴定专业的指标，更是专业教育的主干内容。教师从事教育教学工作，实现专业成长的前提条件就是必须具备在特定的教育教学情境中解决特定问题的专业知识，主要包括本体性知识、条件性知识、实践性知识和一般性文化知识。要提高教师素质，就必须重视构建合理、完善的知识结构。

在时代发展和教育变革的背景下，现代数学教师的知识结构应包括普通文化知识、数学知识、一般教学知识、数学教学知识和教学实践知识五方面。

（一）普通文化知识

拉丁文中的"文化"一词的本义就是"培养"。随着时代的发展，广义的文化也已成为一个内涵丰富、包罗万象的概念。一位理想中的数学教师最好应具备广博的知识，如哲学、社会科学、自然科学等，还应该具备把这些知识内化为个体的人文素质的能

力,从而使自己成为一个具有崇高精神境界、健全的人格特质的"人类灵魂的工程师"。强调数学教师对普通文化知识的掌握,就是因为普通文化知识本身具有陶冶人文精神、养成人文素质的内在价值。数学教师只有具备了广博的文化知识才能够满足每一个学生的探究兴趣和多方面发展的需要;才能够帮助学生了解丰富多彩的客观世界;才能够帮助自己更好地理解所教学科知识;才能够帮助自己更好地理解教育学科知识;才能够提高自己在家长和学生心目中的威信。

(二)数学知识

数学知识是数学教师知识结构中的主干部分。一般数学教师的数学知识主要包括数学内容知识、数学实质知识、数学逻辑性知识、有关数学的信念、有关数学最新的发展五方面知识。数学是一门比较特殊的学科,数学教师的劳动也是一种复杂的、讲究逻辑思维创造性的劳动。数学教师要成功地完成数学教学任务,首先要对数学专业知识有完整、系统、精深的掌握。这样才能在数学教学中比较好地处理教材,使数学知识在教学中不是以"干巴巴"的符号形式存在,以"冷冰冰"的推理、结论的方式出现,而是能展示数学知识本身发展的无限性和生命力,能把数学知识"活化"。

(三)一般教学知识

由于教师工作"双专业"的特点,作为新世纪的数学教师,应当通晓并熟练掌握教育科学理论知识,这是从事教育教学工作的理论基础,也是将数学教师的教学由经验水平提高到科学水平的重要前提。一般的教学知识范围相当广泛,包括教育基本理论、心理学基本理论、德育学、教学论、教育史、教育社会学、教育心理学、教育管理学、教育法学、比较教育、教育改革与实验,以及现代教育技术知识、教育科学研究等。数学教师只有全面系统地掌握一般教学知识,才能确立先进的教育思想,正确选择教学内容与方法,把自己所掌握的知识与技能科学地传递给学生,促进学生的全面发展。这从美国师范教育中所提倡的理念就可见一斑:"各教师协会坚持主张凡是要做教师的人必须首先修完类似医师和律师所必修的(教育学)专业课程。其论据的实质是:如果公立学校教师想被人看作专门人才的话,就必须掌握教育学的高深知识,这样就使他们跟只受过普通教育甚至较多普通教育的外行人区别开来。"

（四）数学教学知识

由于数学本身具有抽象性、严谨性、应用的广泛性以及辩证性等特征，因此数学教学也具有不同于其他学科教学的特征，有其特性。尤其在新数学课程实施和推广的背景下，对数学教学提出了许多新的要求，强调数学教学不只是教知识技能和技巧，还要教数学思考和思想，把数学的学术形态转换为教育形态，努力去体现数学的价值和数学的教育价值，培养意识、观念，形成良好的品质。要注重数学与实际的联系，发展学生的应用意识和实践能力。例如，在学习圆锥曲线时，可以引导学生从实际情境中去发现圆锥曲线的现实背景（如行星运行的轨道、抛物线运动的轨迹、探照灯的镜面等），以及圆锥曲线在现实世界中的应用，并用圆锥曲线的有关知识解释、解决一些实际问题。数学教师要改善和丰富教与学的方式，使学生主动地学习，这就要求教师针对不同的内容采用不同的教和学的方式。例如，对于统计内容的教学，就可以在教师的指导下，让学生采用收集资料、调查研究、实践探究的方式；对反函数、复合函数的一般概念，概率中几何概率的计算等内容的教学，不妨采用在教师引导下自主探究与合作交流相结合的方式；对于一些核心概念和基本思想（如函数、向量、导数、算法、统计、数形结合、空间观念、随机观念等）的教学，要注重使学生在丰富的背景下，在认知的冲突中，在经历知识的形成和发展中展开学习，引导学生通过观察、操作、归纳、类比、探索、交流、反思等行为参与和思维参与活动，去认识、理解和掌握数学知识，学会学习、发展思维能力。所有这些数学教学活动的实施与完成都要求数学教师具有相应的数学教学知识作为基础。舒尔曼也认为"学科教学知识"是区分教师和一般知识分子的一种知识体系。数学教学知识就是把"数学内容"和"教学"糅合在一起，变成一种理解，使其具有"可教性"。

（五）教学实践知识

数学教师的实践知识指教师在面临实现有目的的行为中所具有的课堂情境知识以及与之相关的知识，更具体地说，这种知识是数学教师教学经验的积累。数学教师的教学不同于研究人员的科研活动，它具有明显的情境性，专家型数学教师面对内在的不确定性的教学条件能做出复杂的解释与决定，能在具体思考后再采取适合特定情境的行为。在教育工作中，很多情况需要教师机智地对待，这种教育教学的机智不是一成不变的，在一种情况下是适宜的和必要的方法，在另一种情况下可能就是不恰当的。

只有针对学生的特点和当时的情境有分寸地进行工作，才能表现出数学教师的教学机智来。在这些情境中数学教师所采用的知识来自个人的教学实践，具有明显的经验性。而且，实践知识受一个人经历的影响，这些经历包括个人的打算与目的以及人生经验的累积效应。所以这种知识的表达包含着丰富的细节，并以个体化的语言而存在。显然，关于教学的传统研究常把教学看作一种程式化的过程，忽视了实践知识与数学教师的个人打算，这种传统研究限制了研究成果的运用。因此，数学教师除了要充分运用所学的知识教育学生外，更需要不断地针对教学情境中的问题，运用科学方法，探求问题的可能成因，了解问题的真相，并且进一步研究解决的办法。

二、学习——数学教师专业成长必经之路

在过去，数学教师在各类培训活动中仅仅被看作被教育的对象，被发展的对象，而且这些培训往往又脱离了数学教师的实际，一般是通过灌输的方式强加给数学教师的，所以很少一部分数学教师只有在与具有"理论"背景的个体或群体对话时，才会被动地运用这些概念符号系统。但如果考察数学教师的日常教学生活就会发现：经验层面的知识互动与共享，面对面的知识传播与创新才是最具影响力的数学教师专业发展途径。因而在教师专业成长越来越受重视的今天，数学教师的学习被赋予了浓厚的时代与专业特征。

第一，基于案例的情境学习。近年来兴起的案例学习是一种典型的情境学习方式，而且被实践证明是一种能促进数学教师专业成长的有效的学习方式。情境学习有关理论认为：学习不是获得某种认知符号，而是参与真实情境中的活动。学习就是情境的认知，"知什么"和"怎样知"是融为一体的。离开情境的知识学习，只能是记忆一些没有意义的呆滞知识，不可能和个人经验与现实社会产生联系，因此也不可能产生迁移和实践运用的效果。同样，数学教师对知识的学习离不开知识运用的情境。数学教师的有效学习不是纯概念的识记和新理论的接收，而是在生动鲜活的案例背景下的情境学习。正是生动而鲜活的案例架起了专家理论话语系统和数学教师实践话语系统之间的桥梁。

第二，基于问题的行动学习。由于数学教师工作的特殊性，高负荷的日常工作和为了专业发展的学习往往在时间面前矛盾重重，所以针对教学实践中的问题，进行专业发展性的行动学习很好地把实践和学习结合了起来，学习成为工作中一部分，实践

中的诸多问题又在学习中得到解决。例如，数学教师在教立体几何这部分知识时，碰到的普遍问题是较多女生的学习遇到了困难，那么有经验的数学教师就会认真地进行教学设计的思考，力求在课堂中多运用实例进行说明与例证，以解决学生中尤其是女生因为缺少实例而引起的学习困难。数学教师也很可能因为成功解决这一问题，而引发更进一步的思考，能够把自己的经验加以推广和应用研究，以解决更多的问题。因此，数学教师的学习就是基于问题的行动学习，即为改进自己的教学而学习，针对自己的教学问题而学习，在自己的教学过程中学习。

第三，基于群体的合作学习。维果茨基认为，人类的学习是在人与人的交往过程中进行的，是一种社会活动。学习的本质就是人与人之间的交往，是他人思想和自我见解之间的对话。作为一个职能共同体，不同的数学教师在知识结构、智慧水平、思维方式和认知风格等诸多方面都存在着差异。正是这种差异构成了一种学习的资源，同时也是数学教师合作学习的动力与源泉。有研究表明，数学教师教学的新观念最多的是从自己的同伴那里学来的。在合作氛围浓厚的学校，90%的教师这样认为；在合作氛围淡薄的学校，教师的思想状态总体上往往停滞不前。在教师合作学习的共同体中，心与心的对话，手拉手的互助，思想与思想的碰撞，最终促进了教师的认知、动机和情感在合作学习中的整合和全面发展。迈克·富兰在其著作《变革的力量：透视教育改革》中生动地写道："当教师在学校里坐在一起研究学生学习情况的时候，当他们把学生的学业状况如何与教学联系起来的时候，当他们从同事和其他外部优秀经验中获得认识，进一步改进自己教学实践的时候，他们实际上就是处在一个绝对必要的知识创新过程中。"

有人借用了企业知识管理的"SECI"模型来构建教师的学习环境与方式。"SECI"模型（Socialization，社会化；Externalization，外化；Combination，结合；Internalization，内化）是日本学者 Nonaka 和 Tadeuchi 在 20 世纪 90 年代提出的知识创造的完整模型。简单地说，这一模型包括：①一种互动动力——传递；②两种知识形式——显性知识和隐性知识；③三个层面的社会集合——个人、群体、组织；④四个"知识创造"的过程——社会化、外化、结合、内化。这个模型对数学教师的学习方式的构建也具有全新的启示。丰富的知识和才能积聚在数学教师的教学经验中，但这是一种尚未规范和显性化的知识，是依靠数学教师自身的感悟或经验获得的无法用语言表达出来的缄默知识。它存在于个人经验（个体性）、嵌入实践活动（情境性）中。

数学教师只有通过投身于数学教学实践，在实践的过程中才能获得知识。要想使数学教师的学习效果与成果最大化，就应该在集体中互相交流与探讨，传递与共享自己的知识，使隐性知识显性化，最好能"社会化"——从缄默知识到缄默知识，也是数学教师个体之间交流共享缄默知识的过程。最常见的就是学校中惯用的"师生模式"。能"外化"——从缄默知识到外显知识。通过努力，数学教师可以在一定程度上将缄默知识转化为外显知识，并使之成为大家的"公共产品"。外化是知识创造的关键，因为知识的发展过程正是缄默知识不断向外显知识转化和新的外显知识不断生成的过程。数学教师主要通过将自己的观点和意向外化成为语词、概念、形象等，使之在群体中传播与沟通。能"结合"——从显性知识到显性知识。显性知识向更复杂的显性知识体系的转化，数学教师个体抽取和组合知识的方式是通过文献、会议、网络等实现的。更能"内化"——从显性知识到隐性知识。已经外化的显性知识在数学教师个人及组织范围内向隐性知识转化。它主要通过个体的实践活动实现这种转化。例如，课堂提问是数学教学的基本功，教师必须在选择问题和提出问题的火候上下功夫。我国著名数学特级教师马明就曾指出："通过提问能把学生头脑中模糊甚至错误的认识'挤'出来，这与有经验的医生一样，能把病人的病根找到，尽管这种课学生不能对答如流，但这种课有生机。老师学会一个'挤'字，没有五年功夫是不行的。"这就是数学教师在数学课堂中的缄默知识。数学教师专业成长的关键就在于把这种缄默知识转变为规范化和显性化的明确知识，并成为支持性的理论，促进数学教师专业成长。

第二节　数学教师在实践中发展

一、教育实习的目的与任务

教育实习是师范院校的教学形式和活动方式的重要特点。它是师范院校教学计划的重要组成部分，也是整个师范教育结构体系的重要支柱。教育实习包括教学实习、班主任实习与教育调查，有时还进行学校管理工作的实习。

作为新型的人民教师，必须德才兼备，既要有丰富的学科知识和扎实的专业基础，还必须具备综合运用并发展这些知识的能力；既要有精湛的教学能力，又应有高尚的道德情操与优良的品质修养。而教学实习对于实习生的各种知识的学习、能力的培养以及优良品质的形成都起着十分重要的综合作用。因此，高等师范院校教学实习的目的，在于使实习生将所学的教育科学理论、专业知识和基本技能综合运用于教学实践活动，从而培养他们从事教学工作的能力，增强他们的专业思想和从事教育事业的光荣感和责任感，为将来能迅速成为一名合格的新型教师奠定基础。

为达到以上目的，教学实习安排的主要任务是课堂教学，以及围绕课堂教学的一系列活动。另外，还安排部分课外活动的实习。

（一）课堂教学的实习

课堂教学是学校教育的中心环节，是教师向学生传授知识的主要形式。课堂教学的好坏，在很大程度上决定着青少年学习成绩的好坏。实习生在教学实习中要积极学习老教师的教学方法和经验，完成一定课时的教学实习任务。要全面熟悉数学教学的每一个环节，如备课、制定课时计划、讲课、课外辅导、批改作业、考试命题和评卷、总结教学经验等。只有这样，才能使实习生受到全面的严格训练，使教学实习切实起到培养教师具有的业务能力和教学能力的作用。

课堂教学实习是实践性最强的教育过程，它能使实习生直接感受到自己的教学水平对学生学习的质量有很大的影响。由此认识到教师备课必须认真，传授知识必须准确，讲解概念必须清楚，进而增强对教学工作的负责精神。

（二）数学课外活动的实习

数学课外活动是开展第二课堂的重要途径，是培养学生对数学的兴趣、拓宽学生的数学知识和增强学生各种能力的重要手段之一。目前数学课外活动的主要内容之一是开展以各类数学竞赛为主题的课外学习小组活动。因此，实习生在实习期间要进行辅导数学竞赛以及其他数学课外活动的实习。对此，实习生应虚心向原辅导教师学习，尊重原辅导教师的工作安排，认真收集素材与资料，熟悉辅导工作的基本规律，努力提高自己的能力。

实习生在教育实习中，要认真总结经验，将感性知识理性化，将零散知识系统化，进行教学总结。这是一个极为重要的自我提高过程。在这个过程中，应理论联系实际，探索教学规律。这样不仅能促使自己更好地完成实习任务，而且能加速教学水平和教学能力的提高，给今后正式走上教师岗位创造有利的条件。

二、教师在职培训

（一）数学教师在职培训的目标

新课程与原有课程相比变化较大，教师必须参加在职培训，使自己尽快胜任新课程的教学，提高新课程的教学质量，使课程改革取得好的效果。新课程教师在职培训有以下几个目标。

①使受培训教师树立改革意识，坚定改革信心。新中国成立以来，普通数学课程改革相继进行了十几次，以往改革的力度不大，教师的教学不必做太大的调整就能够胜任改革后的教学，但最近几次，尤其是 21 世纪的中职教育数学，新课程变化非常大，教师不改变教学观念、不改革传统教学理念就难以胜任今天的数学教学。而且，随着社会的飞速发展，对公民教育的质与量的要求也发生了较大的变化，所以，肩负着培养公民素质的中职教育课程改革就成为必要的了。为此，广大教师必须树立改革观念，坚定改革信心，才能够主动地投入到改革中去，主动地接受新理念、新结论，尝试与探索新方法，只有教师主观上愿意接受新课程，教师培训才能取得实质性效果，改革也才能取得成效。

②使受培训教师进一步认识数学，提高数学素养。数学是普通数学教师必须具备的和非常重要的素养之一，从新课程的教学内容和要求来看，这种素养的要求要远远高于课改前数学教师应该具备的数学素养。而事实上，我国普通数学教师能够达到新课程要求的还不是很多，为此，在教师培训中，必须注重对教师数学知识的丰富和数学素养的提升。

③丰富教师的教育、数学教学理论知识，使受培训教师认识、归纳、反思以往数学教学经验，提高数学教学能力。

相关学者指出，数学教师要善于把数学知识形态转化为教育形态。这就需要遵循学生的心理过程、认知特点和教育规律。因此，数学教师要学习教育、心理、哲学、数学教学等领域中的相关知识，在学习的同时，反思自己以往的教学经验，提高数学教学能力。

（二）数学教师在职培训的要求

数学教师大多有几年、十几年甚至是数十年的教学实践，他们有丰富的教学经验和体会，而且也形成了独自的教学模式和教学风格。因此在培训时，我们要考虑教师的特点，针对教师的实际情况进行培训，才能取得较好的效果。

1. 将改革与继承结合起来

在数学教师培训过程中，应该将数学新旧课程进行对比，使参加培训的教师清楚新旧数学教材的异同，掌握新课程继承了哪些传统内容，增加了哪些内容，调整了哪些内容，为什么做这样的调整，调整后的教学目标又是什么等。

数学新课程内容和体系上的重大变化，要求在职数学教师必须参加改革培训，否则难以转变观念，不习惯新课程的教学，甚至是不能够胜任教学。这是数学教师必须参加课程改革培训的第一个原因。其次，目前的高等院校教师教育改革跟不上中职教育改革的步伐，教师教育课程覆盖的范围远远小于数学新课程所涉及的内容，所以，即使是刚刚走上教师岗位的新教师，也有参加新课程培训的必要。第三，数学教师任教于中职往往只在中职任教，任教于中职的其他教师也同样，有许多中职数学教师不了解中职的教学内容与要求，中职数学教师也不清楚中职教学内容与要求，尤其是课程改革时期。第四，数学教师工作繁忙，尤其是毕业年级的数学教师，更是忙得无暇顾及其他，因此，让他们自主学习、自我培训并不现实。

过分强调新课程，忽视原有课程的特点、内容、教学目标等，或者一味地强调以往教材中不尽如人意的地方，教师就不能很好地理解新课程，而且从感情上也无法接受，尤其是工作若干年的老教师，他们已经形成了自己的教学习惯和教学风格，有非常丰富的教学经验，让他们放弃原来的东西，按照新理念进行教学，就必须将新旧课程进行对比分析，使他们对新课程与旧课程的异同有很好的把握，并且从感情上接受它。否则，教师只是了解了新课程大量的理论信息，对某一个具体内容的改革却不甚了解，这样他们在具体内容的教学中不能准确把握新课程的具体目标，从而使课程改革流于形式，影响教学质量。

2. 将充实教育教学理论与学习数学知识结合起来

教师是一种职业，教师劳动不同于一般的劳动，这已经成为共识。这个职业需要专业知识和教育教学知识作为基础，教师工作要求他们既是学科知识方面的专家，又是教育教学知识方面的专家，认为"学者即良师"和"教师学术水平要求不高"的观点都是不对的。因此，在数学教师的培训过程中，既需要培训数学教育教学理论，也需要培训数学学科理论，只重视其中一个方面是不够的。

在最新一轮课程改革中，中职数学课程以模块的形式呈现，这些专题中绝大多数都属于近现代数学范畴，是数学教师没有学习过的，即使是现在高师院校就读的师范生也大多没有接触过，因此，在数学教师培训中，数学知识的充实、丰富是非常必要的。如果培训过于强调教育教学理论而不重视数学素养培训，那么广大的数学教师尽管懂得大量的方向性、原则性知识，能解决怎样教的问题，但对如何进行具体内容的教学以及具体的方式、方法等不甚掌握，那么在实际教学中会遇到重重困难，难以达到教学目标，课程改革也难以真正实现。

对于如此多专题的培训，比较可行和有效的解决方法有两个：第一，增加集中培训的次数，每一次集中培训重点培训解决其中的一个或者几个专题，使教师对它们有一个很好的把握，同时辅助校本培训，实现以点带面，使得全面提高。第二，举办分散式培训，在一个地区，依靠大学的力量，利用双休日等休息时间同时开设多门选修课程，教师可以根据自己的情况自由选择专题进修。这样，经过几年的努力，大多数数学教师都参与了培训，都能够开设一到两门专题讲座，而且不影响学校正常的教学秩序。

当然，只重视数学方面的培训也是不够的。教育教学理论如雨后春笋层出不穷，许多新的心理学成果、教育思想、教学方法不断涌现，这些都能够成为教学实践的理论指导，成为提高教学质量的有效途径。

3. 将教学培训与科研能力提高结合起来

在过去，许多中职教师都认为，做科学研究是大学教师和科研机构人员的事，中职教师只要教好书就可以了。然而，随着中职教育课程改革的不断深入，教师的角色发生了重大变化，他们不再只是知识的"传送带"、习题的"研究者"和考试的"指导者"，而是拥有先进教育理念、懂得现代教育技术、善于学习、善于合作的探究者，教育教学的研究者。专家型、研究型教师是社会发展的强烈需求，是课程改革的新要求。

数学教师的研究领域相当广泛，研究问题可以来自教育理论，也可以来自教学实践。自20世纪90年代以来，教师职称的评定发生了较大的变化，拥有一定数量的论文成为晋升高一级职称的必要条件之一，也正因为如此，许多教师才不得不撰写论文。这样的研究非常被动，得到的成果无论是理论上还是实践上的价值都不是很大。事实上有许多教师拥有丰富的教学经验和缄默化知识，这些经验与知识对其他教师，尤其是青年教师有非常重要的指导和借鉴意义，对它们进行反思、研究、推广，不但能够使数学教师质量大面积提高，而且可以丰富数学教育教学理论，使数学教育教学理论不断完善。理论研究是研究，对于自己教学中的经验与体会的反思、整理、提升也同样是研究。

在教师培训过程中，关于教学研究的培训，有两方面的工作需要做，一个是使教师懂得教学研究的必要性，使他们养成经常对自己的教学进行反思和研究的意识和习惯。另一个是讲授教学研究的方法，授人以"鱼"不如授人以"渔"，使教师掌握选题和研究的常用方法。对于学校数学教师，选题主要有两个途径。

①在学习过程中发现自己感兴趣的专题，如通过新课程理论的学习，研究新旧几何课程在目标、内容、体系、呈现方式等方面的异同。

②在教学实践过程中自己的体会或者困惑，例如，如何解决数学学习困难学生的问题等。研究的方法主要有理论的研究方法、实践的研究方法、实证的研究方法、案例的研究方法等，这些方法各自有自己的优势、适用范围和使用方法。

数学课程改革，教师培训是成功的必要条件，没有教师教育教学知识和数学专业知识的更新，没有广大数学教师的积极参与，改革就不能进行下去。而数学教师的培训，不能流于形式。改革与继承相结合、理论与实际相结合、教育与数学相结合、教学与科研相结合是指导数学教师培训的四条基本原则，每一个原则都是相辅相成的两个方面，培训时要全面把握，认真加以执行，以期取得实效。相信经过这样的培训，广大教师的收获将是非常大的，他们不但在理论上有大的收获，也懂得了将学习到的理论运用到实践中的方法。这样的培训才是有价值和意义的。

（三）在职培训的基本形式

数学教师的在职培训主要有三种形式，一种是集中培训，另一种是校本培训，第三种是各级各类教研活动。

集中培训又可以采用两种方式：第一，将在职教师集中于大学或其他机构进行脱产学习；第二，在职教师利用双休日集中于社区大学或其他机构参加学习。

校本培训主要以学校为单位进行培训，培训人可以是参加过国家或地方培训的本校教师，也可以是外请专家，还可以以讨论班的形式进行交流、研讨。培训的目的是改善本校实践，提高教学质量，促进教师的专业发展。为此，校本培训要重视针对本校的实际情况，发挥每一位教师的积极性和主动性，明确每一位教师的权利和义务，使他们在培训中有收获，乐于参加培训。培训的内容应紧扣教学，并结合本校的实际情况，如课程标准的理念、新课程与以往教材的异同、必修课程各模块的教学顺序、选修课程与系列专题的教学取舍，如何将本校具备的现代教育技术整合于数学教学，本校学生具有怎样的特点等。

各级各类教研活动是由市、区、县或者学校组织数学教师参加的研究活动，在这个活动中，参加的教师来自不同的学校，大家聚集一堂，共同探讨一个或一类问题。活动的内容可以是教材探讨、教法交流等。活动的形式可以是名师讲座、小组讨论、整体交流等。

第三节　数学教师在反思中发展

英国著名课程理论学者斯腾豪斯明确提出了"教师成为研究者"的概念，并倡导了这一运动。他认为："教育科学的理想是每一个课堂都是实验室，每一名教师都是科学共同体的成员。"尤其是在信息化时代背景下，数学教师的特殊作用在于：一方面要成为学生数学学习的支持者与理解者，另一方面更应该承担起数学教育研究的任务。一个数学教师想发展为专家型教师或学者型教师，首先就要树立教师成为研究者的理念，数学教师不仅是一个优秀的数学知识与技能的传授者，一个把数学教育理论落实于数学教学实践的载体，而且应该是一个数学或数学教育行动的研究者。

所谓数学教育行动，是指以解决数学教育实际问题为目的的研究，是创造性地运用数学教育理论解决数学教学实际问题的过程。一般来说，绝大多数数学教师主要是成为自己数学教育教学活动的研究者。这是一种特定的数学教育教学研究，它植根于数学教育教学过程中，是数学教师对自己数学教育教学活动的思考与探索。它具有鲜明的实践性特点——在教育教学实践中研究，在研究中实践教育教学，以教育教学实践促研究，以研究指导教育教学实践。因此，这种自我研究不仅可以更好地理解自己的课堂、改善自己的数学教育教学实践，使学生获得更好的发展，还可以不断地对已有的数学教育理论进行检验、修正和完善，从而促进数学教育理论研究的不断深入和发展。

这种自我研究，也是数学教师职业自主性的表现，且数学教育教学研究能力的发展和提高，是数学教师专业化水平的另一重要体现。许多中学数学特级教师就是这样的研究者，就是这种专家型或学者型教师。

从上面的分析可以看出，数学教师成为研究者具有实践性特点，这就决定了其研究本质上是一种以反思形式进行的行动研究：在反思数学教学实践经验中，既强调与数学教材、学生对话，更强调通过反思与自己对话，既把数学教学看成一门科学，又把数学教学看成一门艺术。

事实上，国内外的大量研究表明，数学教师的反思是认识自我、提高自我的重要手段。数学教师的教学经验反思，是促使一部分人成长为专家型教师或学者型教师的一个重要原因，反思被广泛地看作数学教师职业成长的决定性因素。

一、数学教师反思方略

（一）反思——数学教师专业成长的新策略

在传统的数学教师专业成长方式中，人们通常认为通过获取知识，就可以引发数学教师行为的改变，从而促进变革，它专门关注所倡导的理论的改变，而这种理论是建立在数学教师观念改变了，其行为也会随之而发生改变这样的一种理论基础之上的。传统模式的最终目的或许就是提高数学教师的成就，其直接的、可以看到的目的就是数学教师获取知识。

数学教师把大部分可用的时间，都花在将信息传递给那些被动的接收者和对信息掌握情况的测试上。对于他们的教学以及课堂的改革，评判成败的关键，在于数学教师是否掌握了一种好的理念、一套好的方法，以及一系列行之有效的诀窍。因此，数学教师的学习以及对数学教师的培训都推崇"理论指导实践"的价值取向。

而反思实践则正好相反，认为数学教师专业成长是一个比较复杂的过程，需要对深层次的行动理论进行变革。尽管所倡导的理论起着重要的作用，行为的改变却有赖于深层次的、内在的思想改变。在反思实践活动中，数学教师学习目的不再仅仅是获取知识，而是以适当有效的方式实现知识的创新与应用。

更为特别的是，反思实践通过数学教师行为的改变来提高专业实践水平。也就是说，数学教师的学习不再是一种全纳式的学习，而是一种反思性的学习，并且数学教师在反思性的实践过程中，他们自身的经验也在不断得到丰富、修正和完善，同时又为新知识、新理论的检验提供更为强而有力的支持。

所以，新视野下反思实践中数学教师的专业成长采用了一套极其不同的策略，这些策略结合了建构主义、经验主义、情境认知的基本原则。①学习是一个积极的过程，需要数学教师的积极参与。知识是不能简单地传递的，想要促成学习活动的发生，就必须鼓励数学教师进行学习，允许他们在明确学习方向，参与学习的过程中，积极参与决策。有价值的问题才会激发数学教师的学习。②学习活动必须承认并建立在已有的经验和知识基础上。相应地，数学教师需要有机会探讨、表达、发表自己的想法和知识。③学习者是通过亲身体验来建构知识的，如果数学教师有机会对行动进行观察和评估、有机会提出并检验新思想，那么这些都将有助于他们行为的改变。④如果学习成为一种合作活动而不是孤立的活动，而且直接与数学教师相关，那么学习会更有效率。

（二）行动研究——数学教师反思的新方式

行动研究是由社会情境（如教育情境）中的参与者所主导的一种自我反省、探究的方法，意图在于：对参与者（如教师、学生等）本身的社会与教育实际工作、参与者对这些实际工作的了解和这些实际工作的实施情境三方面的合理性和公正性的改进。以批判的社会科学角度去探讨行动研究，并讨论行动研究在实际教育教学活动情境中的问题应用，希望通过教育行动研究结合教育理论和教育实务工作，来提升教育工作品质。

行动研究提倡数学教师成为自己实践的"研究者"，提倡数学教师运用所学知识，对自身教育教学实践中的具体问题（自己的实践经验）做出多层次、多角度的分析和反省。行动研究能使数学教师即"实践工作者省察他们自己的教育理论，与他们自己的日复一日的教育实践之间的联系，缩小研究者与实践者之间的距离"，能使数学教师成为不断反思的"反思型实践者"。

结合行动研究的相关理论，数学教师反思可以通过以下几个步骤来完成：确定问题—观察分析—研究探索—行动跟进—评价反馈。这几个步骤是一个反复循环的过程，而且反思伴随于每个步骤实施的过程之中。

1. 确定问题

反思的目的是提升数学教师个体和团体的数学教育专业品质，而且由于数学教师在学习过程中，经验起着非常重要的作用，因此，探究过程最关注实践问题。教育行动研究就经常是从一个实践中的疑问开始。从某种意义来说，问题就是一种矛盾，也就是理想或预期达到的情境和当前现实之间的差距。数学教师经常面临着各种类型的问题，有些问题仅仅涉及部分人，有些问题则涉及整个学校；有些问题是系统性问题，有些问题则是局部问题；有些问题能够清晰地界定，而有些问题则比较模糊。但是，最重要的并不在于问题的实质，而在于问题对数学教师的价值。

只要数学教师个体，或由数学教师组成的团体，不断地、有目的地关注数学教育教学实践中出现的各种现象，就一定能够提炼出对自身有价值的问题。无论问题是怎样出现的，对问题的认识都会促使数学教师对现状进行更为深入的了解。对反思着的数学教师而言，思考的方式也许都很相似：我们怎么做才能解决这个问题？我们怎么做才能更接近目标？这种思考便使数学教师的研究进入了下一阶段。

2. 观察分析

确定问题之后，就必须收集并批判性地检视相关的信息，这些信息能够帮助数学教师更为深入、更加综合地了解自己或者他人的行为。至于数学教师本人，既是研究的主体，也是研究的客体。所以，应当采用一种超然的态度，从不同的视角、全新的视野来进行清晰和仔细的观察分析。如某位数学教师对自己课堂中各个环节的衔接不满意，他就可以通过听其他数学教师的课——观察其他教师是如何做好这一工作的；同时他还可以从本班学生中收集相关的信息，或者请其他教师来听课与点评从而判断自己的问题所在；如果条件允许，他甚至可以通过制作技术和理念上更为先进的视频案例来观察自己与他人，从而进行对比分析。如果他还不满足于这些手段，更可以通过其他方式如利用互联网来寻求理论上的支持与帮助，使自己的观察与分析更加具有说服力。

3. 研究探索

研究探索，主要指数学教师应当对出现的问题找到相关文献资料，并且对这些文献资料做出相应的整理，以从更高更深的角度来审视工作实践中出现的问题。虽然现在提倡校本研究，数学教师研究的方向是在工作中遇到的实际问题，但是数学教师仍然应该具备一定的理论素养。一个实践中出现的问题，其解决的过程如果没有理论上的支持，最终的结果肯定具有很大的局限性。而且数学教师对相关理论进行梳理的过程，也是一种继续学习与反思的过程，除了发现自己想要寻求的对策之外，很可能会从中发现更为有用的观点与思想，从而激发其更进一步研究的愿望。

4. 行动跟进

一般而言，数学教师的反思起源于教学实践中出现的困境和问题，所以其目的是摆脱困境和解决问题，因此，反思最终应该落实在行动的跟进。如果数学教师的反思没有了实践行动的跟进，那么这样的反思就失去了立足之本，这样的反思便成了毫无意义的"空架子"。不管是"确定问题"，还是"观察分析"，以及"研究探索"都是为了最后的行动。理论往往想找到一个普适性的原理，但是对大多数数学教师而言，面对的却往往是永远变化的环境、变化的个体，很难确定一个固定不变的目标和与之相关的一成不变的教育教学手段，而且没有任何一项措施是适用于集体中所有成员的，也没有任何一个教学策略永远是最佳的。所以数学教师的行动跟进才会显得如此重要，它既可以消除理论与实践的二元分离，又可以架起个体与集体之间的沟通桥梁。

5. 评价反馈

评价反馈，实际上是数学教师对整个问题进行反思、行动之后的再一次反思。通过评价反馈，数学教师可以从经验中学习，可以培养对自己的实践加以思考的能力。数学教师只有不断地研究新情况、新环境、新问题，并不断地反思自己的教育教学行为，才能不断适应、促进教育教学工作，使教育教学工作有效地开展。不断的反思会不断地发现困惑和新问题，可以进一步激活数学教师的教学智慧，激发数学教师终身学习的自觉冲动。

二、数学教师反思性教学

反思性教学是近年来国外盛行的师资教育方法之一。

反思这一概念早在我国古代就已经出现，"反求诸己""扪心自问""吾日三省吾身"等都很好地说明了反思。但古人的反思仅停留在意识层面，很少付诸社会实践。

目前，我国教育界有识之士（如熊川武等）对反思进行了深刻研究，提出了反思的基本理念，其研究成果和研究思路是值得借鉴的。但是仍然存在着理论与实践的空当，并且反思在具体操作过程中也不能千篇一律，有着其实际的困难。

（一）教学反思的意义

任何一个教师，不论其教学能力起点如何，都有必要通过多种途径对自己的教学进行反思。教学反思有着其现实的意义。通过教学反思，教师能建立科学的现代的教学理念，并将自己的新的理念自觉转化为教学行动。

反思的目的在于提高教师自我教学意识，增强自我指导、自我批评的能力。并能冲破经验的束缚，不断对教学进行诊断、纠错、创新。能适应当今教育改革的需要，逐步成长，学会教学。从"操作型"教师队伍中走出来，走向科研、专业型。从教师的培养角度看，教学反思不失为一条经济有效的途径。作为教学变革与创新的手段，提高课堂教学效益，实现数学教育最优化。通过数学教学反思的研究，解决理论与实践脱节的问题，试图构建理论与实践相结合的桥梁。用反思理论指导实践，融于实践，反过来，通过实践的检验进一步提升理论。

提高教师的教学科研意识。良好的教学素质要求教师必须参加教学改革和教学研究，对教学中发生的诸多事件能予以关注，并把它们作为自己的教学研究对象，是当代教师应具备的素质。一个经常地并自觉地对自己教学进行反思的教师，就有可能发现许多教学中的问题，越是发现问题，就越是有强烈的愿望想去解决这些问题。关注问题并去解决问题的过程，也就是教师树立自己的科研意识，并潜心参与教学研究的过程，整体推进教学质量的提高。

教学反思不单是指向个人的，它也可以指向团体。在这种团体的教学观摩、教学评比、教学经验的切磋与交流中，每一个参与者都提供了自己独特的教学经验，同时也都会从别人的经验中借鉴到有益的经验。多种经验的对照比较，就可以使每一位教师对自己的教学进行全方位的反思。这样做的结果是，普遍提高了教师的教学水平，从而整体上推进教学质量的全面提高。如教研组教师对教学实录的评议，气氛热烈，意见中肯，共同提出修正措施。这是教师集体进行反思，从而产生新的教学思想，这不仅对上课教师而且对未上课的教师来讲都是一种提高。

教学反思，不仅要求确立学生的主体性地位，更重要的是发挥教师的主导地位。教学在让学生主体性充分发挥的同时，教师的主体性率先得到发展。教学反思，要求将发展教师与发展学生相统一，教学反思不仅要"照亮别人"，更应"完善自己"。

因此教学反思是教师自我成长的一条行之有效的途径。

（二）教学反思的内涵

教学反思，是反思在数学教学中的应用。所谓教学反思，是指教学主体借助行动研究，不断探索与解决自身教学，以及教学工具等方面的问题，将"学会学习"与"学会教学"结合起来，努力提升教学实践的合理性及教学效益。

其主要特征表现为：①以教学实践为逻辑起点，并以教学实践为归宿。②以探究和解决问题为基本点。在教学反思中，反思不是一般的回顾教学情况，而是探究教学过程中不合理的行为和思维方式，并针对问题重新设计教学方案，通过解决问题，进一步提高教学质量。③教学反思以追求教学实践合理性为动力，作为提高数学教师的科研意识和科研水平的一种方略。④以两个"学会"为目标，要求教师教学生学会学习的同时，自身学会教学，并获得进一步的发展，作为提高教师的教学能力，促进自身成长的一种途径。

反思的过程是不断循环、教学能力螺旋上升的过程。其活动顺序是理论知识—教学实践—教学反思—教学能力—经验知识。

教学反思强调教师是主要的直接的参与者。因为中学数学教师直接置身于现实的动态的教学情境中，能够即时观察教学活动、背景以及相关现象，在教与学的互动过程中，不断地及时发现问题、解决问题，并能够依据自己丰富的工作经验，自觉地对假设、方案的可行性和有效性做出判断，这是中学数学教师得天独厚的优势；教学反思对象为教师所处的直接事件，充分考虑当时当地的特殊因素；强调研究结果的直接指导意义；强调理论与实践结合，形成一种"行动中的思想"；强调既有个体反思，也有群体反思，通过备课组、教研组的参与，协作反思，讨论形成反思群体，产生新的思想；强调实证研究，但不排斥思辨，既有描述，又有分析。

一个教师是否具有反思意识、反思能力决定于这个教师的自身素养的高低。一个热爱教育事业、热爱学生、师德高尚、讲究奉献精神的教师对自身的要求较高，不会满足于已经取得的成绩，对数学教学精益求精。这样的教师不会因循守旧，他们的敬业精神使他们渴望成功，这种实现自我的需求会成为他们不断进行教学反思的原动力。他们清醒地知道数学教师的素质必须通过不断的学习，在更新发展的过程中得以形成与继续提高。

数学教师必须通过实践的过程，从经验中不断地学习，不断地积累，才能不断增长知识，充实自己，从而才能对数学教学这一复杂的客观背景应付自如，也才能真正以"科学的态度"对待数学实践，从而成长为自觉的、善于思考的、富于创造性的数学教师。

从一定程度上讲，反思就是"自我揭短"，这对一般人来讲是痛苦的行为。因此，缺乏毅力者即使反思技能再强，反思也难以顺利进行。因此教学反思呼唤那些具有批评和自我批评精神、勇于进取的勇士。对于那些缺乏开拓精神，但已形成一些不易改变的经验特征的教师而言，只有依靠外部的压力才能使他们自觉自醒，产生反思的动机。

应该说经验丰富不是坏事，丰富的经验能使他们发现问题，处理突发事件老到成熟，然而经验也能使他们束缚住手脚，他们抱着经验一成不变，那些早已被摒弃的理念与做法，却仍是他们的主导思想与看家本领，并且习以为常。他们在教学中会自觉或不自觉地搬用原先成功的经验，却忽视了成功中最重要的因素——学生变了。要让这样的教师转型，一方面学校领导要积极引导，多提供继续教育机会；另一方面要适当采取行政措施，迫使他们接触新的教育教学理论，学习现代教育媒体技术，转变教学观念，并能对自己的教学过程进行深刻反思。

对学校而言，如果这样资深的教师能转型的话，那将会大大提高课堂教学效益。对教师自身来讲，如果他们能将外部的压力转化为内在的动力，那么必将会再创教学上的第二春、第三春……

随着科技、经济的迅猛发展，社会对教师的要求不仅体现在专业知识和能力结构上（能力中应具备的反思能力常被忽视），更主要的是要求教师具有开拓、创新精神。而要想开拓创新必须对反思有所体验，养成反思的习惯，形成反思能力。

新课程中新内容的增加，要求教师具有创新精神。新课程增设了数学建模、探究性问题、数学文化这三个模块的内容，这些内容的增设的主要目的是培养学生的数学素质。要求教师用全新的教学模式来教学，因此，要求教师具有创新精神，要能推崇创新、追求创新和以创新为荣。要善于发现问题和提出问题，要善于打破常规，突破传统，具有敏锐洞察力和丰富想象力，使思维有超前性和独创性。如果不反思思维习惯中的不合理行为，是不可能具有创新思维的。

新课程的多样性、选择性要求中学数学教师具有良好的综合素质及现代的教学观、人才观。新课程的选择性是在共同基础上设置不同的系列课程，以供学生进行适合自己的选择。整个数学课程体系，包括课程设置、课程目标、课程内容等，都将致力于根据学生的不同兴趣、能力特征以及未来职业需求和发展需要，而提供侧重于不同方向的数学学习内容和数学实践活动，这就要求教师反思传统的教学观念以及衡量人才的标准，教师不再是权威，只是平等的参与者，不仅是解惑者，还应是问题的诊断者、学习的启发者，要求教师了解学生的个性发展，指导帮助学生按自己的能力需要选择所需课程。这绝不是一个抱残守缺者所能胜任的。

终身教育的提出，要求教师具有可持续发展的人格。未来社会的知识结构是信息化板块结构、集约化基础结构、直线化前沿结构，这就要求教师必须不断更新自身的知识，适应社会。中学数学教师首先应通过自学，参加继续教育学习或一些培训班学习，提高自身的专业理论水平，其次通过随时随地教学反思，收集资料，充实自己的实践知识，并将这种学习反思内化为教师自身的"自觉行为"。

三、数学教师反思性诊断

如何对数学教师专业成长给出一个合理的评价，目前还没有形成定论。对新视野下的数学教师专业成长的评价，理应体现出数学教师专业成长的关键维度，即"学习""实践""反思"。但是，在数学教师专业成长中所积累下来的信息，往往只是一些描述性的东西，如文字、图像、视频、音频等。因此，除了对这些作为沉淀下来的数据进行技术分析之外，还必须加强人工的解读与诊断，以挖掘深层次的信息。

（一）诊断——数学教师专业成长的管理与调控

数学教师的学习过程是数学教师经验的积累过程，它包括经验的获得、保持及其改变等方面。在学习过程中，存在着一个对学习过程的执行控制过程，它监视指导学习过程的进行，负责评估学习中的问题，确定怎样解决问题，评估解决问题的效果，并且改变策略以提高学习效果。诊断"学习"可以验证数学教师原来的预想与实际取得之间的关系。

对于一项促进数学教师专业成长的学习活动，必须首先增进参与活动的数学教师的知识与技能。为了判断所学内容是否与设定的学习目标一致，我们需要收集取得具体知识与技能的证据。在具体的数学教师学习活动中，应该具有明确的学习目标。

诊断"学习"还可以反映出专业发展活动的有效性。如果一项专业发展活动没有促进数学教师学习，或者没有提高数学教师的技能层次，那么这样的活动就是无效的。诊断"学习"对于实施也很重要。能否出色地运用新观念或实践，往往需要数学教师在概念上有着深层次的理解，他们必须知道自己所学的东西，在哪些方面对于实践是最为关键的。如果缺少了诊断，那么新观念或实践的应用有可能就是机械呆板、不恰当和无效的。

我们对数学教师的知识进行了重新建构，即在时代发展和教育变革的背景下，现代数学教师的知识结构应包括普通文化知识、数学专业知识、一般教学知识、数学教学知识和教学实践知识五方面。在数学教师的知识体系中，有一部分是外显的知识，另一部分是缄默的知识。

数学教师的显性知识一般是通过阅读和听讲座获得，如数学学科内容知识、数学课程知识、数学学科教学法知识、学生心理学和一般文化等原理知识中的一部分。数学教师的缄默知识是在专业实践过程中不断生成的知识，使数学教学能够随着经验的累积而越加成熟，且具有较高的情境适应能力，如教育环境脉络的知识、数学教师以隐性的控制方式对学生进行控制和管理的知识、教学机智方面的技能和知识等。所以对数学教师知识的管理可以从两个维度来讨论：一是对数学教师的显性知识的管理，二是对数学教师隐性知识的管理。

从专业成长的角度来看，数学教师的学习目标大致可以分为三类：认知目标、心理运动目标与情感目标。认知目标与数学学科和数学教育教学知识的具体因素相关，心理运动目标描述的是数学教师通过专业成长活动应获得的技能、策略和行为。情感目标是作为专业成长活动结果中数学教师形成的态度、信念。所以对数学教师"学习"的诊断可以从这三方面入手。

考察与衡量数学教师的"学习"效果的一个最明显的指标就是知识的获得，因而对数学教师"学习"的诊断最终可以反映在对数学教师知识的管理上。通过对数学教师的知识管理，让个人拥有的各种资料、信息变成具有更多价值的知识，然后对知识创新应用，提高个人绩效，从而最终有利于数学教师的工作。

数学教师个人的知识管理对数学教师的专业成长有着极高的价值，可以从以下四方面来考察。第一，能在较短时间内，有效增进数学教师个人经验和知识的质与量，避免将时间浪费在无谓的错误尝试上，使数学教师产生知识建构者的知觉，有效地建立专业自尊和意识，在工作情境中做到游刃有余，并进一步提高自己的数学教学效能感。第二，数学教师个人的实践经验与智慧或已获得系统化的管理，有利于数学教师知识的保存、分享，提升数学教师个人知识的应用程度。如果数学教师的知识，特别是他们的隐性知识能够得到显性化，将能更好地与外在理论结合，从而能为数学教师提供更加具体有针对性的指导。第三，数学教师工作具有个体性、创造性、发散性的特点，不仅需要技术和技能，而且需要艺术素养和审美情趣。如果数学教师的知识得到开发，将能更好地发挥数学教师的个性特点，扩大数学教师的创造空间。第四，数学教师的隐性知识只有被系统化和显性化之后，才能够迁移和被其他教师有意识地运用，因而对数学教师知识的管理和开发能够打造数学教师知识共同体，进而提升教研组及整个学校组织能力和竞争力。

数学教师可能在"学习"中获得了大量的知识，如何面对和处理这些知识对数学教师有着重要的意义。数学教师的学习成果最终应该在课堂教学实践中体现出来，所以数学教师对"实践"的诊断与分析就应该把与课堂教学密切相关的内容作为基本的内容。

通常的数学课堂教学可以通过以下几方面来分析诊断与调控：宏观来看，数学教师对教学目标、教学模式及课堂传递策略的诊断是必需的；微观而言，关于数学情境的创设是数学新课程所提倡的，变式练习是提高和发展学生数学思维的一个很有效的手段。

数学教学目标，是学习者通过教学后，应该表现出来的可见行为的具体明确的表述，它在设计数学教学时起着提供教学活动设计的依据、教学评价的依据的作用，在教学实施过程中可以帮助数学教师评鉴和修正教学过程。数学教师可以从新课程的三维目标——知识与技能、过程与方法、情感态度与价值观，来对自己的教学目标进行分析与诊断。对于数学教学目标合理性、有效性的分析，可以从教学目标制定的依据着手进行，而教学目标的依据是学习需要分析、学习内容分析和学习者物质分析。其中，学习需要指学习者当前的发展水平与预期的发展水平之间的差距，代表学生对教学的需求；学习内容是指对学习的内容、范围、深度及学习内容各部分的联系，即"学什么"；学习者物质指学习者的认知风格与认知基础。

数学教学模式是在一定教学理念引导下，通过大量的实践总结出来的行之有效的课堂教学的方式。新课程的理念要求课堂教学必须建立在学生的认知发展水平和已有的知识经验基础上，数学老师应通过恰当的学习情境创设来激发学生学习数学的积极性，并向学生提供充分的学习任务和机会，要通过有效的对话交流，帮助学生在自主探究和合作交流的学习过程中，真正自我建构基本的数学知识、方法和技能。

数学教师应当通过对教学理念的学习，在不断的教学实践中对课堂行为进行适时的诊断，不断地总结反思，从而形成自己一种或几种常用的擅长的数学课堂教学模式，从而提高数学课堂的效率，提高数学教学的质量。

由教育心理知识可知：学生与学生之间存在着生理和心理上的差异，不同的学习者感知、处理、储存和提取信息的速度不同，对刺激的感知和反应强度与方式也不同，这就形成了学习者不同的学习风格。

因此，数学教师要特别注意分析和诊断学生的情况，掌握所教班级学生的学习特点，采用不同的教学策略。在教学中学生一旦出现学习上的问题与障碍，教师可以利用认知信息加工理论对学生学习的思维进程进行分析，从而找出在原先的信息传递与加工过程中，学生在信息获取、编码、存储和提取各环节中，到底是哪个环节出现了障碍，到底出现了怎样的障碍。根据分析，对数学教学传递策略和信息传递方式进行相应的调整，只有这样才能消除学生的学习障碍。

在数学教学中，要将数学的学术形态转化为教育形态，教师往往需要充分了解学生的认知水平，搭好"脚手架"，以便于学生更好地跨上去。在这个过程中，一个行之有效的方法就是情境创设。数学课程的基本理念之一是倡导积极主动、勇于探索的学习方式。自主探索、动手实践、合作交流等学习方式有助于发挥学生学习数学的主动性，使学生的学习过程成为在教师引导下的"再创造"过程。要达到这一目的，引导学生较好地展开学习，教师就必须精心为课堂教学创设一个良好的情境。

基于此，有人更进一步地提出了"数学生活化"；从学生已有的生活背景和生活经验出发，创设学生熟悉的生活情境或为学生提供可以实践的机会，从而把抽象的数学知识转化为生动的现实原型，并运用到实际生活当中去。但是，数学教科书上所表现出来的定义、定理、推论及证明等往往表现成"冰冷的美丽"，正如著名数学教育家弗赖登塔尔所描述的那样："没有一种数学的思想，以它被发现时的那个样子公开发表出来。一个问题被解决后，相应地发展为一种形式化技巧，结果把求解过程丢在一边，使得火热的发明变成冰冷的美丽。"教师如果照本宣科，学生自然无法领会数学的本源。所以如果要想激发学生"火热的思考"，教师最好能够从中搭建一座桥梁——创设情境来帮助学生到达彼岸。

一个数学问题一般由三个基本成分组成，即问题的条件（可称为初始状态），问题解决的过程（运用一定的知识和经验、变换问题的条件），向结论过渡和问题的结论（最终状态）。这三个成分就构成了原、变式训练的三个基本要素。其关系为问题的条件←→解决的过程←→问题的结论。

因此数学教师需要对问题条件和问题结论的结构，问题解决过程的路径，以及条件与结论之间的差异进行分析，从而减轻学生的学习负担，培养和提高学生解决数学问题的能力。

如果一个数学教师能够充分对自己的教学"实践"进行诊断与分析，就一定能增强自己教学的调控能力，从而提高数学课堂教学的质量，使得数学教师专业成长的效果得到最有价值的体现。

（二）专业自觉——数学教师专业成长的规划与运作

数学教师专业成长中的诊断方法可能有许多，而且可能因为每个人不同的特点，处于不同的阶段，所采用的方法也不尽相同。在这里根据参考的一些资料，列举出一些最基本的诊断方法。①归类分析法。此类分析法指对数学教师在某一时期内的学习得到的知识、实践积累的案例及反思心得进行相应的归类管理。②频度分析法。指对数学教师在某一时期内的文本信息中出现频度最高的有关教育教学的词汇，以及在课堂教学中出现频度最高的教学行为进行统计、比较和分析。③全息分析法。指对某一数学教师不同阶段的课堂教学进行全过程的全息录像与录音，并据此做出分析报告，就可以对数学教师不同阶段取得的专业进展进行更为清晰的比较与分析。④主题分析法。指针对数学教师专业成长中的某个学习、实践、反思的某一个或几个案例为主题，可以帮助数学教师更全面地了解自身的变化与进步。

入职之初的数学教师主要面对的问题是如何上好一堂课的问题，大家往往有这样的感觉，即使给一位新手数学教师一个很好的教案，上出来的课往往也不尽如人意。这时候，他就可以利用一段时间用"全息分析法"来对自己的课堂进行分析。主要针对自己课堂中几个最基本的环节，如怎样复习旧知、怎样引入新课、怎样讲解新课、巩固练习等。还可以针对一些课堂教学用语，各个环节的过渡与承接等对照专家型教师做一个比较分析。再如要发挥一个数学教研组整体的力量来诊断一个数学教师或几位数学教师的专业成长中的问题，也可以大量采用"主题分析法"。通过某一主题下的案例研究，通过全组成员的反思与诊断，往往可以促进数学教师的自我认识，也可以促使数学教师不断地通过学习来提高自己。

数学教师专业成长中的"反思"，不能仅仅终止于对自身"学习"与"实践"进行反思的表层总结。对数学教师专业成长中的"反思"进行诊断，是以数学教师对自己专业成长的状况的深入反思为基础的。在整个专业成长过程中，对"反思"进行进一步的诊断与反思是十分重要的，这就涉及了一个数学教师专业成长的规划问题。

数学教师必须对自己的能力、兴趣、需要等个性因素进行全面的分析，充分认识自己的优势与缺陷。诊断自己所存在的问题，如问题发生的领域、问题的难度。列出自己的成长领域，确定优先领域。数学教师还必须注意分析环境的因素，收集专业成长的信息，把握专业成长的方向，抓住专业成长的机会，从自身的实践情况出发，平衡自身需求、学校需求和学生需求三者的关系。

比如，数学教师需要思考：自己的专业发展目标是否反映了自己的需求、学生和学校的需求？是否反映了专业发展标准的要求？是否符合了数学教师专业成长的理论导向？是否符合了教育改革的时代要求？也就是说，这种反思深入了对数学教师专业成长活动的评价、对专业成长目标的调整、对策略的调整和补充等。一旦数学教师确定了自己的专业成长的目标，就必须考虑实现目标所要采取的策略，即由具体的措施和活动构成的行动方案。

最后还要指出的是，不管外力的作用如何，归根结底数学教师是其专业成长的主体，成长的过程是数学教师自身主动建构的过程，他们应该拥有专业成长的自主权。数学教师专业成长需要数学教师对自己专业成长的环境、个人的专业需求和发展水平进行深入全面的分析，在此基础上进行专业发展自我设计、自我规划。要实现数学教师专业成长必须"诉诸教师个体的、内在的、主动的专业发展策略"。

参考文献

[1] 黄永辉,计东,于瑶.数学教学与模式创新研究 [M].北京:中国纺织出版社,2022.06.

[2] 王慧.思维方法与数学教学研究第 1 版 [M].哈尔滨:哈尔滨工业大学出版社,2022.04.

[3] 廖碧娥.谐趣数学教学的风景线 [M].哈尔滨:哈尔滨出版社,2022.01.

[4] 李凡,江伟,廖品春.数学教学设计与案例分析 [M].长春:吉林人民出版社,2022.09.

[5] 王榆松.高效课堂中的数学教学与创新研究 [M].长春:吉林人民出版社,2022.01.

[6] 黄红涛.数学·教师·教学 [M].成都:西南交通大学出版社,2022.04.

[7] 朱先东.数学整体性教学设计 [M].北京:中国农业大学出版社,2022.08.

[8] 吴东兴.数学教学与拓扑学研究 [M].北京:知识产权出版社,2022.10.

[9] 陈永明.数学教学中的逻辑问题 [M].上海:上海科技教育出版社,2022.01.

[10] 张晓贵.数学教学设计与实施 [M].合肥:中国科学技术大学出版社,2022.12.

[11] 杨冬香.基于理解的数学教学 [M].北京:北京师范大学出版社,2022.11.

[12] 杨西龙.核心素养理念下的数学教学实践 [M].沈阳:辽宁大学出版社,2022.04.

[13] 罗锐,付祥."慧雅"数学教学建构与实践 [M].北京:北京燕山出版社,2022.06.

[14] 唐小纯.数学教学与思维创新的融合应用 [M].长春:吉林人民出版社,2021.12.

[15] 刘乃志.整体数学教学研究与实践探索 [M].北京:中国国际广播出版社,2021.07.

[16] 赵坤国，汪美玲，候雅雅. 数学教学理论与解题实践第 1 版 [M]. 汕头：汕头大学出版社，2021.08.

[17] 赵翠珍. 数学教学理论与实践研究 [M]. 北京：北京工业大学出版社，2021.10.

[18] 陈峥嵘，林伟. 基于核心素养的数学教学设计与研究第 1 版 [M]. 沈阳：辽宁大学出版社，2021.

[19] 夏忠. 指向为思维而教的数学教学 [M]. 福州：福建教育出版社，2021.03.

[20] 姜荣富. 数学教学以知启智 [M]. 上海：上海教育出版社，2021.08.

[21] 张伟平. 数学教学中的构造式实践：国际视野下的透视课堂 [M]. 北京：光明日报出版社，2021.09.

[22] 何静，亓永忠，罗萍. 数学课堂教学模式研究与应用 [M]. 长春：吉林人民出版社，2021.06.

[23] 刘永强，陈小玲，张茜. 数学知识教学与学生能力培养 [M]. 长春：吉林人民出版社，2021.05.

[24] 王彩霞. 基于深度学习的数学情境教学 [M]. 吉林人民出版社，2021.11.

[25] 曹一鸣. 数学教学设计与实施 [M]. 北京：北京师范大学出版社，2021.07.

[26] 张定强，张炳意. 数学教学关键问题解析 [M]. 北京：中国科学技术出版社，2020.12.

[27] 陈惠增. 简约化数学教学 [M]. 厦门：厦门大学出版社，2020.08.

[28] 李静. 数学教学论 [M]. 长沙：湖南师范大学出版社，2020.09.

[29] 谭明严，韩丽芳，操明刚. 数学教学与模式创新 [M]. 天津：天津科学技术出版社，2020.05.

[30] 陈永畅. 给数学教学添一道"味"[M]. 北京：民主与建设出版社，2020.06.

[31] 唐少雄. 基于学情的本真数学教学 [M]. 福州：福建教育出版社，2020.12.

[32] 吴大海. 案例分析下数学教学技能探究 [M]. 长春：吉林人民出版社，2020.10.

[33] 洪艳，龚斌. 将数学建模思想融入数学教学之中 [M]. 长春：吉林人民出版社，2020.11.

[34] 李迎，刘亚，殷爱梅. 思维导图在数学教学中的应用 [M]. 长春：吉林人民出版社，2020.05.

[35] 赵云平. 数学有效教学的理论与实践 [M]. 长春：吉林科学技术出版社，2020.10.

[36] 修洁. 基于导学的自主学习型数学课堂的教学实施与评价 [M]. 长春：吉林大学出版社，2020.